Elly Oldenbourg
mit Anne Jacoby

Warum wir heute anders arbeiten müssen, um unser Morgen zu retten

Campus Verlag
Frankfurt/New York

ISBN 978-3-593-51823-7 Print
ISBN 978-3-593-45593-8 E-Book (PDF)
ISBN 978-3-593-45592-1 E-Book (EPUB)

Das Werk einschließlich aller seiner Teile ist urheberrechtlich geschützt. Jede Verwertung ist ohne Zustimmung des Verlags unzulässig. Das gilt insbesondere für Vervielfältigungen, Übersetzungen, Mikroverfilmungen und die Einspeicherung und Verarbeitung in elektronischen Systemen.
Trotz sorgfältiger inhaltlicher Kontrolle übernehmen wir keine Haftung für die Inhalte externer Links. Für den Inhalt der verlinkten Seiten sind ausschließlich deren Betreiber verantwortlich.
Copyright © 2024. Alle deutschsprachigen Rechte bei Campus Verlag GmbH, Frankfurt am Main.
Umschlaggestaltung: Guido Klütsch, Köln nach einem Entwurf von Roland Krieger
Umschlagfoto: © Bettina Theuerkauf
Satz: inpunkt[w]o, Wilnsdorf (www.inpunktwo.de)
Gesetzt aus der Minion und Mohave
Druck und Bindung: Beltz Grafische Betriebe GmbH, Bad Langensalza
Beltz Grafische Betriebe ist ein klimaneutrales Unternehmen (ID 15985-2104-1001).
Printed in Germany
www.campus.de

Inhalt

VORWORT 9

ENOUGH? ENOUGH! 11

HOW IS THIS WORKING?! 19

WIRKUNGSFELD: ZEIT   39

Wie viel wir wirklich arbeiten 41

Was uns blockiert: Workism 45

WORKSHIFT in uns: Zeitsouveränität kultivieren 53

Was Unternehmen bremst: Busyness 63

WORKSHIFT in Unternehmen: Umsteuern in die Produktivität 70

Connecting the Dots 79

WIRKUNGSFELD: KOLLABORATION   83

Warum wir nicht zusammenarbeiten 85

Was uns blockiert: Machtspiele 88

WORKSHIFT in uns: Vom Ich zum Wir 89

Was Unternehmen bremst: Verfilzte Strukturen 98

WORKSHIFT in Unternehmen: Emotionale Intelligenz plus KI ... 99

Connecting the Dots 115

WIRKUNGSFELD: VIELFALT — 119

Warum Menschen Vielfalt so schwerfällt 121

Was uns blockiert: Wüste im Kopf 131

WORKSHIFT in uns: Viele Leben wagen 134

Was Unternehmen bremst: Homogenität frisst Innovation 139

WORKSHIFT in Unternehmen: Management Rigor 149

Connecting the Dots 161

WIRKUNGSFELD: KENNZAHLEN — 167

Warum Wirtschaft nur auf Wachstum setzt 169

Was uns blockiert: Zu müde, um nachzurechnen 177

WORKSHIFT in uns: Systemkreativität 181

Was Unternehmen bremst: Perversion der Zahlenspiele 185

WORKSHIFT in Unternehmen: Neue Kennzahlen für eine nachhaltige Wirtschaft 188

Connecting the Dots: Der grüne Faden ist politisch 197

A FUTURE WORTH WORKING FOR.................................. 201

WORKSHIFT MANUAL:
Bedienungsanleitung für eine neue (Arbeits-)Welt............ 206

NACHWORT UND DANK... 215

Quellen und Literatur 219

Anmerkungen... 220

VORWORT

Was hat unsere Arbeit mit den Problemen unserer Welt zu tun? Wie sehen wir uns selbst in und mit unserer Arbeit? Wie organisieren wir unsere Leben um Arbeit? Wie arbeiten wir mit Anderen, wie erleben wir es, dass Andere in unseren Arbeitskontexten ganz anders sind als wir selbst, und wie messen wir schließlich das, was Arbeit macht: Leistung? Meine Überlegungen zu all diesen Fragen gründen in diesem Buch auf meinen persönlichen Erfahrungen und (m)einer breiten Themenvielfalt zwischen Konzern und Selbstständigkeit, Patchworkfamilie, Gastdozentur, Aufsichtsrat, zwischen meinen Interessensfeldern der Ökonomie, Philosophie, Soziologie, Psychologie und manchmal schlichtweg auch einfach Pragmatismus, zwischen Tiefgründigkeit und Humor und ultimativ meinem inhärenten Bedürfnis, Zusammenhänge zu verstehen und herzustellen.

Meine Vision für eine lebenswertere Zukunft über den Hebel Arbeit sind in diesem Buch für *alle* gedacht – die Appelle, Wirkungsfelder und Handlungsempfehlungen richten sich aber ganz dezidiert an Personen in der Privatwirtschaft, insbesondere in großen Unternehmen und Konzernen. Diese Welt ist mir geläufig, aber noch wichtiger: In dieser Welt bündelt sich eine enorme Macht in Form von Kapital, Einfluss und Privilegien, die noch viel zu wenig für *fundamentale* Verbesserungen für *alle* genutzt wird. *Whataboutism disclaimer*: Ich tue dies nicht, um über die extrem prekären Lebensrealitäten und immensen Belastungen von sehr vielen, sehr hart arbeitenden Menschen in anderen Gesellschaftsbereichen hinwegzusehen, sondern um die Entscheidungsträger:innen zu adressieren und inspirieren, die an den Schaltstellen für *fundamentale* Verbesserungen in einem nicht mehr zeitgemäßen Wirtschaftssystem sitzen – und so die Lage für *alle* zu verbessern.

WORKSHIFT möchte insofern zumuten wie auch ermutigen: *to shift how we work, what we work on, who we work with, why we work.* Das Buch steht für die Idee, unsere Welt über den Hebel der Arbeit zu verändern. Der gedankliche Sprung von einem ganzheitlicheren Verständnis von Arbeit, der Veränderung unserer Arbeitszeiten, unserer Formen der Zusammenarbeit, unserer Bereitschaft, Vielfalt zu leben, und unserem Mut, Leistung neu zu messen und einzupreisen, bis hin zur Rettung unseres Planeten ist zugegebenermaßen ein großer, und damit eine doppelte Zumutung: Erstens erfordert er eine gewisse Reflexionstiefe, zweitens ist er zu groß, um jeden Gedanken in eine vorgekaute Step-by-step-Lösung zu übersetzen – deshalb fordere ich gedanklich nicht nur mit Antworten, sondern auch mit jeder Menge Fragen heraus. Denn ich bin überzeugt: Wenn wir die Welt verändern wollen, müssen wir sie erst *denkbar* machen – und zwar nicht nur entlang der Unzulänglichkeiten, sondern auch durch den Tanz zwischen konkreten Wirkungsfeldern und positiven Visionen. Genau auf dieser Tanzfläche bewegt sich dieses Buch. Neben dieser Zumutung ist WORKSHIFT auch eine ganz konkrete Ermutigung: Dass wir als Individuen sowie Akteure in der Wirtschaft einen Neustart wagen und ins Handeln kommen – und zwar hier und jetzt.

Übrigens: Wenn ich von Frauen oder Männern oder von Müttern oder Vätern schreibe, dann geht es mir nicht um die Festschreibung dessen, welches Geschlecht diese Rolle/n ausübt oder was eine Frau oder ein Mann ist oder sein soll. Vielmehr geht es mir um die Reflexion von Erfahrungen in einer für sehr viele Menschen strukturell dysfunktionalen Welt.

Und *last, but not least*: Wenn ich von der deutschen Sprache in die englische Sprache wechsle, dann nicht, weil ich *too cool for school* wäre, sondern weil ich schlichtweg tatsächlich so spreche. Geschuldet meiner Biografie, aber auch meiner Sozialisierung in globalen Konzernen. Daher habe ich mich dafür eingesetzt, so zu schreiben, wie in dieser meiner (Arbeits-)Welt (und viel auch in der Gen Z *and beyond*, wie ich an einigen Kids miterleben darf) auch gesprochen wird.

ENOUGH? ENOUGH!

Wo fange ich an, wenn das Klima kippt, wenn demokratische Strukturen in immer mehr Ländern auseinanderbrechen, wenn die globale Wirtschaft vor geopolitischen Zerreißproben steht? Wo fange ich an, wenn wir alle so übermüdet in diesem System performen, dass wir vergessen haben, warum wir so rastlos in genau die Richtung rennen, von der wir doch längst wissen, dass sie nicht stimmt? Wo fange ich an, wenn es nirgendwo den einen mächtigen Hebel gibt, der diesem Wahnsinn ein Ende setzt – und ich trotzdem will, dass das aufhört? Vor ein paar Jahren habe ich entschieden, dort anzufangen, wo ich direkt und unmittelbar etwas bewirken kann: bei mir selbst.

Meine Story: Von »Reicht es?« zu »Es reicht!«

Als Kind einer in Brasilien aufgewachsenen Mutter mit deutsch-russisch-jüdischen Wurzeln und einem griechischen Künstler-Vater wurde ich 1984 in Athen geboren. Aufgewachsen bin ich in einer großen, gutbürgerlichen Familie in München – mit einer Mutter, die ein Netflix-reifes Leben führte, und gleich drei Vaterfiguren. Der Satz, den mir meine Mutter in meiner Schulzeit am häufigsten gesagt und der sich bei mir am stärksten eingebrannt hat, war: »Elly, DU musst Karriere machen und nicht den gleichen Fehler wie ich, immer von irgendeinem Mann abhängig zu sein.« Dieser Satz hat bei mir zu einem hohen Arbeitsethos geführt. Aber nicht sofort. Das passierte erst, nachdem ich in meinen Schul- und Studienjahren mehr auf Partys als in der Bibliothek performt, nachdem ich meine Abenteuerlust in unzähligen Reisen von Burma bis nach Patagonien, von Honduras bis nach Indien ausgelebt und nachdem ich meinen leiblichen Vater in Griechenland gesucht und gefunden hatte. Diese Reise war mein größtes Abenteuer. Zu entdecken, dass ich Wurzeln habe in einem anderen Land, mit einer anderen Kultur, die zwar zu mir gehört, aber in meinem Leben sehr lange eine Leerstelle war. Vielleicht frage ich deshalb so oft »Warum?« und »Woher?« und »Könnte es nicht auch ganz anders sein?«.

Dass Verhältnisse »anders« sind, ist Teil meiner Biografie. Ich selbst bin halb-dies-halb-das, habe Halb-, Adoptiv- und Stiefgeschwister. Einer meiner Väter ist Künstler, einer Ingenieur, einer ein US-Army Colonel. Meine Verwandtschaft lebt in Großbritannien und in der Schweiz, in Mexiko, Brasilien und den USA. VUCAP – das Akronym aus »volatil, unsicher, komplex, mehrdeutig, paradox« – war lange bevor es zur Beschreibung unserer Makrowelt wurde Realität in meiner Mikrowelt. Bis ich 20 war, lebte ich in einem angloamerikanisch geprägten Umfeld, allein schon durch die engen Kontakte meiner Familie in die USA, vor allem aber durch meine sehr geliebte Schwester in Texas. In meinem dualen Studium habe ich einen Teil meiner Ausbildungsphasen in Singapur und Hongkong gearbeitet – in dieser Zeit habe ich zum ersten Mal die Welt nicht mehr nur durch die westliche Brille gesehen, und ich kam deutlich weitblickender, toleranter und vorurteilsfreier zurück. Genauso erging es mir ein paar Jahre später, als ich sechs Monate lang durch Südamerika reiste und im Norden Perus ein Straßenkinder-Projekt begleitete. Auch hier ließ ich mein westliches Weltverständnis und dessen Taktung hinter mir – und ich kam weicher, klüger, aber auch ernüchterter zurück. Und vergesse seitdem keinen Tag, wie privilegiert ich groß geworden bin, trotz dieser riesigen Familie voller Lücken und Spannungen. Was mich und mein Leben außerdem seit vielen Jahren ausmacht, ist eine »innere Arbeit«: der Versuch, die vielen Herzen in meiner Brust besser zu verstehen, die oft so gar nicht in einem Rhythmus schlagen wollen. Auch Erinnerungsarbeit gehört dazu: beim Aufschreiben meiner gesamten Familiengeschichte habe ich viel über Mensch und Welt gelernt. Ein Leben zwischen den Stühlen ist ungemütlich, bleibt ungemütlich, bietet aber auch Vorteile: Ich kann nicht anders, als »von außen« auf Situationen und Konstellationen zu schauen.

Warum erzähle ich all das? Weil ich deutlich machen will, was ich mit meinem Gesprächsgästen auch bei jedem meiner philosophischen Cafés, dem Morgen.Salon, deutlich machen möchte: dass hinter den Titeln und Jobs auf den schicken LinkedIn-und-Co. Seiten Menschen stehen. Menschen, deren Wege alles andere als geradlinig sind, sondern vielseitig, krumm und schief, hier und da auch gewöhnungsbedürftig. Wie das Leben selbst: fehler- und fabelhaft.

Nach meinen Wanderjahren habe ich dann das auf die Beine gestellt, was man wohl als »erfolgreiche Karriere« bezeichnet, in verschiedenen Industrien, Ländern, Unternehmen – Elly, die Managerin. Und das hat mir durchaus Spaß gemacht, meine Lernkurve und Wirkungsspielraum vergrößerten sich stetig. Aber nach einigen Jahren, in denen es immer nur höher, schneller, weiter ging, war ich müde. So müde, dass ich mich nicht einmal mehr über die Gründe aufregen konnte, die mich so müde machten. In meinem Kopf ratterte es pausenlos. Und im Hintergrund kam ein anfangs stummer, dann immer lauter werdender Protest hinzu:

»Leiste ich genug? Bin ich genug? Was bin ich ohne meinen Job? Ist es das, wofür ich meine Talente und Fähigkeiten wirklich einsetzen möchte? Ist das schon der ›Erfolg‹, den man mir in meiner Schulzeit, Ausbildung, in meinem Studium und in den ersten Berufsjahren versprochen hatte: Woche für Woche fünf Tage durchackern mit Rückenschmerzen, zu wenig Schlaf, zu wenig Zeit für Freunde, Familie, Hobbys? Ein Hangeln von Wochenende zu Wochenende, von Urlaub zu Urlaub, bis zur Rente? Soll DAS alles sein? Ist DAS schon die ganze Idee?«

Intuitiv wusste ich, dass meine innere Stimme mich mit ihren Nörgel-Arien bei Laune hielt, dass sie mir mit ihrem Pseudo-Protest sogar einen *moral benefit* vorgaukelte – immerhin »tut« man ja etwas durch das innere Gejammer – und dass sich an meiner Situation erst dann etwas ändern würde, wenn ich mit dieser inneren Stimme Schluss mache und ins Handeln komme. Aber ich kam nicht ins Handeln – bis mein Leben stoppte. Ich wurde Mutter. Man stelle sich kurz die strahlendsten Insta-Mums vor – und dann das Gegenteil. Viele Körper überstehen eine Schwangerschaft und Geburt, ohne sich in einen Sanierungsfall zu verwandeln – aber nicht alle. In den Jahren zuvor war meine Mutter lebensgefährlich erkrankt, kurz vor der Schwangerschaft starb plötzlich mein leiblicher Vater. Und mein Partner hatte zwar das Glück einer ganz großen Liebe in mein Leben gebracht, aber zusätzlich auch ein neues, kompliziertes Patchworkfamilien-Paket. Kurz: Mein Leben hatte mir in wenigen Jahren so viele schöne und unschöne Erfahrungen nacheinander aufgetischt, dass ich um die fundamentalen Fragen, die mich innerlich drängten, nicht mehr herumkam. Von Tag zu Tag wurde mir mehr klar: Es reicht! Ich hatte genug davon, dass mein Leben um nichts anderes als um Leistung, Druck, Status und Karriere herum optimiert war. Dass persönliche Höhenflüge (Liebe, Leben) und Rückschläge (Krankheit, Tod), die mit dem Job nichts zu tun haben, aber zu einem Leben doch eigentlich gehören *sollten*, überhaupt keinen Platz und keine Zeit hatten. Und so beschloss ich, mich auf die Suche nach meinem ganz persönlichen anderen Arbeits-, nein eigentlich: Lebensmodell, zu machen. In diesem monatelangen, jahrelangen, manchmal heute noch sehr präsenten Emanzipationsprozess habe ich dann irgendwann das getan, was mir nach vielen Gesprächen – mit anderen und mit mir selbst – plötzlich absolut logisch schien, was auf andere aber auch heute noch *radikal* wirkt. Statt die Zeit, meine Lebenszeit, nach meiner Arbeit auszurichten, begann ich, meine Arbeit nach meiner Zeit auszurichten.

Ein Leben, viele Hüte

Mein erster Schritt klingt für sich genommen erst einmal nicht besonders revolutionär: Ich reduzierte meinen gut bezahlten, auf dem »High-Performer«-Track dahinrasenden Unternehmens-Job in einem globalen Tech-Konzern auf drei Tage. Drei. Ich wusste intuitiv, dass »vollzeitnahe Teilzeit« bei mir nicht funktionieren und ich mich ständig selbst sabotieren würde. Mein Gefühl war: Wenn ich von Beginn an in Tagen und nicht in Prozentzahlen denke und kalkuliere, würde ich zu genügend To-dos, Meetings und Co. Nein sagen können. Dazu muss man wissen: Diese »radikale« Teilzeitanfrage gab es auf meinem Level damals nicht. Mir war trotzdem klar: Wenn ich diesen Weg gehen wollte, dann konsequent. So entstand die Idee, nicht nur weniger Tage, sondern auch im Tandem mit einer Kollegin zu arbeiten. Auch das war bisher nicht üblich. Doch nachdem ich und wir im Tandem ein paar Hürden intern genommen hatten, lief die Sache rund.

In meinen frei gewordenen vier Non-Corporate-Tagen setzte ich erst einmal auf das, was das *Philosophie Magazin* kürzlich als »unverfügbare Qualität des Pendelns« bezeichnete: »Es ist jener Augenblick, in dem kurz alles stillsteht, [...] und nicht klar ist, wie, sondern nur, dass es anders weitergeht als bisher, weil sich die Richtung ändert.«[1] Ich habe erst mal Leerlauf zugelassen, habe mich in einer mir völlig fremden, langsamen Geschwindigkeit meiner Heilung und meiner Familie gewidmet, mich ausprobiert in neuen Kontexten. Zum ersten Mal habe ich dabei die Qualität des Sich-Zeit-Lassens gefühlt. Erst dadurch entstand ein neuer Weg beim Gehen, mit einer neuen beziehungsweise reiferen Elly.

Ich begann, mich ehrenamtlich in einem Projekt für Geflüchtete zu engagieren, und las älteren Damen im Pflegeheim Geschichten vor. Ich lauschte und lernte zu mir unbekannten Themen im Literaturhaus und lernte mit meinem Sohn endlich die Ecken in meinem Stadtteil kennen, an denen man super spielen kann, obwohl wir mitten in Hamburg leben. Ich machte mich schließlich erst zaghaft, dann irgendwann aktiv als Coach und Beraterin nebentätig selbstständig und begleitete in den ersten Jahren vor allem Einzelpersonen und kleine Gruppen.

Auch der Morgen.Salon kam in dieser Zeit hinzu: ein philosophisches Café in Hamburg, zu dem ich seitdem regelmäßig einlade. Alle paar Wochen gibt es meinen Gästen und mir die Gelegenheit, die Welt außerhalb der üblichen medialen und oft nur rein ökonomisch betrachteten Filterblasen zu verstehen. Ganz einfach indem wir uns mit einem von mir – subjektiv, also nach Interesse, Lust und Laune – ausgesuchten Gesprächsgast unterhalten, während alle ihr Frühstück genießen und sich gegenseitig beim Denken zusehen und austauschen.

Es überrascht mich immer wieder, dass schon um acht Uhr morgens zwanzig bis vierzig Menschen Lust auf Salonkultur, Perspektivenwechsel, Erkenntnisgewinne und Austausch haben. Und dass schon so viele kluge, interessante und interessierte Vordenker:innen dafür früh aufgestanden sind: die Ökonomin Prof. Dr. Maja Göpel zum Beispiel, die Autor:innen Kübra Gümüşay oder Philip Oprong Spenner, die Menschenrechtsaktivist:innen Düzen Tekkal oder Hila Limar oder Philosophen wie Dr. Jörg Bernardy, Prof. Jan Teunen oder Dr. Christoph Quarch – und noch viele weitere interessante und interessierte Menschen mehr. Christoph Quarch war es, der 2018 in einem Morgen.Salon sehr schön auf den Punkt brachte, warum das gemeinsame Denken eben nicht nur »l'art pour l'art« ist, sondern in eine politische Dimension hinausweist: Es geht darum, sagte er, »immer wieder mutig und offen einen Raum zu öffnen, das eigene, festgefahrene Denken in Frage zu stellen, sich auf wirklich urteilsfreie Gespräche einzulassen und der Begeisterung im Handeln zu folgen«. Also: Erst anders denken, dann anders machen. Dieses Mindset inspirierte mich sehr.

Mir ist erst nach und nach bewusst geworden, wie viele Hüte ich im Laufe meines Lebens schon getragen habe und wie viele ich auch heute gerne aufsetze: Ich war/bin Teamkollegin, Jobsharerin oder Führungskraft von Projekten in nationalen, regionalen und internationalen Teams oder branchenübergreifenden Kooperationen. Als Gastdozentin unterrichte ich jedes Semester Studierende, einen Onlinekurs zum Thema New Work habe ich (im Jobshare) konzipiert und gelauncht. In meiner Selbstständigkeit leite ich diverse Beratungsmandate, bin hin und wieder Speakerin, Salon-Gastgeberin eines philosophischen Cafés und als Aufsichtsratsmitglied beim World Future Council tätig. Ich engagiere mich ehrenamtlich, sei es lokal in feministischen Co-Working Spaces oder deutschlandweit für die Bildungsinitiative #GermanDream oder das deutsche Demographie Netzwerk. Nicht zu vergessen sind die Führungs- und Managementhüte, die ich als Mutter und in einer Patchworkfamilie trage. Jup, das ist viel. Aber: Zum einen mache ich das nicht alles gleichzeitig, zum anderen empfinde ich dieses »viel« als ein reichhaltiges Gestalten, Schaffen, Wirken. Ich spüre, dass meine Fähigkeiten in allen Wirkungsbereichen viel stärker zum Ausdruck kommen, nicht obwohl, sondern *weil* ich verschiedene Rollen besetze und gern die »Hüte wechsle«. Und nach vielen Jahren Erfahrung in alternativen Arbeits- beziehungsweise Lebensmodellen weiß ich: Wer zwischen den Stühlen sitzt, kann wunderbare Brücken bauen – zwischen neu und alt, zwischen kalkulierbar und grüner Wiese, manchmal sogar zwischen sicher und frei. Ich erkenne Zusammenhänge, die mir vorher nicht bewusst waren, sehe mehr Kontext. Davon profitiert mein Unternehmen, aber auch mein gesamtes Umfeld.

Klar: Ich lebe privilegiert und ein derartiges Viele-Hüte-Leben ist nicht für jede oder jeden etwas, es passt vielleicht auch nicht in jede Lebensphase. Eine durchschnittliche 60-Stunden-Arbeitswoche in *einem* bezahlten Job aber eben auch nicht – nur ist das zur vermeintlich alternativlosen Norm geworden. Einer Norm, die sich längst zu einem kaum mehr wahrnehmbaren, stummen Zwang der Verhältnisse[2] verhärtet hat und die unsere körperlichen und geistigen Spielräume so sehr blockiert, dass viele von uns schlicht vergessen haben, wie weit unsere Interessen, Talente und Fähigkeiten gehen und wie vielfältig wir diese einsetzen können. Ich jedenfalls hätte vorher nicht gedacht, dass der Zugewinn an Lebensqualität und Selbstwirksamkeit tatsächlich so groß ist und dass am Ende sogar alle meine »Jobs« von mehr Frische und Fokus profitieren. Und das ist für mich der Grund, das Thema endlich dahin zu bringen, wo es hingehört: auf den Tisch der Entscheiderinnen und Entscheider, der Macherinnen und Macher, der Akteure der Wirtschaft. Es gibt unzählige von ihnen in kleineren und großen Unternehmen sowie in der Politik, die schon jetzt das Privileg hätten – nein: haben! –, andere Wege zu gehen.

Wir *können* anders arbeiten. Wir *sollten* auch anders arbeiten, denn es ermöglicht nicht nur uns selbst, unseren Familien- und Freundeskreisen ein besseres Leben, sondern macht auch unsere von Braindrain und Fachkräftemangel, von Klimakatastrophe und KI-Revolution sowieso gestresste Wirtschaft langfristig krisenfester, unsere Demokratie resilienter und unseren Planeten gesünder, wenn

- Menschen in Unternehmen die eigene **Zeit** neu bewerten und anders mit Leben und Engagement füllen,
- Menschen in Unternehmen neue Formen der **Zusammenarbeit** einfordern und probieren,
- sie sich aktiv für mehr **Vielfalt** einsetzen,

- wir handlungsleitende **Kennzahlen** und Anreize auf allen Ebenen anders denken und neu etablieren und
- wenn wir alle weiter, ganzheitlicher denken und damit **Connecting the Dots** nicht nur eine Apple-esque Worthülse im Businesskontext bleibt, sondern auch unser Verhalten in die kausalen Zusammenhängen mit dem, was uns selbstverständlich erscheint setzt: unseren Demokratien und unserem Planeten.

Wenn wir auf allen Ebenen nicht mehr auf maximalen Output setzen, werden wir alle – Wirtschaft, Demokratie, Natur – resilienter. Setzen wir nicht mehr auf kurzfristigen Gewinn, nicht mehr auf rigorose Effizienz. Sondern auf die richtige Balance in dem hochkomplexen Gefüge, in dem wir nun mal sind: Leben. Es geht um Lösungen, die wir in einer Zeit brauchen, in der viel gepostet, gemeint und geredet, aber wenig wirklich getan wird. »*The world is changed by your example, not by your opinion*«, schreibt Paulo Coelho. In diesem Sinne: Lasst uns endlich anfangen.

HOW IS THIS WORKING?!

Arbeit in der Krise

Von Prof. Götz Werner, Gründer der dm-Drogeriemärkte, stammt der Satz: »Die Folgen des Erfolges sind, dass man nicht so weitermachen kann, wie man erfolgreich geworden ist.«[3] Ich mag den Satz sehr, weil er damit auf ein wichtiges Prinzip des Wirtschaftens aufmerksam macht: Weil sich die Welt kontinuierlich ändert, ist es nicht klug, sich auf früheren Erfolgen auszuruhen. Die Lorbeeren von gestern sind keine Ressource für morgen.

So, wie es jetzt ist, geht es doch sowieso nicht weiter

Es ist höchste Zeit, den Status quo, die Ideale und Normen in Frage zu stellen, in unserem Makrokosmos genauso wie in unseren Mikrokosmen. Letzteres zuerst: In meinem Umfeld kenne ich fast niemanden, der auf die Frage »Geht es so weiter?« antwortet: »Klar! Läuft astrein!« Stattdessen hört man doch viel zu oft: »Nein! Wenn überhaupt, funktioniert mein Job irgendwie, aber mein Leben, meine Gesundheit oder/und meine Beziehungen nicht.« Für das, was außer der Arbeit wichtig ist und für das wir uns einsetzen möchten, fehlt uns die Zeit, fehlt uns die Energie.

Die meisten stöhnen, die wenigsten wehren sich. Warum? »Man ahnt oder weiß, was man nicht will, aber nicht, was man an dessen Stelle möchte«, schreibt der Frankfurter Sozialphilosoph Axel Honneth in einer aktuellen Studie.[4] »Über die gesamte Arbeitswelt scheint sich [...] eine Atmosphäre des ängstlichen Durchhaltens und stillschweigenden Hinnehmens wie Mehltau gelegt zu haben – als könne es nur noch schlimmer werden, wenn sich Empörung und Einspruch breitmachen würden.« Wir erleben eine Krise, die sich selbst erfolgreich ignoriert.

Eigentlich bedeutet das griechische Wort *krisis* »Unsicherheit, bedenkliche Lage, Zuspitzung, Entscheidung, Wendepunkt«.[6] Gemeint ist der Moment, in dem etwas entweder gut ausgeht oder scheitert. Handeln tun die meisten von uns aber nicht. »Daher«, schreibt der niederländische Autor, Aktivist und Historiker Rutger Bregman, »ist Krise möglicherweise nicht die richtige Bezeichnung für unsere gegenwärtige Situation. Es ist eher so, dass wir im Koma liegen«.[7]

Von der Individualebene herausgezoomt auf die Herausforderungen unserer Welt zeigt sich ebenfalls – und das ist nun wirklich keine neue Erkenntnis[8] –, dass es so nicht weitergeht: Der Klimakollaps schreitet immer schneller voran, künstliche Intelligenz (KI) stellt die globale Politik und Wirtschaft auf den Kopf, der demografische Wandel bringt Unternehmen und die sozialen Sicherungssysteme der Staaten in Schieflage, der Wettbewerbsdruck steigt, die Wohlstandsschere geht auch unter dem Druck der Inflation immer weiter auf – diese multiplen Krisen begünstigen überall den Aufstieg von Populisten und Autokraten – um nur einige Punkte aufzuzählen. Das alles wirkt so groß und so erschlagend, dass das, was jede und jeder Einzelne bewirken kann, im Verhältnis zu dem vielen, was getan werden müsste, immer nach zu wenig aussieht. So stellt sich statt Zuversicht, statt Optimismus und Tatkraft schnell ein Gefühl der Ohnmacht ein. Ein verständlicher Reflex. Doch solange wir in der Schockstarre verharren, wachsen die globalen Probleme weiter. Deshalb zoome ich auch wieder gern ein wenig heran und frage: Können wir hier denn so weitermachen mit den bewährten Praktiken, Idealen und Normen? Können wir so weiterarbeiten, wirtschaften und das Wachstumsnarrativ weiter bedienen?

Die Wirtschaft steht doch längst kopf

Nein: Wir können nicht so weiterarbeiten wie bisher. Selbst wenn wir es wollten – es geht nicht, weil sich die Rahmenbedingungen der Märkte immer schneller verschieben:

- **Was in die Unternehmen jeglicher Größe »hineinkommt«, verändert sich:** Der Mangel an Talenten wird immer größer und die durchschnittliche Angestelltendauer nimmt ab[9], immer mehr Ältere (Generation Babyboomer) gehen immer früher in Rente,[10] während immer mehr Jüngere (Generation Z, kurz Gen Z) nachrücken und zum Teil deutlich andere Wertvorstellungen mitbringen.[11]
- **Was innerhalb der Unternehmen gelebt und gefordert wird, um innovativ und leistungsstark zu sein, verändert sich:** Divers besetzte Teams werden immer wichtiger, um innovationsfähig zu bleiben. Laut World Economic Forum werden zwischen 2023 und 2027 insgesamt 44 Prozent der Kernkompetenzen von Arbeitnehmerinnen und Arbeitnehmern wegfallen, weil die Technologie schneller voranschreitet, als die Unternehmen ihre Ausbildungsprogramme entwickeln und ausbauen können.[12] Außerdem führen fehlende Vereinbarkeit, Sinnhaftigkeit oder schlechte Teamkulturen immer häufiger zu Kündigungen; dabei war zum Beispiel 2021 eine »*toxic corporate culture*« ein zehn Mal häufigerer Kündigungsgrund als das Gehalt.[13] All das passiert, während Automatisierung, Digitalisierung und künstliche Intelligenz zu enormen Veränderungen und neuen beziehungsweise weniger Jobs führen.
- **Wie Unternehmen in Märkten agieren, verändert sich:** Die Preise von Rohstoffen und rohstoffintensiven Komponenten sind volatil. Das ändert den Umgang mit eigenen Preisgestaltungen und Lieferketten, und das wiederum führt in vielen Fällen zu einer Rückbesinnung auf regionale Anbieter.[14]
- **Der gesamte Rahmen, in dem sich Unternehmen Mitarbeitende, Kunden und Stakeholder aller Art bewegen, verändert sich:** Die Preise von Rohstoffen und rohstoffintensiven Komponenten sind volatil, was Unternehmen im Umgang mit Preisgestaltungen und Lieferketten stärker unter Druck setzt.[15] Zudem ändern sich unter dem Druck der globalen Polykrise die Bedürfnisse der Menschen auf allen Märkten dieser Welt: zum Beispiel zeigt sich die Gen Z schon als jetzt als die sozialökonomisch diverseste Population mit zum Teil stark werteorientierten Kaufentscheidungen: Marken, die sozial und politisch nicht handeln, kommen bei etlichen von ihnen erst gar nicht in ihre engere Auswahl.

Wir rutschen in die Abwärtsspirale

Wie geht es also weiter? In Gesprächen mit Menschen aus dem westlichen Kulturkreis stand und steht bei dieser Frage oft der Wunsch nach einem »kompletten Systembruch« im Raum. Und ich muss fairerweise sagen, dass auch ich einmal davon geträumt habe. Doch ist es sinnvoll, ist es realistisch, *zuerst* den Kapitalismus, den Kolonialismus, das Patriarchat und am besten alle anderen Unrechtssysteme gleich mit abzuschaffen und erst *danach* das »richtige«, gerechte, gesunde Leben für alle Menschen zu gestalten? Nein. Ich habe meine Naivität gegenüber diesem Vorgehen irgendwann in einem der Karriere-Hamsterräder verloren. Ich arbeite selbst schon zu lange in dieser komplexen Maschinerie namens »Hyperkapitalismus«, um zu glauben, dass man sie allein mit aktivistischem Idealismus zerschlagen und am nächsten Tag ein neues System hochfahren könnte. Das funktioniert nicht. Ich bin auch nicht der Typ der Extreme. Ich sehe aber sehr wohl sehr viele, jetzt umsetzbare Wirkungsfelder – und es gibt mehr als gedacht. Sich auf den Weg machen zu einer neuen Arbeitswelt in einem nachhaltigen und globalen Wirtschaftssystem, das gesteuert wird über neue Indizes und Anreize – ich bin davon überzeugt: Das geht. Und würde mittlerweile sogar sagen: Das muss gehen, und zwar schnell, denn die aktuelle Polykrise lässt uns nicht mehr viel Zeit.

Jetzt helfen weder Zynismus noch Pessimismus und erst recht nicht »noch schnell die eigenen Schäfchen ins Trockene bringen«. Eine frische, optimistische Perspektive habe ich im Gespräch mit der indischen Unternehmerin und *UN Women Transforming India* Botschafterin Shikha Shah kennengelernt, die die Teufelskreis-Metapher ins Spiel brachte. Gemeint ist eine Abwärtsbewegung, in der sich eine Vielzahl von Faktoren gegenseitig so verstärkt, dass sich die Lage mehr und mehr verschlechtert. Ein kontinuierliches »Immer-schlimmer«. Unaufhaltsam? Eben nicht!, meint Shikha: »*As bold leaders, we can push this culture into a vicious cycle or over to a virtuous cycle.*« Als »mutige Führungskräfte« können wir unsere Wirtschaft also in einen Teufelskreis stürzen oder aber in die Gegenrichtung bewegen – in eine positive Entwicklung umwandeln für Wirtschaft, Gesellschaft und Klima, die sich langfristig ebenfalls selbst verstärkt. In diesem Sinne starte ich hier mit einem Blick auf die Abwärtsbewegungen, die wir aktuell in der Wirtschaft und auch am eigenen Leib spüren – um dann im folgenden Kapitel Ideen für Menschen und Wirtschaft zu entwickeln, mit denen es wieder aufwärtsgehen kann. Vor welchen Abgründen stehen wir aktuell?

≫ we run: Arbeit frisst Leben auf

Unsere Arbeit verdichtet sich, weil wir mit KI und Co. mehr Komplexität in weniger Zeit bewältigen können – und auch müssen. Unsere Arbeit entgrenzt sich, weil sie in immer kleinere Devices passt, die wir immer näher an unserem Körper tragen. Sie weitet sich aus, weil immer mehr Fachkräfte fehlen und deshalb immer weniger Menschen immer mehr Aufgaben stemmen. Unsere Arbeit frisst unser Leben auf – und obwohl es uns körperlich und seelisch damit nicht gut geht, lassen wir das zu.[16] Laut einer aktuellen BKK-Befragung sind die häufigsten Beschwerden Rückenschmerzen, anhaltende Müdigkeit und Erschöpfung sowie innere Anspannung. Vor allem Letzteres wird häufiger als in den Vorjahren als Beschwerde genannt. Auslöser sind vor allem Überstunden und ständiger Termindruck, emotionaler Stress, fehlende Pausen oder das Verhalten von Vorgesetzten. Auch die Angst um den eigenen Arbeitsplatz spielt eine Rolle.[17] Viele von uns verwandeln dann auch noch das, was neben der Arbeit übrig bleibt – Zeit für die Familie, für Sport, für Kreativität, für Kultur –, in zusätzliche Arbeitseinheiten: perfekte Geburtstage, durchtrainierte Sixpacks, DIY-Projekte und spektakuläre Konzertbesuche bringen über Social Media das Zusatzeinkommen, das heute immer wichtiger scheint: Likes.

Dazu kommt: Anders als die meisten Kinder des 20. Jahrhunderts wachsen viele junge Menschen heute bei Alleinerziehenden auf oder in Familien mit zwei berufstätigen Eltern. Dass beide Elternteile arbeiten, ist einerseits wunderbar, weil auch Frauen sich immer mehr entfalten und wirtschaftlich unabhängiger sein können als früher. Mit immer mehr Frauen in der Berufswelt – *der* vermeintliche Hebel für Gleichberechtigung – wurden »Vereinbarkeit« und die *lean-in*-Mentalität zum neuen Zielbild. Aber: »Vereinbarkeit gibt es nicht ohne Zugeständnisse«, schreibt die Journalistin Meredith Haaf[8], denn sie erleichtere es manchen berufstätigen Eltern zwar, ihren finanziellen Verpflichtungen nachzukommen (vielen aber trotzdem nicht), zu einer besseren Qualität der Beziehungen zu den Kindern und innerhalb der Partnerschaften, Nachbarschaften und so weiter führe sie aber nicht.

»Junge Menschen haben eine andere zeitkulturelle Prägung als ältere«, schreibt die Journalistin und Autorin Teresa Bücker in ihrem Buch *Alle_Zeit*. »Je früher sie Zeitdruck erleben, desto eher wehren sie sich dagegen.«[19] So wird auf der einen Seite die Zahl der jungen Menschen immer größer, die neben Schule oder Studium jobben, weil das Geld nicht reicht – ein Phänomen, das es in den USA schon lange gibt und das kein gutes Vorzeichen für eine gesunde Gesellschaft ist.[20] Und auf der anderen Seite wächst die Zahl derjenigen, die auf ein solches Leben keine Lust mehr haben.

≫ we resignate: Wer arbeitet, macht nicht mehr (alles) mit

Vor diesem Hintergrund erscheint die Kündigungswelle der Pandemiejahre – die sogenannte *great resignation* vor allem in den USA – nicht mehr wie eine plötzliche Epidemie der Verweigerung oder gar Faulheit, sondern wie ein kollektives Ziehen der Reißleine. Die erzwungene Atempause der Pandemiezeit ermöglichte vielen einen neuen, nüchternen Blick auf ihre Arbeit und ihr Leben. Die Jahre 2020 bis 2022 wirkten wie ein Brennglas, das die kollektiven Vorstellungen von Vereinbarkeit und Traumjob in das zerlegten, was sie immer waren: Mythen. Menschengemachte Normen – und bestimmt keine Naturgesetze.

Die Daten des US-amerikanischen *Bureau of Labor Statistics* bestätigen, dass sich das Ausmaß und die Rate der Kündigungen während der Pandemie (bis Januar 2022) statistisch signifikant von denen während der Großen Rezession und der Dotcom-Rezession unterschieden.[21] Ein großer Teil der Jobwechsel war offenbar verbunden mit mehr Gehalt, besseren Arbeitszeiten und mehr Flexibilität. Junge US-Amerikanerinnen und -Amerikaner stehen nun also auf und sagen: »Moment mal, mein Job macht mich krank, da mache ich nicht mehr mit.«[22]

Dass die Lage in Deutschland ähnlich ist, zeigt eine Personio-Studie aus dem Frühjahr 2022, laut der mehr als die Hälfte der befragten Menschen zwischen 18 und 34 Jahren darüber nachdachten, sich eine Arbeit zu suchen, die ihnen bessere Entwicklungsmöglichkeiten, weniger Stress und mehr Anerkennung bietet.[23] Eine gesunde Reaktion auf den »*Millennial Burnout*«, den die Autorin und Journalistin Anne Helen Petersen in einem Essay namens *How Millennials Became the Burnout Generation* so treffend beschrieben hat:[24]

»*Why am I burned out? Because I've internalized the idea that I should be working all the time. Why have I internalized that idea? Because everything and everyone in my life has reinforced it — explicitly and implicitly — since I was young. Life has always been hard, but many millennials are unequipped to deal with the particular ways in which it's become hard for us.*«

Auch in Deutschland steuern die Menschen um – Status, Erfolg und Aufstieg gelten für etliche Jugendliche nicht mehr viel, unterstreicht SINUS-Direktor Dr. Christoph Schleer auf Basis seiner Jugendforschung: »Große Bedeutung spielt die Vereinbarkeit von Beruf und Privatleben. Zeit für sich selbst, für Familie, Freunde und Hobbys zu haben, wird immer wichtiger.«[25] Die neue Lust auf Leben teilen nicht nur die Millennials, nicht nur Gen Z, sondern alle. Laut einer Studie der HDI-Versicherung wünschten sich mehr als 80 Prozent der befragten Berufstätigen unter 40 Jahren eine Vier-Tage-Woche – und 70 Prozent der über 40jährigen.[26]

Diesem Wunsch steht eine Wirklichkeit entgegen, in der die Zahl der unbesetzten Arbeitsplätze nicht mit der Zahl der Menschen zusammenpasst, die für genau diese Plätze qualifiziert sind. Wir haben es aktuell mit dem größten Mangel an Arbeitskräften seit dem Wirtschaftswunder zu tun.[27] Das klingt wie ein wirtschaftliches Problem, ist im Kern aber auch eine sozialpolitische Herausforderung: Wenn wir so weitermachen wie bisher – uns also nicht kümmern um die Zehntausende von Schulabbrechern, um die Eltern, die wegen unterbesetzter Kitas nicht arbeiten können, um Fremdenfeindlichkeit und Antisemitismus, unter anderem auch die Migration nach Deutschland verhindern[28] –, dann verschwinden allein aus demografischen Gründen bis 2035 ganze sieben Millionen Arbeitskräfte vom Markt. Einfach weg. Und selbst wenn wir einige dieser selbstgemachten Probleme in den Griff bekommen, verschwinden bis 2040 immer noch rund 1 Million Arbeitskräfte.[29]

Es gibt viele Branchen, die unter dem Fachkräftemangel stöhnen – besonders drastisch trifft es die Digitalbranche und die Pflege. Im Januar 2023 prognostizierte der Digitalverband Bitkom eine Umsatzsteigerung auf 203,4 Milliarden Euro (plus 3,8 Prozent) und Steigerung der Beschäftigtenzahl auf 1,352 Millionen (plus 3,4 Prozent).[30] Im Gesundheitssektor fehlen schon jetzt viele Kräfte. Bis 2035 könnten 1,8 Millionen Stellen unbesetzt bleiben. Zwar sollen neue Gesetze helfen, Fachkräfte zu akquirieren – aber wie soll das gehen, wenn Wirtschaft und Gesellschaft nicht bereit sind für Offenheit, Inklusion, Vielfalt?[31] Wenn auf allen Ebenen nicht mehr in Ausbildung, in Bildung investiert wird? Wenn bürokratische Hürden monate- oder sogar jahrelang verhindern, dass diejenigen Fachkräfte, die schon da sind, mit der Arbeit anfangen dürfen?

Wertschöpfung gelingt nicht, wenn niemand da ist, der Werte schöpft. Was also tun? Die Antwort von Steffen Kampeter, dem Hauptgeschäftsführer der Bundesvereinigung der Deutschen Arbeitgeberverbände, lässt nichts Gutes ahnen: »Ich befürchte, die ganze Gesellschaft hat durch staatliche Fürsorge, durch Rettungsprogramme, Doppel-Wumms und alle möglichen Formen der staatlichen Abfederung vergessen oder verlernt, dass das Geld auch erwirtschaftet werden muss. Dass es am Ende von unser aller eigener Leistung abhängt. Wir brauchen mehr Bock auf Arbeit.«[32] Wenn er richtig läge mit seiner Einschätzung, wäre es wohl das erste Mal, dass sich ein gravierendes Strukturproblem allein mit individuellem »Bock« lösen ließe. Was für ein Unsinn.

⟫ we can't care: Wenn der Sandkasten zur Kostenstelle wird

Wenn wir eine x-beliebige Person fragen: »Was ist deine Arbeit?« würden die allermeisten den Job beschreiben, für den sie Geld bekommen, ihre Erwerbsarbeit. Vielleicht würden noch die ein oder anderen Eltern zaghaft die Hand heben, um nachzuschieben, dass sie neben ihren Jobs noch sehr viel andere Arbeit erledigen – aber das war's. Die Idee, was Arbeit ist, und, noch wichtiger, die Bewertung, was Arbeit ist, haben wir auf individueller Ebene vollkommen verinnerlicht: Arbeit = Erwerbstätigkeit.

Haben wir vergessen, welchen Arbeiten und Aufgaben wir daneben auch noch haben? Wissen wir nicht mehr, was wir neben der Erwerbsarbeit noch brauchen, um blühende, gesunde, zufriedene Familien, Gemeinschaften und Gesellschaften zu gestalten? Beziehungen pflegen, sich gesellschaftlich engagieren, an sich selber arbeiten – um nur einige zu nennen. Das alles braucht viel Zeit, das alles aber sehen wir nicht als Arbeit. Damit reduzieren wir uns zu Schrumpfversionen unserer selbst, nur um besser in die Arbeitswelt zu passen.

Unser aktuelles Arbeits- und Anreizsystem produziert Menschen, die sich zwischen ökonomischer Sicherheit und seelischem Wohlbefinden entscheiden müssen. Nicht umsonst sind Burnoutraten hoch, boomt die Mindfulness-Szene und finden Coachingpraxen so viel Zulauf. Wer sich Zeit für gesellschaftliches Engagement, persönliche Weiterentwicklung oder seine seelische Stabilität nimmt, bezahlt dafür oft ökonomisch.[33] Nicht vergessen dürfen wir dabei, dass sich etwa 20 Prozent[34] der hiesigen Bevölkerung nicht einmal entscheiden *können*, weil sie in Armut leben. Sie sind wirtschaftlich so abgehängt, dass die Option »Wohlbefinden« für sie erst gar nicht in Frage kommt. Für alle stellt sich die Frage: Warum muss ich meine physische, meine mentale, meine emotionale Gesundheit überhaupt erst mit einem Job »vereinbaren« – gehören diese Dimensionen nicht eigentlich zusammen? Wie ist die Idee entstanden, dass ich alle meine Talente und Fähigkeiten in eine einzige Richtung pressen muss – in die Ökonomie?

Warum kann ich nicht zuerst fragen, welche Art von Beziehungen ich pflegen möchte, und ob ich dabei ausgeschlafen sein will – oder permanent gestresst, genervt, ausgebrannt?

Stutzig werde doch nicht nur ich, wenn mir Eltern und Sorgetragende aller Art sagen: »Für uns funktioniert das recht gut, ich kann mir jetzt zwei Nachmittage pro Woche für das Kind freinehmen und kann die Stunden dann halt abends und nachts wieder reinholen, wenn das Kind schläft.« Ich möchte dazu anregen, dass wir uns fragen: »Für *wen* in dieser Gleichung ›funktioniert‹ das?« Diese Gleichung geht nur auf, wenn man die ökonomische Effizienz und den unternehmerischen Erfolg als Maßstab setzt, statt den des eigenen Lebens. Denn selbst wenn die Performancezahlen im Unternehmen stimmen, profitiert man persönlich davon meistens, wenn überhaupt, nur finanziell. Ist man am nächsten Tag ausgeschlafen? Hat man sich gesünder ernährt? Gab es genug Zeit, um mit dem Partner oder der besten Freundin zu sprechen? Hat man dem eigenen Kind auch nur einmal tief in die Augen schauen können? Viel zu oft heißt die Antwort: Sorry. Keine Zeit. Leichtigkeit? Lebens- und damit Gestaltungslust? Vielleicht später. Die meisten von uns haben die eigene Zeitmaschine durchökonomisiert – und sind einfach nur müde.

Die Rechnung, dass es so etwas wie Vereinbarkeit geben könnte, und dass sie nach ökonomischen Gesichtspunkten funktioniert, sie geht nicht auf. Für die Unternehmen nicht, wenn Entscheiderinnen und Entscheider mit tiefen Augenringen im Meeting sitzen. Und für die Menschen im Unternehmen nicht, weil sich jede Stunde mit der Familie in eine gefühlte Kostenfalle verwandelt. Dass wir uns fragen »Was kostet ein Nachmittag am Sandkastenrand?«, zeigt doch, dass selbst unser Privatleben – was mit Geld nicht aufgewogen werden kann – Teil des Kosten-Nutzen-Mindsets geworden ist.

≫ we disconnect: Die Superstars der Arbeitswelt kämpfen solo

Unsere Arbeitswelt liebt Superstars. Sie ist getrieben von Performancedruck. So arbeitet jeder einzelne Mensch im Unternehmen an SEINEN Zahlen, an SEINER Sichtbarkeit. Das treibt uns auseinander, das untergräbt unsere Fähigkeit zur Kollaboration. Und das zeigt sich aktuell und ganz konkret in den Unternehmen – und bei jedem und jeder Einzelnen von uns: Laut einer Umfrage der Unternehmensberatung Deloitte zeichnet sich ein Richtungswechsel in der Wirtschaft ab, über den schon seit Dekaden diskutiert wird, der sich jetzt aber möglicherweise wirklich durchsetzt: die *Skill-basierte Organisation*. Gemeint ist, dass Unternehmen statt auf konventionelle Arbeitsplätze nun auf Crowdsourcing und Gig-Work setzen. Das Versprechen: »So können Unternehmen es schaffen, dringend benötigte Kompetenzen abzudecken und die vorhandene Arbeit zeitig zu erledigen.«[35] Wenn wir genau hinschauen, sehen wir die schmuddelige Rückseite der Hochglanzbroschüre: Die Flexibilitätsanforderungen an die Mitarbeitenden werden erhöht – die eigenen Strukturen aber nicht angefasst. Gleichzeitig höhlen Unternehmen mit dem *Skill-basierten* Umstieg auf Freelancer das Arbeitsrecht aus, das Recht auf Gesundheitsversorgung, auf Pausen, auf Urlaub. Sie sparen Lohnsteuer, sie sparen die Kosten für ergonomische Stühle, Kantinen und für IT-Devices. Damit setzen sie auf kurzfristige Begeisterung ihrer Aktionäre. Langfristig zerstören sie gut eingespielte Teams, sie verhindern die Identifikation mit dem Arbeitgeber, sie lassen jede Menge Erfahrungswissen abfließen.[36]

Kann man so lösen. Aus marktlogischer Sicht ist diese Lösung konsequent. Strukturell kommen wir so allerdings wieder im 19. Jahrhundert an: bei endlos langen Arbeitstagen, bei Hungerlöhnen – und bei einer gefährlichen Destabilisierung der Gesellschaft, die zu noch gefährlicheren politischen Destabilisierungen führen kann. Sprich: zu einem Sicherheitsproblem. Angesichts dieser Konsequenzen scheint der unternehmerische Fokus auf kurzfristige monetäre Erfolge geradezu irrational.

Zoomen wir heran auf die Menschen im Unternehmen: Ohne Selbstdarstellung ist Erfolg heute kaum möglich. Wer eine Rolle spielen will, muss sichtbar sein und die »*Personal Brand*« auf Bühnen, in Social Media oder in wie auch immer gearteten Visibility-Projekten beweisen und den Algorithmen möglichst passgenau in die Schaufelräder werfen, – einfach nur »gute Arbeit leisten« reicht in den wenigsten Fällen mehr aus. Und diese Sichtbarkeit gilt es, permanent neu und anders und immer wieder zu inszenieren.

Das bedeutet eine ständige kommunikative Arbeit. Netzwerke müssen permanent mit Input, Resonanz, Likes lebendig gehalten werden. Gerade das, so schreibt der Soziologe Prof. Dr. Urs Stäheli in seiner Studie »Soziologie der Entnetzung«, macht uns so atemlos, dass unsere Freiräume für Kreativität und Reflexion kaputtgehen.

Es klingt paradox: Aber es ist gerade das permanente, auf Selbstpromotion optimierte Pseudonetzwerken, das uns unfähig macht zu wirklicher Kollaboration, zu wirklicher Solidarität. Und das ist eine dramatische Entwicklung, die noch viel zu wenig gesehen wird: Der Verlust der Solidarität destabilisiert nicht nur jeden einzelnen Menschen, er desintegriert auch die größeren Systeme der Zusammenarbeit (in Kombination mit KI erst recht): in der Wirtschaft die Unternehmen, in den Staaten die Demokratie. Das macht uns nicht nur persönlich unglücklich, das ist eine riskante Entwicklung für unsere Wirtschaft und Gesellschaft.

≫ we exclude: Die Wirtschaft bleibt pseudodivers

Organisationen schreiben sich immer häufiger Vielfalt, Chancengerechtigkeit und Inklusion auf die Fahnen – und in der Politik wird das Thema seit Jahren unter dem Stichwort »Integration« subsummiert. Faktisch aber leben viel zu viele Organisationen und Nationen viel zu oft Exklusion. Für Fachkräfte aus dem Ausland gehört Deutschland tatsächlich zu den unattraktivsten Ländern weltweit. Das bestätigt die jährlichen »Expat Insider«-Studie, in der Deutschland Platz 49 belegt. Von 53![37] Ist es nicht aber so, dass insbesondere in der Wissensarbeit zumeist sehr homogene Teams arbeiten? Konkret: Wie viele Menschen in deinen Teams sind *nicht* weiße Mittelschicht-Mittdreißiger bis -Mittfünfziger? Mit wie vielen Menschen anderer ethnischer Herkunft und anderer sozialer Klassen hast du tatsächlich zu tun? Wie viele Menschen arbeiten wirklich mit dir, die einer anderen Religion als du angehören, die eine andere sexuelle Orientierung leben, die andere Sprachen, abseits von Englisch, sprechen, die eine Behinderungen haben, oder die statt eines Studiums eine Lehre absolviert haben?

Die meisten Unternehmen sprechen von Vielfalt, leben sie aber nicht. Sie sind fest davon überzeugt, dass niemand benachteiligt wird, sie wissen, dass vielfältige Teams messbar produktiver, kreativer, innovativer, kundennäher und darum erfolgreicher sind (mehr dazu im Kapitel »Wirkungsfeld: Vielfalt«). Und stellen dann doch wieder nicht Moisés aus Porto ein, und auch nicht Ayşe aus Bottrop, sondern Fiete aus Nordhorn. Bei allem Fortschritt rund um Diversity, den es in Deutschland auch gibt: Immer noch haben Menschen aus »bildungsfernen« Milieus signifikant schlechtere Aufstiegschancen in der Wirtschaft. Immer noch passen Betreuungszeiten für Kinder nicht mit den Arbeitszeiten für Eltern zusammen, sodass selbst hoch qualifizierte Menschen an der Doppelbelastung von Erwerbs- und Care-Arbeit zerbrechen (das sind vor allem Frauen) und aus ihren Jobs gekegelt werden. Immer noch gibt es eine signifikante Zahl von Unternehmen, die es Menschen aus marginalisierten Gruppen sehr schwer machen, Teil ihrer Führungsetagen werden. Wie passt das zum Thema »Fachkräftemangel«?

❯❯ we ignore: Kollateralschäden unserer Kennzahlen

Wirtschaft ist umsatzgetrieben, ist renditegetrieben, ist wachstumsgetrieben – ist getrieben von Zahlen. Denn Zahlen lassen sich messen, und was sich messen lässt, das lässt sich auch verbessern. Und so messen Unternehmen eine Fülle von Key Performance Indicators (KPIs), von Objectives and Key Results (OKRs), Quarterly Results, schreiben Analysen und Shareholder Reports, um daraus ihren Erfolg oder Misserfolg abzuleiten. Mit Scheuklappen betrachtet, mag das Sinn ergeben, aber schon in Relation zu dem Spannungsfeld, in dem sich jedes Unternehmen zwangsläufig bewegt, eigentlich nicht: Wie soll sich ein Unternehmen langfristig selbst erhalten können, wenn es sich nicht um die Bedürfnisse der Menschen intern und extern schert? Wie soll es sich selbst erhalten, wenn es nicht zur Stabilität des demokratischen Rechtsstaates beiträgt, von dessen Sicherheitsgarantien es profitiert?

Der enge Fokus auf Wachstum und Rendite funktioniert auch in Relation zu den Makroproblemen der Welt nicht. Wie soll ein Unternehmen langfristig erfolgreich sein, wenn es geopolitisch unter die Räder kommt? Wenn die eigenen Standorte den neuen Dürren, Brandherden und Überflutungen zum Opfer fallen? Die aktuell gemessenen Kennzahlen sehen diese Zusammenhänge nicht.

Was unsere Kennzahlen auch nicht messen, sind die Kollateralschäden des Messens. Jeder gemessene Faktor wird aus einem komplexen Gefüge ausgeschnitten und gesondert betrachtet. Damit wird diesem Aspekt eine Bedeutung zugemessen (die er vielleicht gar nicht verdient), während andere Aspekte unter den Tisch fallen (obwohl sie relevant wären). Zu diesen vergessenen Faktoren zählt regelmäßig die soziale, physische und mentale Gesundheit von den Menschen im Unternehmen und in den Partnerunternehmen entlang der Lieferketten. Es gehören auch ökologische Folgeschäden und sicherheitspolitisch bedenkliche Abhängigkeiten entlang der Liefer- und Produktionsketten dazu.

Ein weiterer Schaden: Messwerte verändern Verhalten. Denn wo das Erreichen von Zielen mit Belohnungen verbunden wird, mit Wettbewerb, da drehen Menschen ihre Perspektive um: Weg von der Komplexität der professionellen Aufgabe, hin zum Zahlenspiel. Weg vom Impact- oder Kundenfokus, hin zum Kampf um Positionen und Projekte, Budgets und Boni.

Grundfalsch ist auch die Vorannahme, das Maximum sei immer das Optimum. Weder in der Natur noch in Beziehungen noch in einem lebendigen Organismus ist es sinnvoll, immer nur auf Maximum und auf Output zu laufen. Auch in der Ökonomie ist das nicht sinnvoll. Stichwort Ressourcenknappheit. Energiekrise. Klimakollaps. Der Fokus auf maximalen Output ist kein nachhaltiger Zustand – weder für den Menschen noch für die Kompetenzen und Skills, die wir in Zukunft brauchen. Trotzdem glaubt die Wirtschaft, glauben die Menschen in den Unternehmen an ihre Zahlen. Es gelingt ihnen nicht, die Auswüchse ihrer Strategiespiele kritisch zu reflektieren und sich einzulassen auf die Bewegung hin zu einer nachhaltigeren, effektiveren, im besten Sinne rationaleren Ökonomie – obwohl alle Entscheiderinnen und Entscheider wissen, dass ihnen eigentlich nichts anderes übrig bleibt. Doch solange der Rubel rollt …

Das Strategiespiel der Zahlen hat sich verselbstständigt. Und unsere Orientierung an der Figur des rationalen Nutzenoptimierers, dem *Homo oeconomicus,* der zwar das Zahlenspiel beherrscht, aber die Komplexität der größeren Zusammenhänge nicht sehen will, ist genauso verrückt wie unsere Orientierung an seinem bösen Zwilling, der seine destruktive Raffgier klar vor Augen hat und sich kurz vor dem Kollaps von Demokratien und Klima trotzdem noch die Taschen vollstopft – einfach nur, weil er es kann. (Mehr zu den Hintergründen dieser Irrationalität im Kapitel »Wirkungsfeld: Kennzahlen«.)

Wir wollen/müssen/können auch anders

Spätestens seit der Covid-Pandemie ist den allermeisten Menschen dies auch (mehr oder minder schmerzhaft) in ihrer alltäglichen Lebensrealität klar geworden: Die vermeintlich alternativlosen Strukturen und Normen der Arbeitswelt können nicht mehr Leitbild für ein gesundes, zufriedenes, sozial gerechtes und nachhaltiges Leben sein – und müssen es auch nicht. Ein ähnlicher Reflexionsprozess fand in der Pandemie auch auf der Makroebene statt. Überall in der Welt wurde plötzlich über »systemrelevante Berufe« diskutiert – weil klar wurde: Der Wert dieser Arbeiten muss neu bewertet werden.

Arbeit ganzheitlich verstehen

Auch wenn dieser Impuls in der Praxis größtenteils verpuffte – wo sind die Löhne für systemrelevanten Beruf wirklich gestiegen, wo wurden die Arbeitsbedingungen nachhaltig verbessert? Heute begreifen sehr viele, die sich in der Volkswirtschaft, Soziologie und Ökologie theoretisch mit der Zukunft der Arbeit, der Entwicklung von Gesellschaften oder neuen Wirtschaftsformen auseinandersetzen, Arbeit ganzheitlich. Zu den wichtigsten Stimmen gehören für mich Kate Raworth mit ihrer Idee einer »Doughnut Economy« und Prof. Sir Partha Dasgupta, der den »Inclusive Wealth Index« entwickelt hat.[38] Ich komme später darauf zurück.

Auch außerhalb der Wirtschafts- und Sozialwissenschaften finden wir ein deutlich breiteres Verständnis von Arbeit. Zum Beispiel in der

Philosophie: Hannah Arendt, eine der wichtigsten Philosophinnen des 20. Jahrhunderts, definiert in ihrem Werk »Vita activa oder Vom tätigen Leben« (1960) als zentrale Tätigkeit des Menschen Arbeit eben nicht seine Arbeit, sondern sein *Handeln*. Dabei geht es ihr um die *ethische Qualität* in der Beziehung zwischen Menschen, die erst in der *Würde des Handelns* aufblüht. Gemeint ist: Erst wenn der Mensch sich in seiner ganzen Vielfalt konstruktiv einbringen kann, wenn er also dazu beitragen kann, die Welt zu einem besseren Ort zu machen, ist sinnvolles Handeln und volle Potenzialentfaltung möglich.

Wir brauchen beides: Wertschöpfung und Beziehung

Wirtschaft agiert im Spannungsfeld zwischen Mensch und Geld. Diese Spannung muss sie aushalten. Unternehmen, die nur am Mensch- oder Ideologie-Pol agieren, sind keine Unternehmen, sondern wirtschaftlich nicht tragfähige Glaubensgemeinschaften. Und Unternehmen, die ausschließlich auf Effizienz setzen, zerstören ihre eigene Ressourcen: die Gesundheit der Mitarbeitenden oder anderer Stakeholder entlang der Wertschöpfungskette, sowie natürliche Lebensgrundlagen. Beide Extreme scheitern. Sie scheitern nicht kurzfristig, sondern langfristig. Weil die Wirtschaft sich aber an kurzfristigen Ergebnissen orientiert, blendet sie das aus. Das Gleiche gilt für den Einzelnen: Jeder von uns steht im Spannungsfeld. Auf der einen Seite gibt es die Notwendigkeit, eine *wirtschaftlich* tragfähige Grundlage für das eigene Leben zu schaffen. Auf der anderen Seite steht die Notwendigkeit, sich in tragfähige *soziale* Beziehungen einzuweben. Beides ist notwendig. Aber sehr schwer zu leben. Deshalb sehen sich die einen im Alltag vor allem als soziale Wesen, die die Haushaltskasse am liebsten ausblenden. Und die anderen sehen sich als Leistungsträger und vernachlässigen ihre sozialen Beziehungen.

Es scheint so, dass Wirtschaft sich ausschließlich an Wachstum in BIP, Profiten, Produktivität oder Effizienzen orientieren *muss*. Wohingegen der Mensch seine zwischenmenschliche Beziehungen, seine physische und mentale Gesundheit oder Sicherheit in den Mittelpunkt stellen *muss*. Teresa Bücker brachte dieses Spannungsfeld in einem Interview gut auf den Punkt: »[...] wir leben im Prinzip im Widerspruch zu unseren Werten. Die meisten Menschen sagen, dass Freundschaften oder auch Familie das Allerwichtigste ist, dem sie sehr viel Zeit einräumen wollen. Sie können es aber in ihrem Alltag nicht. Erwerbsarbeit ist nicht das, was uns als Gesellschaft primär zusammenhält.« Wie recht sie hat. Die Gesellschaft braucht eben beides: Erwerbsarbeit und Beziehungen. Und Wirtschaft braucht auch beides, um langfristig erfolgreich zu sein: die Orientierung an der Effizienz und am Menschen. Nicht nur aus moralischen Gründen, sondern aus wirtschaftlichen. Dass Entscheiderinnen und Entscheider das Verständnis dieser großen Spannungsfelder täglich unter einem Berg von persönlichem Stress und kurzfristig gesetzten KPIs begraben, wird uns langfristig teuer zu stehen kommen.

Nein zum Status quo – Ja zu neuen Anreizen

Wie könnte also ein besseres System mit klügeren Mechaniken, und ganzheitlicheren Lebenschancen aussehen? Es geht mir nicht nur darum, einfach nur stumpf umzuverteilen. Es geht um neue Anreize. Dafür müssen ein mutiger Staat und eine moderne Wirtschaft die Rahmenbedingungen setzen. Es geht um ein Umsteuern von oben. Top down. Und ein Umlenken im Kleineren, im Rahmen des Machbaren bei jedem Einzelnen von uns. Bottom up.

Gerade weil wir in einer Demokratie leben, haben wir Menschen die Freiheit, unsere Arbeitsbedingungen zu wählen – und auch bei ungewöhnlichen Entscheidungen in *Würde* zu leben. Beides ist durch unser Grundgesetz garantiert. Das ist ein wichtiger Punkt: Das sind keine Forderung von *woken* Idealisten, keine wolkigen moralischen Appelle – das ist eine wesentliche Rahmenbedingung unseres Rechtsstaats. Und diese ermöglicht uns, jedem von uns, ein klares NEIN zum Status quo. Ich möchte dazu anregen, ganz gleich ob Mütter, Väter, älter oder jünger, gesundheitlich gehandicapt oder nicht, der weißen, westlichen Mittelschicht entstammend oder nicht, dass wir eben

NICHT mehr sagen: Wir müssen zuerst den unternehmerisch gesetzten Normen gerecht werden. Um dann, wenn wir es schaffen, irgendwann in die dafür erforderlichen Positionen zu kommen, das System von innen heraus zu verändern. Bis dahin mögen sich bitte die Menschen im Unternehmen – so die Argumentation der Status quo-Bewahrer:innen – nicht so anstellen, und zum Beispiel alle in Vollzeit arbeiten, denn dies sei die Wunderwaffe der Gleichberechtigung.

Ich sage: Nein, umgekehrt! Es geht darum, JETZT zu einem kulturellen, wirtschaftlichen und gesellschaftlichen Wandel beizutragen, damit alle ein neues, besseres, nachhaltigeres, gesünderes Leben leben können. Nicht trotz, sondern *mit* einer zukunftsfähigen, nachhaltigen Wirtschaft. Im Rahmen einer resilienten Demokratie. Auf einem hoffentlich gesunden Planeten.

Im Folgenden geht es weg von den Abgründen und hin zu den Möglichkeitsräumen, die wir trotz allem haben – und nutzen können und sollten. Ich nenne sie Wirkungsfelder. Aus meinen eigenen Erfahrungen in der Arbeitswelt, und aus den vielen fruchtbaren Gesprächen auf Konferenzen oder im Morgen.Salon habe ich vier Wirkungsfelder abgeleitet, auf denen sich meiner festen Überzeugung nach sehr viel bewegen lässt – und auf denen aktuell noch viel zu wenig passiert:

- Zeit,
- Kollaboration,
- Vielfalt,
- Kennzahlen.

Jedes Wirkungsfeld betrachte ich auf zwei Ebenen. Zuerst die individuelle Ebene – »Was uns blockiert«: Hier spreche ich uns als Einzelne an und gehe der Frage nach, wie wir neu und anders denken und handeln können. Wie kann ein Workshift für unser Leben und unsere Arbeit gelingen, hier und heute?

Im zweiten Schritt geht es um die strukturelle Ebene und ihre Wirkungsfelder – »Was Unternehmen bremst«. Hier adressiere ich die Entscheiderinnen und Entscheider in den Unternehmen und lote Wirkungsfelder für einen Workshift in der Wirtschaft aus.

Im dritten Schritt je Workshift geht es mir darum, das Thema ganzheitlicher, größer zu denken. Denn wie wir arbeiten und wirtschaften, hat einen maßgeblichen Einfluss auf die Entwicklung von Demokratien und unseren Planeten. Deshalb ziehe ich am Ende jedes Kapitels den Argumentationsfaden unter der Überschrift »Conneting the Dots« weiter, und zwar doppelt: als ökologischen (»grünen«) Faden und als politischen Faden.

Überall habe ich nach Hebeln gesucht, mit denen wir unsere Arbeitswelt – mehr noch: unsere *Welt* – jetzt zum Positiven verändern können. Dass jeder Mensch viele Rollen, viele Bedürfnisse, viele Potenziale in sich vereinigt, an diesen Gedanken gewöhnen wir uns immer mehr. Doch dass wir als Einzelne auch *verantwortlich* handeln, das haben wir noch zu wenig verstanden. Dabei liegt gerade in dieser Verantwortung die Möglichkeit zum Handeln. Die Möglichkeit des Veränderns in Bezug darauf, wie und an was wir arbeiten: Ich nenne sie unseren »Workshift«.

WIRKUNGSFELD: ZEIT

Wie wir die wichtigste Ressource der Arbeitswelt ganzheitlicher verstehen, sinnvoller einsetzen und effizienter nutzen können.

Wie viel wir wirklich arbeiten

Es hat einen guten Grund, warum ich für den Titel dieses Buches ein Wort gewählt habe, das im ursprünglichen Sinne eine zeitliche Dimension hat, und das man doppeldeutig interpretieren kann: Aus dem Englischen wörtlich übersetzt bedeutet *workshift* Arbeitsschicht. Für mich ist der Umgang mit der Variablen Zeit einer der größten Hebel für grundlegende Veränderungen und Verbesserungen, der derzeit in der Wirtschaft kaum oder gar nicht genutzt wird – und wenn, dann viel zu oft mit einer abwertenden Geste: »Zeit? Das muss ein Frauenthema sein, irgendwas mit Gen Z, irgendwie *woke*, jedenfalls nichts Richtiges.« Weiter geht's im Vollzeittakt, und wir kommen wieder keinen Schritt voran mit einer Arbeitswelt, die für alle passt statt nur für den Vollzeitmann.

Keine Atempause

Dabei sind wir schon besser dran als unsere Vorfahren, die in der Frühzeit der industriellen Revolution jeden Tag 14 bis 16 Stunden lang in den Fabriken schufteten. Wir sind besser dran als die Menschen im Deutschen Kaiserreich, die – erstmals gesetzlich garantiert – an sechs Wochentagen »nur noch« zehn Stunden arbeiten mussten und in der Bundesrepublik seit 1965 schließlich 40 Stunden wöchentlich.[1] 2021 lag Deutschland mit seiner durchschnittlichen Wochenarbeitszeit von 34,7 Stunden sogar unter dem europäischen Schnitt (37,0 Stunden).[2] Was diese Zahlen nicht zeigen: Gleichzeitig sind Arbeitsbedingungen in den sogenannten Billiglohnländern entstanden, die man in viel zu vielen Fällen nicht anders bezeichnen kann als Sklaverei.

Zudem haben sich die Arbeitsbedingungen auch im Westen seit den 1980er Jahren verschlechtert. Das gilt zum einen für die sogenannten *working poor* (ein Begriff, der per se schon alles sagt, was schiefläuft), die sich als Minijobber, als Sub- oder sogar als Sub-Sub-Unternehmer mit mehreren extrem anstrengenden und schlecht bezahlten Jobs über Wasser halten müssen. Das gilt aber auch für die hoch qualifizierten Menschen, von denen ein Großteil länger arbeitet als die vertraglich vereinbarten Wochenstunden.[3] 43 Prozent der Frauen und 31 Prozent der Männer in Vollzeitjobs machen Überstunden in Deutschland – und zwar im europäischen Vergleich die meisten.[4]

Dabei geht der Fokus auf offiziell vereinbarte Stundenzahlen am eigentlichen Problem vorbei: Gerade da, wo Arbeitszeiten und Arbeitsorte flexibilisiert worden sind und wo Menschen mit ihren Smartphones ihr Büro ständig in der Hosentasche mit sich herumtragen, gibt es Zeiten der Nichtarbeit praktisch nicht mehr. Studien der Harvard Business School und aus Korea zeigten schon vor mehr als zehn Jahren, dass vernetzte Menschen heute rund um die Uhr »on« sind, weil sie arbeiten oder weil sie ihre Arbeit nebenher »monitoren«, um immer erreichbar zu sein. So kommen US-Amerikaner auf 88,5 Arbeitsstunden pro Woche, Europäer auf 82 Stunden und Asiaten auf 80,5 Stunden.[5]

Auf diese Weise frisst sich die Arbeit unmerklich durch immer mehr Stunden in unsere Wochen, sie *extensiviert* sich. Zusätzlich *intensiviert* sie sich, weil neue Managementformen auf immer mehr Selbststeuerung setzen, auf immer mehr Verantwortung auf allen Hierarchiestufen und auf immer kleinteiligere Erfolgsmessung via digitale Techniken.[6] Das übrigens nicht nur in der Industrie, sondern auch der Medizin, der Pflege und der Bildung.[7]

Was noch mehr irritiert als dieser *mismatch* zwischen vereinbarter und geleisteter Arbeitszeit, ist der *mismatch* zwischen dem vereinbarten und dem gezahlten Lohn. Die »*time = money*«-Formel geht nicht auf: Laut Bundesregierung zahlten die Arbeitgeber im Jahr 2021 etwa 700 Millionen der insgesamt 1,3 Milliarden Überstunden nicht. Erschütternd daran ist nicht nur, dass die Beschäftigten auf diese Weise scheinbar freiwillig auf einen zweistelligen Milliardenbetrag an Gehalt verzichten.[8] Sondern, dass das so selbstverständlich scheint.

Wir arbeiten mehr – und schaffen weniger

Wir arbeiten also immer mehr. Gleichzeitig – und jetzt wird es verrückt – *sinkt* unsere Produktivität. Das liegt daran, dass immer mehr Menschen als Dienstleister[9] arbeiten und in diesem Bereich rechnerisch weniger Produktivität erreicht wird als in der Industrie. Es liegt auch daran, dass immer mehr Roboter und KIs im Einsatz sind und sich die Produktivität vom Arbeitsmarkt abkoppelt.[10] Außerdem haben wir es mit einem »Produktivitätsparadoxon« zu tun, das sich noch nicht recht erklären lässt: Möglicherweise hat die Wirtschaft es immer noch nicht geschafft, die Potenziale der Digitalisierung zu nutzen.[11] Jedenfalls: Die deutsche Wirtschaft schrumpft. Schon warnt die staatliche Förderbank KfW vor einer »Zeitenwende«, »andauernden Wohlstandsverlusten« und »Verteilungskonflikten«. Und hat drei Gegenmittel parat: »erstens mehr Menschen in Deutschland in Arbeit bringen«, gemeint ist die sogenannte stille Reserve mit ihren vielen Frauen, »zweitens mehr Zuwanderer ins Land locken und drittens die Arbeitsproduktivität steigern.«[12] Also: Bitte noch mehr arbeiten. Diese Forderung ist doppelt erstaunlich. Erstens angesichts des kippenden Klimas, das wir uns – mit unseren überfluteten Kellern und überhitzten Wohnzimmern – doch eigentlich vom Leibe halten wollten. Wir tun es nicht! Stattdessen starren wir immer noch auf die Quantität der Produktion und rechnen aus, ob wir nicht lieber noch mehr Autos bauen sollten (jetzt eben elektrisch).

Zweitens ist die Reaktion der vielen »Mit-arbeitenden« (die früher einfach Arbeiterin, Arbeiter hießen) auf diese Forderung erstaunlich: Es gibt kaum eine. »Blicken wir auf die jüngere Vergangenheit zurück, so ist das eher ungewöhnlich«, schreibt der Sozialphilosoph Axel Honneth, »in keiner Phase seit Ende des Zweiten Weltkrieges wurden die Arbeitsbedingungen derart ohne jede öffentlich sichtbare Gegenwehr hingenommen wie heute – obwohl es gegenwärtig deutlich schlechter um sie bestellt ist als noch vor fünfzig, sechzig Jahren, als kollektiver Protest und Widerstand an der Tagesordnung waren.«[13]

Wir holen uns drei Kaffees, beißen die Zähne zusammen – und arbeiten weiter. Wir fragen uns nicht einmal, warum wir 80-Stunden-Wochen und Vier-Stunden-Nächte selbst bei denjenigen glorifizieren, die nicht so viel arbeiten müssten, um über die Runden zu kommen. Wir fragen uns nicht, warum wir aufschauen zu denen, die sich keine Zeit nehmen für gesundes Kochen und Essen, für Gespräche mit Freunden und Familie, für lange Spaziergänge, obwohl sie sich das leisten könnten. Was finden wir so bewundernswert an denen, die ihr komplettes Leben gegen Arbeit eingetauscht haben – ohne Not? Ihre komplette *time* gegen *money*? Und sich ihren Burnout dann wie ein Heldenabzeichen an die Brust heften?[14] Eigentlich ist es verrückt, dass Arbeitgeber glauben, die von ihnen definierten Jobs passten immer in genau 40 Stunden hinein. Es ist auch ignorant, wie wenig gesehen wird, dass manche Jobs zu so irren Ermüdungseffekten führen, dass sie kürzere Arbeitszeiten und mehr Erholungszeiten brauchen.[15] Es ist borniert, dass wir nicht sehen, wie sehr Prozesse in kreativen und karitativen Bereichen Eigenzeiten haben, die sich kaum sinnvoll beschleunigen lassen.

Warum denken wir so, als stünden wir immer noch an Henry Fords Fließband? Was ist passiert, dass wir das Hamsterrad wider besseres Wissen nicht verlassen? Höchste Zeit, einen ersten Blick auf die individuelle Ebene zu werfen – auf das Leben und die Arbeit jeder und jedes Einzelnen von uns.

Was uns blockiert: Workism

Wir sind im Stress – und einen Teil von diesem Stress machen wir uns selbst. In Deutschland ist jeder zehnte Erwerbstätige sogar arbeitssüchtig, zeigt eine Studie des Bundesinstituts für Berufsbildung und der TU Braunschweig. Jeder zehnte Mensch arbeitet sehr lange und sehr schnell, nimmt sich nur mit schlechtem Gewissen eine Auszeit und ist dann auch noch unfähig, sich nach Feierabend zu entspannen. Das gilt vor allem für Führungskräfte, die häufiger von Arbeitssucht befallen sind als Fachkräfte. Daneben arbeitet ein Drittel (!) der Erwerbstätigen *exzessiv*. Immerhin: 55 Prozent sehen ihren Job gelassen.[16] Die anderen leiden darunter, wie es Autor Frank Berzbach so treffend auch für sich selbst formuliert: »Dass wir die Arbeit nicht loslassen können und uns zugleich einreden, der Stress käme durch eine Belastung von außen.«[17] Derek Thompson, Autor bei *The Atlantic*, hat ein wunderbares Wort für unseren Arbeitstick erfunden: Workism.[18]

Klingt ein wenig nach *protestantism*, und das soll auch so sein. Denn es war der Protestantismus, der im 16. Jahrhundert das Mindset der Menschen vom Kopf auf die Füße gestellt hatte. Statt betend auf das Jenseits zu warten, galt nun der Erfolg im Diesseits als Ausdruck oder Beweis von Gottes Segen. Gemeint war der *wirtschaftliche* Erfolg. In dieser historischen Phase legte sich weltweit ein Schalter um: Kapitalismus ON. Das frühe 16. Jahrhundert war der historische Moment, in dem europäische Mächte begannen, den globalen Handel aufzubauen und die gesamte Welt zu kolonisieren.[19] Es war der Moment, als sich immer mehr Menschen langsam aus der Unterdrückung durch Adel und Kirche befreiten. *Und* es war auch der Moment, in dem sich die Vorstellung von Selbstdisziplin und Leistungsethik in großen Teilen der Bevölkerung radikal veränderte.

Die Statuspanik lebt

Beide Systeme – unsere Wirtschaft und unser Ethos – sind in diesem historischen Augenblick verschmolzen. Erst seit diesem Zeitpunkt gelten Leistung und auch die sichtbaren Zeichen unserer Leistung heute – mein Diplom, mein Haus, mein Auto – per se als gut. Und dieser Zeitpunkt liegt nun schon so lange zurück, dass uns unser Leistungsethos heute normal vorkommt. Natürlich. Das ist es nicht. Gott ist tot,[20] finden heute viele. Doch die ursprünglich religiös motivierte Statuspanik lebt trotzdem.[21] Gemeint ist die Angst vor dem Absturz, die der US-Soziologe Charles Wright Mills schon 1955 für die Mittelschicht beschrieben hatte. Die Angst ist nicht einmal unbegründet. Während wir unsere Reisen, unsere Karriereschritte und die Förderkurse der Kinder planen, geht die Wohlstandsschere immer weiter auf. Bei der Ungleichverteilung der Vermögen ist Deutschland weltweit Spitzenreiter.[22]

Höchste Zeit für Vollzeitscham[23]

Von Maja Göpel habe ich bei einem meiner Morgen.Salons gelernt, dass es viel wirksamer ist, über Strukturen zu sprechen statt über Schuld. Und zu diesen Strukturen gehört es, dass wir, wenn wir über Arbeit sprechen, immer nur unseren *Job* erwähnen. Über unsere *zusätzliche*, für unser Leben und unsere Gesundheit hoch relevante Arbeit sprechen wir jedoch routiniert *nicht*, schweigen sie sogar bewusst tot: unsere Care-Arbeit. Aus Angst, unprofessionell zu erscheinen, sagen wir lieber »*Care*« statt »Kümmern«. Kümmern scheint wie das Gegenteil von Karriere. Geradezu schädlich für jeden, der sich Erfolg wünscht. Warum ignorieren Vollzeit-Fans, dass Volkswirtschaft maßgeblich von Sorgearbeit sowie gesellschaftlichem Engagement profitiert, und eben nicht nur von Erwerbsarbeit? Warum gibt es kein kollektives Interesse, allen Bürgerinnen und Bürgern solche Tätigkeiten zeitlich zu ermöglichen – ohne Konsequenzen für die Karriere? Sollte es nicht gerade bei Gutverdienenden eher eine »Vollzeitscham« geben, weil sie ihr Leben so strukturiert haben, dass sie möglichst viel Karriere machen, möglichst viel privat outsourcen können und sich ansonsten für sehr wenig anderes gesellschaftlich aktiv (also auch zeitlich) engagieren?

Der Kulturhistoriker Wolfgang Schivelbusch schlägt eine fast schon archaisch anmutende Erklärung vor: Historisch gelte Arbeit – etwa beim englischen Philosoph-Urgestein und oft als »Vater des Liberalismus« zitierten John Locke (1632–1704) oder dessen nicht minder alten Philosophie- und Ökonomie-Kollegen aus Schottland, gern auch »Vater des Kapitalismus« genannten Adam Smith (1723–1790) – als Resultat dessen, was der Mensch mit der Kraft seiner Hände schafft. Er verwandelt Rohstoffe in Produkte und damit »letztendlich in Eigentum, in Werte«.[24] Einer chaotischen, strukturlosen Welt trotzt der Mensch mit seiner Arbeit also etwas Geordnetes, Geformtes, etwas *Festes* ab.[25] Damit haben wir auf der einen Seite das weibliche Prinzip (fließend, flüssig) und auf der anderen Seite das männliche (hart, fest).[26] Das eine gilt. Das andere eher nicht.

Ohne jetzt tief in Genderstudies einsteigen zu wollen: Ist es nicht interessant, dass auch heute nur dieser Maßstab zählt? Es geht noch immer mehr um Kraft, weniger um Empathie oder Umsorgen. Es geht mehr um Produktion, weniger um Nachhaltigkeit. Es geht mehr um Gewinn, weniger um persönliche oder politische Verantwortung. Pflegen und Betreuen im persönlichen Umfeld, Debattieren und Streiten für eine bessere Welt – jegliche Tätigkeit für das *Gemeinwohl* bleibt tendenziell im Dunkeln. Gilt nicht als wirkliche, zumindest nicht als messbare Wertschöpfung.

Eine zweite Perspektive bezieht sich auf die Verschiebung der Arbeitsinhalte seit der bürgerlichen Revolution: Das, was im 19. Jahrhundert noch als Freizeitbeschäftigung der Elite galt – Kunst, Wissenschaft, Salonkultur –, verwandelte sich Schritt für Schritt in Arbeit.[27] Und diese neue Arbeit wurde in der neuen Zeit als »Bedingung von freier Existenz und als Voraussetzung gesellschaftlicher Vollwertigkeit gedeutet; was zuvor purer Zwang zum Broterwerb war, ist nun plötzlich Ausweis sozialer Emanzipation und Freiheit.«[28] Was gleichzeitig heißt: All das, was in den adeligen, später dann in den bürgerlichen Wäschekellern, Küchen und Kinderzimmern unsichtbar von »Gesinde« erledigt wurde, blieb unsichtbar: kaum anerkannt, kaum bezahlt.[29] Es stellte die Rahmenbedingungen für moderne Wertschöpfung zwar her, galt selbst aber als wertlos. *Bis heute.* Und auch dann, wenn diese Arbeit nicht mehr durch unsichtbares und unfreies »Gesinde« getan wird, sondern in einer noch immer heimlichen, nicht freiwilligen, noch immer überwiegend von Frauen geleisteten *second shift*, die die Soziologin Arlie Hochschild schon 1989 in der gleichnamigen, viel beachteten Studie[30] ans Licht gezerrt hatte – und die heute noch stillschweigend abgearbeitet wird, obwohl sie eigentlich nicht zu schaffen ist.

Die Arbeitsbelastung ist schlicht und ergreifend zu groß, und das Buzzword »Vereinbarkeit« beruht auf einem Rechenfehler. Wenn zu einem Acht-Stunden-Tag noch Pendelzeiten und Pausenzeiten kommen und man sich vorher, nachher und zwischendurch noch um die Kühlschrankfüllung und Kochen, Hausaufgaben, Arztbesuche oder eine Runde Legospielen kümmert, dann kommt man bei einer 75-Stunden-Woche plus Wochenendarbeit heraus. Ohne Pause. Ohne Urlaubsanspruch. Wer hält das auf Dauer aus?[31] Der Soziologe Richard Sennett schreibt: »Im modernen Kapitalismus werden Menschen von Zeitstrukturen dominiert, die ihre Fähigkeit reduzieren, Arbeit als Genugtuung zu erleben.«[32]

Das bin ich leid. Erwerbsarbeit macht im Idealfall Freude (dass für viel zu viele Menschen dieser Idealfall keine Option ist, ist zwar *faktisch* so, aber deshalb noch lange nicht *richtig* so), die anderen Tätigkeiten im Leben wie meine Beziehungen, Eltern, Kinder, Hobbys und so weiter im Übrigen auch – aber unter dem übergroßen Druck der Aufgaben eben nicht mehr.

Ich bin es leid, immer und immer wieder Zahlen zum Thema Burnout zusammenzustellen. Ich will nicht immer wieder Studien lesen wie die, dass 77 Prozent der Mütter und 61 Prozent der Väter von minderjährigen Kindern sagen, sie könnten sich nicht ausreichend oder überhaupt nicht von ihrer Belastung in Job und Familie erholen.[33] Wir wissen doch längst, dass man nicht jeden Tag 16 Stunden lang kreativ sein kann, sondern eher durchschnittlich sechs.[34] Viel zu oft habe ich gelesen, dass übermüdete Menschen Millionen von Meetings verschnarchen und dass allein ineffektive Meetings jedes Jahr 37 Milliarden von US-Dollar verbrennen.[35]

Ich will auch von Resilienz nichts mehr lesen. Wenn wir uns eine Welt gebaut haben mit Strukturen, die uns unsere komplette Lebenszeit absaugen, wie kann dann die Antwort auf unsere Probleme Resilienz sein? Nach dem Motto: »Leg dir einfach eine Teflonschicht auf deine Seele, dann bleiben die Overworking-Schäden nicht so leicht an dir kleben? Hier ist eine Liste mit fünf Tools, mit sieben Hacks, und schon macht dir das Hamsterrad nichts mehr aus?« Warum geben wir uns mit einer Welt zufrieden, die wir nur mit Resilienz ertragen? Statt Resilienz zu feiern, sollten wir darüber nachdenken, die Strukturen so zu verändern, dass wir darin leben können, ohne uns daran zu verletzen. Die US-amerikanische Regisseurin Zandashé Brown schrieb dazu diese wunderschönen Worte:[36]

»I dream of never being called resilient again in my life. I'm exhausted by strength. I want support. I want softness. I want ease. I want to be amongst kin. Not patted on the back for how well I take a hit. Or for how many.«

Das hat mich sehr berührt. Genauso wie Teresa Bückers Worte: »Wir erreichen wirkliche Gleichberechtigung nicht allein über Emanzipation in der Berufswelt, wir müssen auch die Art und Weise, wie wir uns umeinander kümmern, grundlegend verändern.«[37] Das gilt auch für die Art und Weise, wie wir uns um uns selbst kümmern. Wir brauchen mehr *care* für uns selbst und viel mehr *I don't care* in Bezug auf das, was andere über unsere Arbeitskontexte denken. Niemand bedankt sich, niemand verleiht einen Orden dafür, dass man trotz höllischer Rückenschmerzen immer weitergearbeitet – und dabei auch noch gelächelt – hat. Ob arbeitssüchtig oder nicht: Unser erster *pain point* ist permanente Überarbeitung, aka Workism. Was ist der Ausweg: Teilzeit?

WIRKUNGSFELD: ZEIT

Teilzeit – die große Mogelpackung

Aus individueller Perspektive gilt Teilzeit als eine gern genutzte Lösung, um der Dauerüberlastung durch Erwerbsarbeit plus Sorgearbeit zu entkommen. In Deutschland arbeiten 66 Prozent der erwerbstätigen Mütter in Teilzeit, aber nur 7 Prozent der Väter.[38] Die Schere zwischen Männern und Frauen klafft immer weiter auf: Zwischen 2005 und 2017 ist der Anteil der Teilzeitbeschäftigten um 4,2 Millionen Personen gestiegen, rund 80 Prozent von ihnen sind Frauen.[39] Teilzeit ist klar Frauensache.

Doch Teilzeit ist durch und durch eine Mogelpackung. Das fängt schon damit an, dass Teilzeit oftmals mehr stresst als Vollzeit. Mehr als die Hälfte der Teilzeitkräfte leidet unter psychischer Belastung, ein gutes Drittel arbeitete nicht die vereinbarte Teilzeit – sondern weit darüber hinaus.[40] In Teilzeit ist man in den allermeisten Fällen eine Vollzeitkraft, die in kürzerer Zeit versucht, all das zu erledigen, was andere ganztags tun, nur für weniger Geld. Statt mit ihrer Job-Care-Jonglage als Heldinnen und Helden der Nation zu gelten, leiden Teilzeitkräfte zusätzlich unter einem Mehrfach-Stigma:

- Teilzeitkräfte *wollten* nicht Vollzeit arbeiten, heißt es oft, sondern sich lieber in der »stillen Reserve« zurückziehen. Dabei *können* viele von ihnen nicht Vollzeit arbeiten, weil es in Deutschland weder für Kinder noch für Ältere zahlenmäßig, geschweige denn qualitativ ausreichende Betreuungsmöglichkeiten gibt.
- Sie *wollten* im Job keine Verantwortung übernehmen und keine Karriere machen. Dabei *können* sie das nicht, wenn man ihnen als Teilzeitkräfte die Fähigkeit zu führen pauschal abspricht und Karrierechancen erst gar nicht anbietet.
- Sie verließen sich völlig unemanzipiert und unzeitgemäß auf die finanzielle Absicherung ihrer Ehe, *wollten* also nicht selbstständig genug Geld für ihre Freiheit heute und Absicherung im Rentenalter verdienen. Dabei *können* sie genau das nur deshalb nicht, weil sie als (per se schlechter verdienende) Frau und als Teilzeitkraft nicht genug verdienen, um sich selbst abzusichern.

Das führt nicht nur zu einer sehr ungleichen Verteilung der Lohneinkünfte – im Schnitt 1,5 Millionen Euro Lebensverdienst bei Männern gegenüber 830 000 Euro bei Frauen (in Westdeutschland).[41] Der *»Gender Lifetime Earnings Gap«* führt auch zu gravierender Altersarmut[42] der Sorgenden. Und das ist der Punkt, der immer wieder den Frauen selbst angekreidet wird. »Auch mit Blick auf die Unabhängigkeit der Frauen ist der Rückzug in die Teilzeit geradezu fatal«, schreibt Inge Klöpfer in der *Frankfurter Allgemeinen Sonntagszeitung*. »Frauen bleiben von ihren Männern abhängig und werden es häufig auch im Alter noch sein. Im Fall der Trennung sind sie kaum auskömmlich versorgt.« Können von der Rente also nicht leben, wollen sich damit »aber gar nicht erst befassen – zu deprimierend ist das Thema«. Tenor: Wie blöd kann man sein?[43] Dabei sind es nicht die Frauen, die sich für ein Job-Leben als Schlusslicht entscheiden. Es sind die strukturellen Rahmenbedingungen in den Familien, in den Unternehmen und in der Politik – die von ganz konkreten Menschen in unserer Gesellschaft ganz konkret so entschieden werden. Damit ist nicht nur das Thema Ehegattensplitting gemeint.

Viele Erwerbsarbeitende entscheiden sich dafür, ihre sorgenden Partnerinnen und Partner eben *nicht* langfristig abzusichern. »Arbeiten in Teilzeit ist auch eine finanzielle Wette auf die Liebe«, schreibt die Journalistin Meredith Haaf. »Für dieses Risiko dürfen sich beide Erwachsenen in der Familie verantwortlich fühlen.«[44] Dürfen? Warum eigentlich nicht *müssen*? Warum werden Ehepaare eigentlich »steuerlich gemeinsam veranlagt«, aber die Rente wird nicht durch zwei geteilt? Eine Erklärung, irgendjemand?

Zwei Wochen nach Inge Klöpfer meldete sich jedenfalls ihre Kollegin Julia Schaaf mit einer Gegenposition »Frauen: Lasst die Vollzeit! Und Männer: ihr auch!« – ein Artikel, der 2019 den Theodor-Wolff-Journalistenpreis erhielt, und auch für mich ein wichtiger *eye-opener* war.[45] Der »emanzipatorische Impuls« der Mütter-Vollzeit ist für Schaaf ein doppelter Rückschritt für Familien. Weil weder an das Wohl der Kinder noch an das Wohl der Familien insgesamt gedacht wird. Was bleibt denn noch von der Kernfamilien-Quality-Time, wenn die Lebenszeit überwiegend in Firma und Kita stattfindet? Was sagt der

Arbeitgeber denn wirklich, wenn die Vollzeit-Kraft beim vierten Krippenschnupfen/Magen-Darm-Infekt/Läusebefall der Wintersaison zu Hause bleibt? »Teilzeit bedeutet nicht«, so Julia Schaaf, »die Verschwendung von Ressourcen, weil aus mangelnder Voraussicht die eigenen Bildungsinvestitionen gewissermaßen aus dem Fenster geworfen würden.« Stattdessen sei »Teilzeit die angemessene und sehr vernünftige Antwort auf die Erfahrung, dass Zeit und Kraft endlich sind und dass ein Teil davon, wenn man Kinder hat, dringend auf diesem Feld des Lebens gebraucht wird«.[46] Eine Fachkraft mit Kind ist eben nur aus unternehmerischer Sicht »Mangelware«, wenn sie keine 40 Stunden arbeitet. Für die Familie ist sie als sorgender Mensch zentral, vielleicht ist sie sogar das Herzstück.

Gerade das ist einer Betriebswirtschaft egal, die sich über ein warmes Herz nicht anders auslassen kann als abfällig.[47] Es ist Unternehmen egal, die sich aktiv dafür entscheiden, sorgende Beschäftigte abzuhängen. Die sich aktiv dafür entscheiden, Mütter (und Väter) *nicht* zu fördern, sie *nicht* zu befördern, und ihnen oft auch nicht das Gehalt zahlen, das sie mit ihrer Kompetenz und ihrer Produktivität im Wortsinne verdient hätten. Und die Politik kommt mit der vermeintlich glorreichen Idee, die Erwerbsbeteiligung der Sorgenden (oft Frauen) steigern zu wollen – kennt aber das Wort »Care-Beteiligung« nicht. Nicht einmal den Gedanken daran. So kann es nicht weitergehen. Wir brauchen einen Perspektivenwechsel.

WORKSHIFT in uns: Zeitsouveränität kultivieren

— Zeitwohlstand! —

Wir haben eine Pandemie überstanden und eine Energiekrise, wir stecken noch immer in einer Inflation. Angesichts der multiplen Krisenerfahrungen haben viele von uns ihre Vorstellungen von Zeit, von Geld, von Wohlstand auf den Prüfstand gestellt: Wenn nichts mehr sicher ist, worauf kommt es dann noch im Leben an? Auf 80-Stunden-Wochen, Vier-Stunden-Nächte und Sonntage voller Überstunden wohl eher nicht. Stattdessen wächst der Wunsch nach »Zeitwohlstand« – das Wort wurde vom Zukunftsinstitut zu einem Trendwort des Jahres 2023 gewählt. Es meint »das Gefühl, genug Zeit zu haben, und die Möglichkeit, selbstbestimmt, planbar und im Einklang mit den uns umgebenden Zeitstrukturen darüber verfügen zu können.« Zeitwohlstand ermöglicht uns, in dem für uns angemessenen Rhythmus leben und arbeiten zu können und verortet uns sicher im Hier und Jetzt.[48] Um diesen Wohlstand zu erreichen, brauchen wir einen neuen Blick auf den *sweet spot* zwischen dem, was wir selbst »wirklich, wirklich wollen« (das New-Work-Mantra), und dem, was wir der auf Effizienz fokussierten Arbeitswelt abtrotzen können, und schließlich dem, was die Welt von uns braucht – unsere Demokratie, unser Planet.

Auf der To-do-Liste steht deshalb erstens das aktive Eintreten für die eigenen Interessen und Bedürfnisse, die sich natürlich nicht komplett decken mit den Interessen und Bedürfnissen eines Unternehmens. Und zweitens Achtsamkeit. Wer je in einem Konzern gearbeitet hat, der weiß, dass sich mit Achtsamkeit allein keine flexiblen Arbeitsmodelle durchsetzen lassen – und trotzdem ist sie notwendig. Denn wenn wir die Frage beantworten, was wir wirklich wollen, machen die allermeisten der in westlichen Hemisphären groß gewordenen Boomer, Gen X, Gen Y und vermutlich sogar Gen Z immer wieder denselben Fehler: Wir hören nur auf die lauteste unserer inneren Stimmen. Und diese lauteste Stimme ist höchstwahrscheinlich eine Leistungswahnsinnige. Es ist die Stimme, die uns trotz unseres besseren Wissens immer noch einredet, dass der Mensch, der mehr arbeitet und gestresster ist, auch glücklicher, anerkannter und wichtiger ist.

Ich nenne meine innere Superperformer-Stimme immer liebevoll mein »Super-Ego«. Sie flüstert mir zu: »Hey, Elly, du brauchst jetzt nur nochmal drei Kaffees, Arschbacken zusammenkneifen, und: *lean in*!!« Diese Stimme ist dominant, sie schreit, sie nervt – und sie ließ die vielen anderen Teile meiner Persönlichkeit viele Jahre lang nicht zu Wort kommen: die intellektuelle Elly, die melancholische Elly, die auch mal unstrategische Elly, die griechische Elly und vor allem die leiseste Stimme von allen: die müde und die stille Elly – die, die diese riesige, globale Hamsterrad-Maschine zutiefst in Frage stellt. Es ist der Teil in mir, der atmen will.

Wie kommen wir als Individuen raus aus der Erschöpfung, aus dem Frust und den Schmerzen, die uns die schiere Menge an Arbeitsstunden bringt, die wir Tag für Tag, Woche für Woche zu stemmen haben? Hier drei Denkanstöße, mit denen wir zwar die Spannungsfelder in unseren Leben und in unserer Arbeit nicht ganz auflösen können – mit denen wir uns aber selbstbewusster und selbstwirksamer darin positionieren können. Und damit geht es los mit den Denkanstößen, Lösungsansätzen, Impulsen für einen Neustart für Mensch und Wirtschaft.

≫ acknowledge: Die eigenen Bedürfnisse und Interessen anerkennen

Die Fähigkeit, Bedürfnisse aufschieben zu können, gilt als individueller Erfolgsgarant.[49] Doch diese Fähigkeit kann schnell kippen in eine Unfähigkeit, die eigenen Bedürfnisse überhaupt noch wahrzunehmen: das Bedürfnis nach einem besseren Leben, nach besseren Beziehungen, nach besserer Gesundheit – und zwar JETZT. Dass JETZT eine Zeiteinheit ist, in der wir die Strukturen um uns herum verändern können, wird von vielen Menschen kaum wahrgenommen. »Ich? Jetzt aktiv werden?«, heißt es dann. »Ich habe keine Zeit. Vielleicht später, nach dem Projekt, nach der Beförderung, im Urlaub, und in sieben oder siebzehn Jahren gehe ich in Rente, vielleicht dann.« Nein, nicht dann. JETZT. Wir sollten die eigenen Bedürfnisse viel klarer wahrnehmen und fühlen, auch den eigenen Schmerz anerkennen, die Fähigkeit, den eigenen Raum, die eigene Zeit zu kultivieren, zu atmen, mit Weitblick durch die Welt zu gehen und Ressourcen für sich selbst zu erkämpfen. Und damit auch für andere. Und, größer gedacht: für die Welt.

Um sich den eigenen Bedürfnissen wieder anzunähern, die durch all die Arbeit, die Hektik und die Social Media Posts überlagert werden, möchte ich dazu einladen, sich an einer der Kernthesen dieses Buches zu orientieren: Arbeit als Ganzes zu betrachten. Und damit auch das eigene Leben ganzheitlich zu betrachten – und zwar unter Berücksichtigung dessen, was uns allen in genau gleichem Maße zur Verfügung steht: Zeit. Wir füllen unsere Tage individuell verschieden, teilen aber die gemeinsame Erfahrung, nicht genug Zeit zu haben. Warum eigentlich? Und welche Bedürfnisse sind es, die jeden Tag zu kurz kommen? Um das herauszufinden, ist eine schonungslose Selbstevaluation sinnvoll: Womit verbringen wir eigentlich unsere ganze Zeit?

Eine kleine, aber effektive Übung: Einen Kreis zeichnen, der die gesamte wache Zeit symbolisiert, die uns an einem durchschnittlichen »All«-Tag zur Verfügung steht. Dann den Kreis wie ein Tortendiagramm in konkrete Tortenstücke so teilen, wie wir unsere wache Zeit typischerweise verbringen. Dazu kann man in Gedanken die Tage der letzten Wochen durchgehen und sich genau vor Augen führen, wofür man seine Zeit im Alltag wirklich aufwendet. Die Betonung liegt auf *wirklich*, denn natürlich nimmt die Erwerbsarbeit einen großen Teil ein, aber es gibt noch sehr viele andere Bereiche, die wir im Autopiloten des Alltags gerne überbetonen (Social Media), unterschätzen (Transaktionszeiten, Haushalt) oder vernachlässigen (Essen, Zeit mit Familie oder Freunden, Hobbys, Sport).

Ziel dieser Übung ist nicht »Klar, ich wusste schon, dass ich zu viel arbeite«, sondern zunächst einmal eine nüchterne Betrachtung des

Status quo. Natürlich steht der Zeitaufwand in einem engen Verhältnis zu unseren Verpflichtungen, auch der finanziellen Verantwortung, die wir tragen, aber sich bewusst zu machen, *was ist* – und damit auch: *was fehlt* –, ist ein erster Schritt im Anerkennen der eigenen Bedürfnisse. Um nicht nur zu sehen und zu fühlen, was fehlt, sondern auch ein Zielbild zu entwickeln, könnte man neben den Ist-Zustand auch den Soll-Zustand stellen: Welche Zeitverteilung wünschst du dir für dein Leben? Dabei geht es nicht darum zu bewerten, was heute realistisch ist. Sondern darum, den eigenen Wünschen, Bedürfnissen und Interessen erst einmal die Aufmerksamkeit zu schenken, die ihnen gebührt.

In meinen Coachings und Beratungen habe ich diese Übung schon mit vielen Menschen durchgeführt. Allein das Aufschreiben der Fakten hat sich dabei als Kraftquelle erwiesen. Was die Übung zusätzlich auslöst: Sie zeigt das Spannungsfeld zwischen Ist und Soll aller Aktivitäten (und Verpflichtungen) im Leben auf, und zwar in einem klaren zeitlichen Rahmen, der kein Pardon duldet. Im Grunde visualisiert man hier die eigene Endlichkeit, also ein Thema, das wir hier im Westen, mit unserem ökonomischen Mantra des endlosen Wachstums, gerne ausblenden. Die Übung kann auch implizite oder explizite Abhängigkeiten aufdecken: Möchte ich weniger abhängig sein von nur einer oder wenigen Quellen, die meine Bedürfnisse befriedigen (zum Beispiel Partnerschaft oder Arbeit), um mir mehr Stabilität zu verschaffen durch eine breitere, bewusste Auswahl von Dingen, die ich gut kann und die mir Freude bereiten?

Die eigenen Bedürfnisse und Interessen wiederzuentdecken und wohlwollend anzuerkennen – das ist der erste Schritt aus dem Leiden heraus und hinein in die Gestaltungskraft.

» use your privilege: »Zeit. Wert. Geben.«

Es gibt einen Satz, der mir einmal als Buchtitel[50] begegnet ist, der mir nachhaltig zu denken gegeben hat und den ich seit Jahren immer wieder nutze: *Zeit. Wert. Geben.* Diese drei Worte können für sich stehen, diese drei Worte ergeben aber auch gemeinsam Sinn. Sie beinhalten für mich drei Dimensionen – und alle haben viel damit zu tun, was jeder von uns hier und jetzt tun kann:

- **Aktive Begegnung mit Menschen:** »Gebe ich der Zeit einer Begegnung Wert? Meiner Zeit, aber auch der Zeit meines Gegenübers?« Ich finde diese Fragen sehr wertvoll, und zwar schon vor einem Gespräch. So kultivieren wir eine bewusst zugewandte Haltung dem Anderen gegenüber. Auch eine offene Haltung, die es zulässt, dass wir uns von einer Begegnung bewegen, berühren, ja sogar belehren lassen. Ganz gleich, ob ich mit meiner betagten Nachbarin oder mit meinem Kind ins Gespräch gehe, in einer beruflichen Situation oder privat mit einer Freundin: Es ist sinnvoll, vor Gesprächsbeginn einige Fragen an sich selbst zu stellen: Wer will ich in diesem Moment sein? Was gebe ich gerade von mir? Präsentiere ich meinem Gegenüber eine gestresste, gehetzte, müde Version von mir? Oder suche ich einen konstruktiven, wertschätzenden, respektvollen Austausch? Was brauche ich, um eine Begegnung wertvoll zu machen? Wie kann ich das, was ich einbringen kann, am besten einbringen? Solche Fragen immer wieder für sich zu klären, kann enorm dabei helfen, der eigenen Selbstfürsorge – auch im Interesse anderer – mehr Raum zu schenken.
- **Aktives Engagement für sich selbst:** Der Schweizer Psychiater und Psychoanalytiker Joachim Küchenhoff definiert Selbstfürsorge als »Fähigkeit, mit sich gut umzugehen, zu sich selbst gut zu sein, sich zu schützen und nach sich selbst zu schauen, die eigenen Bedürfnisse zu berücksichtigen, Belastungen richtig einzuschätzen, sich nicht zu überfordern oder sensibel für Überforderungen zu bleiben«.[51] Als ich das las, musste ich erst einmal laut lachen: »Wann soll ich das alles noch machen?!« Die Definition stößt dennoch auf Resonanz, weil sie auf den Punkt bringt, dass Sorge um sich selbst das ist, was abseits des Selbstoptimierungswahns passiert. Also das, was früher einmal in der Freizeit geparkt wurde und nicht per se zweckgerichtet ist: schlafen, lesen, spielen, Hobby, Müßiggang. Wie wichtig es ist, diese zu kultivieren, zeigen die rapide zunehmenden Fälle

von psychischen Störungen – auch schon bei ganz jungen Menschen. Und das hat etwas damit zu tun, wie wir arbeiten.[52] Ja, individuell unterschiedlich, lebensphasenabhängig, doch letztendlich beinhaltet ein Workshift, dass wir wieder einen Wert darin finden, für uns selbst zu sorgen und einzustehen! Ich bin davon überzeugt, dass diese Selbstfürsorge mit einer Grenzziehung beginnt – auch hier können wir an die vorige Übung anknüpfen. Zum einen: Was steht im Soll-Kreis, was kommt heute zu kurz? Zum anderen: Welche meiner Ist-Tätigkeiten geben mir Energie, welche rauben sie mir? Was möchte ich *nicht mehr tun*? Sich bewusst zu machen, was die eigenen Kraftquellen sind, was Kraft, Freude, Ausgeglichenheit gibt, und was nur Stress – auch wenn das den gängigen Vorstellungen von professioneller und privater Performance möglicherweise zuwiderläuft. Muss es wirklich die *morning routine* sein, die um 6 Uhr mit Jogging beginnt? Geht es auch mal ohne den täglichen Social Media Post, ohne selbst gekochtes Superfood, ohne den vermeintlich unverzichtbaren Besuch dieses Kongresses und jener Party? Was ist wirklich, wirklich wichtig – für *mich*?

- **Aktiver Beitrag in der Community und Politik:** Erweiterter und noch konkreter ist die Aufforderung: »Welchen Beitrag möchte ich *für andere* leisten?« Was möchte ich den Menschen und Orten in meinem nahen Umfeld *geben*? Und zwar etwas geben, ohne einen Rückfluss zu erwarten. Das hat was mit Eltern, mit Nachbarschaft, mit Community, mit Kiez zu tun, dass es den Menschen und Orten im nahen Umfeld gut geht. Es meint Fahrräder reparieren genauso wie Kochen. In den Ländern des globalen Südens umfasst diese Arbeit noch viel mehr, als wir es uns hier oft vorstellen können – vom Ziegenhüten über Wurzeln ausgraben bis zum Schleppen von Brennholz und Wasser.[53] Wichtig ist: Wir leben alle in Gemeinschaften, und auch die können Arbeit und Beiträge gebrauchen. Schauen wir uns also um in unseren direkten Nachbarschaften, Gemeinden, Schulen und Vereinen – es gibt viel zu reden, zu tun, zu helfen, zu unterstützen in unseren unmittelbaren Mikrokosmen. Dadurch erleben wir Selbstwirksamkeit ganz anders, hier und jetzt, wir trainieren den Muskel des bedingungslosen Gebens. Und mehr noch: Wir leben Solidarität mit Menschen, die vielleicht ganz anders leben und arbeiten als wir selbst. Vielleicht gehören wir auch selbst einer anderen Nationalität oder Religion an, vielleicht sehen wir anders aus als die meisten, sprechen andere Sprachen, hören andere Musik und lesen andere Bücher als die (vermeintliche) Mehrheit unseres Mikrokosmos: Sich trotzdem zeigen, sich einbringen heißt, Vielfalt zu leben. In einer immer mehr gespaltenen Gesellschaft ist das eine wichtige Tugend, die immer dringender gebraucht wird. Um uns dafür Zeit zu nehmen, brauchen wir flexible Arbeitszeiten.

» reduce: Weniger arbeiten, und trotzdem besser

Die Möglichkeiten, Arbeitszeiten zu flexibilisieren, sind nahezu unendlich. Dass Teilzeit sehr oft eine Mogelpackung ist, habe ich bereits aufgezeigt. Denn weniger Arbeiten heißt in Deutschland und vielen anderen Ländern oft und immer noch: Ich reduziere meinen Job quantitativ *und* qualitativ. Ich habe uninteressantere Aufgaben *und* bekomme signifikant weniger Geld *und* bin mehr im Stress. Höchste Zeit, um ein anderes, meiner Meinung nach immens zukunftsfähiges Arbeitsmodell wirklich ernsthaft zu erwägen: Auf dem Weg in die Teilzeit nicht auf der Karriereleiter herunterklettern, sondern im Gegenteil eine oder mehrere Stufen hoch – und dort den Job mit einer weiteren Person teilen. Schon gibt es interessantere Aufgaben, durch die Kooperationspartnerschaft weniger Stress, und etwas mehr Gehalt gibt es auch. Aber von Anfang an:

Teilzeit ohne Abstriche: Jobsharing

Jobsharing ist eine alternative Form von Teilzeitarbeit: Dabei teilen sich zum Beispiel zwei Personen einen Arbeitsplatz beziehungsweise eine Position. Und es ist meiner Meinung nach ein Arbeitsmodell, dessen Vorteile – aus sowohl Arbeitnehmerinnen- und Arbeitnehmer- als auch Unternehmenssicht – viel zu sehr in der Nischenecke steht, viel zu wenig angeboten, aber auch gefordert wird als wirkliche Alternative zum Status quo. Jobsharing-Modelle funktionieren im Prinzip auf jeder Ebene, sind allerdings unter Frauen viel weiter verbreitet als unter Männern: Laut einer Studie des Instituts der deutschen Wirtschaft arbeiten 5 Prozent der männlichen Führungskräfte in Teilzeit, bei den Frauen sind es knapp 24 Prozent, wenn sie bereits mindestens ein Jahr Führungsverantwortung tragen.[54]

Jobsharing ist »weniger arbeiten, aber besser«, weil alle Beteiligten gewinnen. Mit diesem Modell holen Unternehmen qualifizierte und erfahrene Führungs- und Fachkräfte aus dem beruflichen Aus, in das sie so oft nur deshalb rutschen, weil sie sich zeitweise um Kinder, Eltern oder um eigene Gesundheitsthemen kümmern (müssen). Jobsharing hilft Unternehmen also dabei, Mitarbeitende langfristiger an sich zu binden und wertvolles Wissen zu erhalten. Und mehr noch: Es entstehen zu keiner Zeit Kommunikations- oder Erreichbarkeitslücken, weil bei Abwesenheit einer Person immer die andere zur Verfügung steht, die Projekte eigenständig weiterführt. Unternehmen, Kunden, Partner und alle Stakeholder profitieren darüber hinaus von einer doppelten und oft komplementären Kompetenz, Expertise, Kreativität und manchmal auch schlicht an Schubkraft. Dies ist ein immenser Vorteil, insbesondere in hochrangigen und strategisch wichtigen Rollen.

Aus eigener Erfahrung kann ich sagen: Natürlich sollten Unternehmen alternative Arbeitsmodelle anbieten – aber: Wir müssen solche Modelle auch einfordern! Und zwar lange *bevor* der Bedarf durch den Wechsel in Eltern- oder Pflegezeit akut wird. Das geschieht viel zu oft nicht, und das ist häufig der Grund dafür, dass Jobsharing intern wahrgenommen wird als eine aus Chaos geborene Notlösung. Das gerade ist Jobsharing *nicht*. Sondern für mich ein ganz entscheidendes Werkzeug auf dem Weg zu mehr Zeitsouveränität und einer freieren Lebensgestaltung – nicht nur für Frauen. (Mehr Details und Praxistipps zum Thema Jobsharing im Kapitel »Kollaboration«.)

Teilzeit mit Nebenschauplatz: Sidepreneurship

Das Wort »Sidepreneur« habe ich zufällig aufgeschnappt, als ich mich selbst als Drei-Tage-Corporate- plus Vier-Tage-anders-Elly ausprobierte. Ich fand den Begriff witzig und sogar ein bisschen sexy. Sidepreneurship ist ein Kofferwort aus *side* und *entrepreneur* und heißt nicht mehr als nebentätig selbstständig sein. Für mich bedeutete es sofort *the best of both worlds*. Damit keine Missverständnisse aufkommen: Mit Sidepreneur sind *nicht* die vielen Menschen gemeint, die notgedrungen zwei oder drei Jobs annehmen, um überhaupt über die Runden zu kommen. In den Medien werden diese zumeist als Multijobber bezeichnet. Dagegen verstehe ich unter Sidepreneuren die Menschen, die neben ihrer hauptberuflichen Tätigkeit über so viel Zeitsouveränität (und finanziellen Ressourcen, und Tatkraft, und Ideen, und Interessen) verfügen, dass sie neben ihrem regulären Job Neues entwickeln oder sich sogar selbstständig machen können. Insofern ist es ein privilegiertes Konzept. Da Sidepreneurship oft informell und nebenbei stattfindet, gibt es kaum genaue Daten dazu.[55]

Ich denke, dass diejenigen, die sich selbst als Sidepreneure bezeichnen, eine sehr menschliche Sehnsucht haben: Sie wünschen sich mehr oder anderen *Impact*. Ich meine, für Unternehmen ist es klug, diese Sehnsucht nach Wirkung in verschiedenen Rollen anzuerkennen. Die Ausübung einer Nebentätigkeit durch eine Arbeitnehmerin oder einer Arbeitnehmer ist übrigens grundsätzlich erlaubt und Regelungen dazu sind auch meist im Arbeitsvertrag zu finden. Das gilt für entgeltliche, unentgeltliche, selbstständige oder unselbstständige Tätigkeiten und ist ein Grundrecht der Berufsfreiheit. Eine Unterlassung kann das Unternehmen, bei dem man angestellt ist, nur bei berechtigtem Interesse verlangen, zum Beispiel einer erhebliche Beeinträchtigung der Arbeitskraft oder einem Wettbewerbsinteressen, etwa wegen einer Beschäftigung in einem konkurrierenden Unternehmen.

Ich bin mittlerweile davon überzeugt, dass Sidepreneurship nicht nur in uns selbst, sondern auch für dieses Land eine riesige Innovationskraft hervorrufen würde. Innovation, Risiko, *trial and error* – alles Worte und Eigenschaften, die in der Konzernwelt eher nicht zu Hause sind.

Doppelte Teilzeit: (Erwerbs-)Arbeit partnerschaftlich teilen

Angenommen, in einer Partnerschaft arbeitet einer vier Tage, der andere drei Tage. Oder beide arbeiten fünf oder sechs Stunden am Tag – statt acht oder zehn oder zwölf. Wäre es nicht logisch, dass diese Menschen sofort weniger gestresst, weniger krank und weniger müde wären? Dass sie mehr Geduld für und mehr Freude mit ihren Kindern hätten? Und dass sie auch in ihren Jobs leistungsfähiger wären? Und warum arbeitet kaum ein Paar in dieser Form? Nur vier Prozent der Elternpaare mit Kindern wählen die doppelte Teilzeit. Zwar arbeiten Mütter in Doppelverdiener-Haushalten heute im Schnitt mehr Stunden, Väter arbeiten aber nicht weniger. Tatsächlich gibt es heute so viele Doppelte-Vollzeit-Modelle wie noch nie zuvor.[56] Mit der Folge, dass beide Eltern zwar vielleicht beruflich erfolgreich sind, aber über so etwas wie Zeitsouveränität nicht verfügen, dafür allerdings über jede Menge Erschöpfung. Davon hat niemand etwas – am wenigsten die Unternehmen, die von ausgeschlafenen, diversen Teams direkt profitieren. Genau das sind die Argumente für alle, die Arbeitszeiten maximal flexibilisieren wollen. Mit der Laune und der Gesundheit steigt die Produktivität. Messbar! (Das war ein Shoutout an die Controller unter den Leser:innen dieser Seiten. Studienergebnisse zu diesem Thema gleich im nächsten Abschnitt.)

Wenn es uns gelingt, die in der Privatwirtschaft so gern kultivierte Fußfessel namens Workism abzustreifen und – im Rahmen unserer jeweiligen Möglichkeiten – mutig und souverän über unsere Zeit zu bestimmen, dann haben wir den ersten Hebel für ein individuell besseres Morgen schon umgelegt. Schauen wir uns jetzt an, wie dieser Hebel auf struktureller Ebene aussieht – und wie wir ihn jetzt bewegen können.

Was Unternehmen bremst: Busyness

Unternehmen denken mit dem Taschenrechner: Hier haben wir die Fixkosten pro Personenstunde, da haben wir die Produktivität je Team, wie lässt sich der Gewinn maximieren? Gewerkschaften denken umgekehrt, aber genauso mit dem Taschenrechner: Hier haben wir das Gehalt pro Personenstunde, da haben wir die geforderte Produktivität, wie lässt sich der Verdienst maximieren oder die Produktivitätsforderung drücken? »Es ist auf der tarifpolitischen Ebene die gleiche falsche Logik wie im Unternehmen selbst: quantitative Nutzenmaximierung«, schreibt Topmanagerin, Autorin und Vorstandsvorsitzende von »Charta der Vielfalt« Ana-Cristina Grohnert in ihrem Buch *Das verborgene Kapital*. »Dieser diametrale Gegensatz ist gar nicht auflösbar, deshalb ist er so schädlich.«[57] Wer nur mit dem Taschenrechner denkt, der sieht Arbeit nur als Quantität – aber nicht ihre Qualität. Und das führt zu absurden Auswüchsen.

Performance-Party kills Productivity

Viele Unternehmen sind überraschend unproduktiv. Der Grund dafür ist, dass trotz der hohen Erwerbstätigenquote Unternehmen oft nicht die richtigen oder nicht genügend Mitarbeitende finden, um die *jetzt* anstehenden Aufgaben zu bewältigen. Zudem tun sie sich in der Allokation von Arbeitsaufträgen oft schwer, es wird irgendwie verteilt, auch wenn Qualifikationen, Kompetenzen und Erfahrungen nicht wirklich passen. So bleibt Arbeit liegen, die Produktivität pro Kopf sinkt. In der Sprache der Volkswirtschaftslehre heißt das: Die Wirtschaftsleistung bricht ein. Deutschland steckt in der Rezession.[58]

Aus betriebswirtschaftlicher und aus psychologischer Sicht steckt noch ein anderer Grund hinter der schlechten Rentabilität von Unternehmen – nicht nur in Deutschland: Busyness. (Mit »y«. Gemeint ist *busy* sein im Sinne oft hirnloser Geschäftigkeit). In vielen Unternehmenskulturen ist etwas zur Gewohnheit geworden, dass man als permanente Performance-Party bezeichnen könnte. Menschen laufen hektisch herum, führen Unmengen von Gesprächen, schicken sich gegenseitig tonnenweise Daten, produzieren tausende von Charts, Listen und Präsentationen. Sie (und damit meine ich ganz selbstkritisch auch ganz oft mich) fühlen sich gut, weil sie *busy* sind – und halten das für Produktivität. Ist es oft nicht. Trotzdem wird die Performance-Party zur Gewohnheit. Und zur Grundlage von Leistungsmessung, Honorierung und Beförderung: Wer zeigt, wie viel er zu tun hat und wie viel er tut, gilt als Superperformer. Doch die Fähigkeit, in einer Organisation zu performen, ist nicht das Gleiche wie fachliche Kreativität oder tragfähige Innovation.

Die Wirtschaftswissenschaftler Blake Ashforth und Yitzhak Fried haben schon 1988 in ihrer viel beachteten Studie »*The Mindlessness of Organizational Behaviors*« gezeigt, dass vieles, was in Unternehmen für Arbeit gehalten wird, vor allem »Skripte« sind. Routinen, die sich zunächst bewährt, dann aber durch Gewohnheit festgesetzt haben und sich auch dann noch erhalten, wenn sie nicht mehr sinnvoll sind, oder sogar zu falschen Entscheidungen führen.[59] Das gilt bis heute, schreibt Prof. Adam Waytz von der Kellogg School of Management der Northwestern University: »Tatsächlich ist vieles von dem, was Manager für Wissen und Kultur des Unternehmens halten, eigentlich nur schlechte Gewohnheit.«[60] Für Unternehmen ist das teuer. Nicht nur, weil Mindlessness die Produktivität drückt. Sondern auch, weil im Autopiloten rasende Mitarbeitende schneller ausbrennen. Ein Ausweg aus diesem Irrsinn ist ein anderer Blick auf den *time/money*-Komplex. Warum honorieren wir Busyness, wenn wir auch echte Ergebnisse honorieren könnten?

Das dreht den Fokus aller Beteiligten um: Statt möglichst sichtbar möglichst viele Arbeitsstunden lang zu »performen«, geht es darum, möglichst effizient – das heißt in der Praxis: *zeitlich flexibel!* – zu den gewünschten Arbeitsergebnissen zu kommen. Wie hängen Flexibilität und Produktivität zusammen? Es gibt mehrere Studien, die die Produktivitätssteigerung durch flexible Arbeitszeiten bestätigen. Laut einer Studie der IESE Business School ist ein Anstieg des Anteils der Teilzeitbeschäftigten um 10 Prozentpunkte mit einem Anstieg der Bruttowertschöpfung pro Arbeitsstunde um 2 Prozent verbunden – das ist mehr als das Doppelte des durchschnittlichen jährlichen Produktivitätsanstiegs von 0,9 Prozent, der nach Angaben der Organisation für wirtschaftliche Zusammenarbeit und Entwicklung (OECD) in den letzten zehn Jahren in der EU zu verzeichnen war.[61] Flexible Arbeitszeiten ermöglichen es den Mitarbeitenden, ihre Arbeitsprozesse nicht an überholte »Skripte« anzupassen, sondern sich auf das zu konzentrieren, was am effizientesten zum gewünschten Ergebnis führt. Wenn das Ergebnis stimmt, sitzt niemand mehr in unproduktiven Meetings. Statt sinnlos Zeit totzuschlagen (Meine Autokorrektur machte daraus »totzuschlafen«. Passt.), wird aktiv nach Techniken gesucht, die eigene Produktivität zu steigern: sinnlose Meetings verlassen, mehr delegieren, überhaupt mehr (Teil-)Projekte loslassen oder andere damit betrauen, aktiv nach Synergien mit Kolleg:innen zu suchen, anstatt krampfhaft zu versuchen, aus Gründen der Busyness oder Sichtbarkeit alles selbst zu stemmen. Das, und eine erhöhte Zeitautonomie, führen zu mehr Zufriedenheit und zu mehr Möglichkeiten für Menschen mit privaten Care-Verpflichtungen, überhaupt zu arbeiten. Das macht Unternehmen erfolgreicher. Laut einer Studie des Bundesministeriums für Familie, Senioren, Frauen und Jugendliche und des Beratungsunternehmens Roland Berger lassen sich die Renditen von familienfreundlichen Investitionen auf bis zu 40 Prozent erhöhen, etwa durch Teilzeitmodelle, Kinderbetreuung, Homeoffice, Pflegeunterstützung und Beratung. Diese Maßnahmen führen zu weniger Fehltagen und kürzeren familienbedingten Auszeiten vor allem bei Müttern – und damit erreichen Unternehmen Renditen von bis zu 25 Prozent.[62] Das ist kein Wunder, wenn man den Arbeitsmarkt anschaut.

Warum flexibles Arbeiten Unternehmen produktiver macht

Der Arbeitsmarkt ist leer. Laut dem IW Köln gab es im Jahresdurchschnitt 2022 rund 1 339 000 offene Stellen, aber nur 968 000 Menschen auf Jobsuche. Differenz: 371 000. Fragt man genauer nach der gewünschten Qualifikation – eine IT-Expertin ist keine Bauingenieurin –, ließen sich 630 000 Stellen nicht besetzen, weil es die Kompetenzen, die Unternehmen suchen, auf dem Arbeitsmarkt leider nicht gab. In Summe fehlten so viele qualifizierte Menschen, wie in ganz Stuttgart wohnen.[63]

Woher nehmen, wenn nicht stehlen? Aus der »stillen Reserve« – was nach Reservisten klingt, wie beim Militär. Als solche gelten vor allem Frauen, die aus volkswirtschaftlicher Sicht dringend »mobilisiert« werden müssten. Das Beratungsunternehmen Prognos hat in einer Szenario-Rechnung ermittelt,[64] dass das Potenzial dieser Gruppe etwa 840 000 (!) Personen umfasst. Außerdem: 2,5 Millionen erwerbstätige Mütter, die noch ein Kind unter 18 Jahren haben, arbeiten weniger als 28 Stunden pro Woche. Wenn alle ihre Wochenarbeitszeit um eine Stunde erhöhten, entspräche das rein rechnerisch 71 000 Vollzeitstellen à 36 Stunden.[65] Hier eine weitere Rechnung: Laut einer KfW-Analyse ist die Erwerbsquote von Frauen von 1991 bis 2019 von 62 auf 74 Prozent gestiegen. Die Erwerbsquote der Männer stagnierte gleichzeitig bei etwa 83 Prozent. Heißt in Summe: Die durchschnittliche Arbeitszeit ist gesunken. Was folgt daraus? Dass zu viel Teilzeitarbeit schuld an der schnarchigen Produktivität in Deutschland ist? Ich sehe es haargenau umgekehrt: Könnte nicht *mehr* Teilzeit auf qualifizierten Positionen dazu führen, dass weniger Frauen und Männer in der »stillen Reserve« versacken, weil sie keine adäquaten Jobs finden, für die sie genug Zeit haben? Könnte nicht *mehr* Teilzeit dazu führen, dass *mehr* Frauen und *mehr* Männer produktiver arbeiten? Zahlreiche Studien belegen, dass Teilzeitarbeit zu hohen Produktivitätssteigerungen führt. Und auch Prognos empfiehlt: »Unternehmen sollten den politischen Rahmen zielführend nutzen und die Vereinbarkeit im betrieblichen Alltag ermöglichen.« Das ist vor allem in Deutschland dringend notwendig.

Wer sich hierzulande die Zustände in den Kinderkrippen, Kitas und Ganztagsschulen anschaut, sieht sehr schnell ein:[66] Deutschland hat ein derartig gravierendes Care-Problem, dass die Flexibilisierung der Arbeitszeiten wichtige, vielleicht sogar die wichtigsten Hebel sind, mehr Fach- und Führungskräften den persönlichen Spielraum zurückzugeben, um mehr oder überhaupt wieder zu arbeiten. Das Care-Problem dieses Landes wird regelmäßig haargenau vermessen: Es heißt Gender-Care-Gap. Gemeint ist die Differenz zwischen den Stunden, die Frauen im Unterschied zu Männern jeden Tag für unbezahlte Sorgearbeit aufbringen.[67] In Deutschland liegt der Gender-Care-Gap bei 52,4 Prozent. Das heißt zum Beispiel: Die Frau kümmert sich drei Stunden täglich um Kinder, Haushalt, Garten, Nachbarn, Ehrenamt – der Mann nur zwei.[68] (Mehr zu diesem und zu weiteren Gender-Gaps im Kapitel »Wirkungsfeld: Vielfalt«.)

Ob ein Paar das für sich als ungerecht definiert oder nicht, hängt zusammen mit dessen Vorstellung von Gerechtigkeit: Geben beide die genau gleiche Zeit? Oder geben beide das, was sie geben können oder möchten? Oder erledigt der eine die Sorge- und Hausarbeit derartig geräuschlos, dass die andere von ihrer Existenz gar nichts ahnt, und das ist okay für beide? Man könnte darauf antworten: »Pech! Partnerschaft, Kind, Hund und Co. sind individuelle Entscheidungen. Jede Magie hat ihren Preis!« Nur: Das wäre zu kurz gedacht. Denn: Die zu allermeist entscheidenden Momente in Karrieren und die Familiengründung finden gleichzeitig statt. Und wer in dieser Zeit jede Menge zusätzliche Stunden unbezahlt zu Hause arbeitet, über mehrere Jahre, ist entweder im Burnout, weil er alles gleichzeitig versucht hat (deshalb gehen so viele Frauen in Teilzeit!), oder für den ist der Karrierezug abgefahren. Der Gender-Care-Gap ist nicht nur unfair innerhalb der Familien. Es ist auch teuer für die Firmen – es ist der Grund dafür, dass im Laufe der Jahre sehr viele, sehr talentierte Frauen einfach verschwinden. Ein Phänomen, das *Scientific American* einmal sehr passend als »*Genius Drain*« bezeichnet hat.[69]

Der aktuelle Mangel an qualifizierten Mitarbeiterinnen bezieht sich auch auf die Führungsebenen – und auch hier ist er ein Stück weit hausgemacht. Denn die meisten Teilzeitkräfte machen keine Karriere. Sie steigen nicht auf, nicht als Fachkraft, auch nicht als Führungskraft. Sie steigen sogar ab. »Teilzeit passt aus Sicht vieler Unternehmen nicht zu höherwertigen, spezialisierten oder verantwortungsvollen Tätigkeiten«, stellt Eric Thode, Arbeitsmarktexperte der Bertelsmann Stiftung, fest. »Es gibt Anzeichen dafür, dass Führungspositionen sowie Spezialistentätigkeiten seltener in Teilzeit ausgeschrieben werden.«[70] Je größer Deutschlands Unternehmen sind, desto häufiger arbeiten sie oben ohne – also fast oder ganz ohne weibliche Führungskräfte.

Im Jahr 2020 lag der Anteil von Frauen an der Spitze privatwirtschaftlicher Unternehmen bei mageren 27 Prozent. Das war im Vergleich zu 2018 ein Zuwachs von der nicht sehr beeindruckenden Prozentzahl: 1.[71] Immerhin liegt der Anteil der Frauen auf der zweiten Führungsebene mittlerweile bei 40 Prozent. Leider stagniert er dort seit 2016. Weil der Anteil der weiblichen Führungskräfte im öffentlichen Dienst höher ist, kommt die Destatis-Arbeitskräfteerhebung für 2021 auf eine etwas höhere Zahl: 29,2 Prozent.[72] Immerhin. Nur zur Erinnerung, ich argumentiere hier nicht ethisch, nicht aktivistisch, nicht feministisch. Sondern rein unternehmerisch: Auf einem leer gefegten Fachkräftemarkt mit geringer Produktivität, auf dem mehr »Bock auf Arbeit« gefordert wird, gelten als *lowest hanging fruit*: Frauen. Irrtum! Umgekehrt wird ein Schuh daraus. Weil Frauen stärker mit Sorgearbeit belastet sind, *und* weil sie heute im Mittel gut (oft sogar besser) ausgebildet sind als ihre männlichen Kollegen, suchen sie sich die Früchte, die sie pflücken, sehr genau aus – und lehnen bei nicht zu stemmenden Rahmenbedingungen eben ab. Oder, wie es Robert Franken, der Organisationsberater und Botschafter von HeforShe Deutschland, einmal in einem Vortrag auf den Punkt gebracht hat: Unternehmen beschweren sich, dass sie ja jeder Menge Frauen tolle Jobs auf dem Silbertablett anbieten würden, und sie reihenweise Absagen bekämen. Auf die Idee, sich das Silbertablett anzusehen, kommt aber keiner. Täten sie dies, so würden sie schnell erkennen, dass die angebotenen Jobs zumeist nicht einmal annähernd das Thema Vereinbarkeit adressieren. Dass Frauen auf der Karriereleiter irgendwo in der Mitte hängen bleiben, dass sie in Auswahlverfahren ungesehen aussortiert werden und keinen Zugang zu karriererelevanten Netzwerken finden, ist hierzulande seit vielen Jahren festbetonierte Realität. Dafür ist nicht nur der Gender-Care-Gap verantwortlich. Der Leaderhip-Gap – die Tatsache, dass Frauen eben kaum oder gar nicht auf dem Chefsesseln sitzen – zielt direkt auf den Faktor »Frau«. Wäre es nicht so, säßen überall kinderlose Frauen auf Führungsposten. Doch da sitzen sie nicht. Und sie sitzen da auch trotz des Fachkräftemangel-Gejammers der Unternehmen nicht.

Wie groß muss der Mangel an Fach- und Führungskräften eigentlich noch werden, bis Deutschland Care-Systeme aufgebaut hat, die diesen Namen verdienen? Bis die lange bekannten Fehlanreize in Steuer- und Versicherungs- und Minijobsystemen ausgemerzt sind? Doch das sind politische Forderungen. Was können Unternehmen tun?

WORKSHIFT in Unternehmen: Umsteuern in die Produktivität

Unternehmen können darauf warten, dass die Politik endlich tätig wird. Sie können aber auch selbst etwas tun, indem sie ihre Arbeitswelten flexibilisieren. Ein Großteil der Mütter und auch der Väter wünscht sich genau das: In einer vom Väternetzwerk Conpadres beauftragten und von Forsa durchgeführten Studie waren sowohl die befragten Männer (38 Prozent) als auch die befragten Frauen (41 Prozent) der Meinung, dass eine wöchentliche Arbeitszeit zwischen 32 und 40 Stunden für die Vereinbarkeit von Familie und Beruf ideal sei. Dabei hielten 34 Prozent der Frauen und immerhin 30 Prozent der Männer sogar 24 bis 32 Stunden für sinnvoll.[73] Und es geht nicht nur um Unternehmen – es geht ganz konkret um die Führungskräfte in den Unternehmen. Was spricht dagegen, flexible Arbeitsmodelle wie Jobsharing selbst zu testen? Selbst zu leben? Spricht nicht alles dafür, die Lebenssituation der Menschen im Unternehmen stärker zu berücksichtigen? Warum ist das nicht selbstverständlich Thema in der Kaffeeküche und bei jährlichen Mitarbeitergesprächen?

Es geht mir darum, flexible Arbeitsmodelle nicht nur zu tolerieren, sondern selbst zu fördern, zu fordern, zu belohnen. Und dazu gehört es eben, als Führungskraft mitzumachen, die eigenen Chefs dazu aufzufordern und auch die eigenen Mitarbeiter (hier mal bewusst nicht gegendert). Wenn flexible Arbeitsmodelle im Unternehmen neu sind oder riskant scheinen: Warum nicht eine Testphase für drei bis sechs Monate deklarieren? Und dann weiterführen, was sich bewährt hat, was individuell und unternehmerisch Mehrwert gebracht hat. Flexible Arbeitszeiten sind schon jetzt der wichtigste Faktor für eine bessere Vereinbarkeit von Beruf und Familie. Das ist lange bekannt, und das wird noch lange nicht flächendeckend in der Praxis umgesetzt. Deshalb hier ein kurzer Überblick über alternative Arbeitszeitmodelle, die

Unternehmen bessere Gewinne bescheren UND den Menschen eine höhere Lebensqualität.

» flexibilize: Mehr Zeitsouveränität für alle

Fangen wir mit der logischen Perspektive an. Was macht ein Arbeitsmodell flexibel? Im Prinzip sind es diese Faktoren:

- Die Flexibilisierung der Dauer: Vollzeit, Teilzeit, vollzeitnahe Teilzeit oder Auszeit.
- Dann die flexible Verortung im Tagesverlauf: Wann findet Arbeit statt und wann nicht?
- Außerdem die Protokollierung der Arbeitszeiten: Gleitzeitkonto, Jahresarbeitskonto, Lebensarbeitszeitkonto.
- Dazu kommt die Frage, wie autonom eine Arbeitskraft überhaupt über Arbeitszeiten entscheiden – oder nicht entscheiden – kann.[74]

Hier einige Ansätze:

Fokus auf Teams: Funktionszeiten

Egal ob Voll- oder Teilzeit, es braucht in Teams immer unverhandelbare Zeitfenster, in denen für wichtige Fragestellungen, Aufgaben und Gespräche alle präsent oder erreichbar sein müssen. Diese Zeitfenster können und sollten Teams selbst festlegen und die restlichen Zeitfenster als individuelle Knetmasse deklarieren. Das schenkt nicht nur Flexibilität, sondern stärkt auch Eigenverantwortung und Vertrauen – einer der stärksten Motivatoren überhaupt! In der Sprache der Betriebswirte heißt das: Funktionszeit. Diese hat einen doppelt positiven Effekt. Sie verschafft den Menschen im Unternehmen Freiraum und garantiert gleichzeitig Kunden und Geschäftspartnern Kontaktmöglichkeiten. Ein Beispiel für Funktionszeit: »Zwischen 8 Uhr und 16 Uhr sind wir im Kundenservice telefonisch erreichbar.« Das klingt auf den ersten Blick sehr einfach, ist aber tatsächlich ein smartes Modell. Denn es schiebt den Fokus weg von den Arbeitszeiten der Einzelnen und hin zu den Kontaktpunkten und Ergebnissen des Teams. So werden für einzelne Teammitglieder freie Tageszeiten oder komplett freie Tage möglich. Funktionszeiten begünstigen darüber hinaus auch die Projektarbeit im Unternehmen und saisonale Spitzen. Je nach Arbeitsintensität kann es notwendig sein, Phasen der Mehrarbeit von vornherein einzuplanen – und genau so einzuplanen, dass Überstunden später wieder abgebaut werden. Langfristige Übersicht erleichtert ein Jahresarbeitszeitkonto.

Kurz: Funktionszeiten schaffen Sicherheit in der Teamzusammenarbeit und Freiraum für jeden Einzelnen. Ganz frei in ihren Absprachen sind Teams allerdings nicht. Auch die Funktionszeit unterliegt den Regelungen des Arbeitszeitgesetzes und braucht gemäß § 87 Abs. 1 Nr. 2 Betriebsverfassungsgesetz (BetrVG) die Mitbestimmung des Betriebsrates.[75]

Fokus auf Controlling: Arbeitszeitkonten

Maximale Flexibilität ist möglich, ganz ohne Controlling geht es aber nicht. Allein schon deshalb nicht, weil das Bundesarbeitsgericht in einem Grundsatzurteil festgestellt hat, dass Arbeitgeber verpflichtet sind, ein Arbeitszeiterfassungssystem einzuführen. Deshalb braucht es auch in flexiblen Arbeitswelten Arbeitszeitkonten. Damit werden Überstunden erfasst und gutgeschrieben, während sie in ruhigeren Zeiten wieder abgebaut werden können. Arbeitszeitkonten bieten sowohl Unternehmen als auch der Belegschaft Vorteile, da sie Produktionsschwankungen ausgleichen und den Personaleinsatz steuern können. Gleichzeitig ermöglichen sie den Mitarbeiterinnen und Mitarbeitern, ihre Arbeitszeit mitzugestalten. Jahresarbeitszeitkonten werden einmal im Jahr ausgeglichen, entweder durch Freizeit oder Auszahlung von Plusstunden, durch Nacharbeit bei Minusstunden oder durch die Übertragung des Saldos auf ein Lebensarbeitskonto.[76] Mit einem solchen Konto können längere Auszeiten angespart werden – Stichwort

Sabbatical – oder Auszeiten für Weiterbildungen oder auch ein früherer Eintritt in die Rentenphase.

Wichtig: Das »Gesetz zur Verbesserung der Rahmenbedingungen für die Absicherung flexibler Arbeitszeitregelungen und zur Änderung anderer Gesetze« fordert eine Absicherung des Guthabens auf Arbeitszeitkonten. Das ist wichtig, weil im Fall einer Insolvenz des Arbeitgebers sonst die Vorleistungen der Mitarbeitenden verloren gingen. Die Agentur für Arbeit sichert mit dem Insolvenzgeld lediglich Lohn- und Gehaltsansprüche der letzten drei Monate vor der Insolvenz ab.[77]

Fokus auf Lebenszeiten: Zeitsouveräne Biografien

Auch wenn das menschliche Leben in *Profit & Loss*-Rechnungen und Quartalsergebnissen keine Rolle spielt, ganz ausblenden kann man es als Unternehmen nicht – solange Menschen arbeiten und nicht nur Maschinen. Während Maschinen (fast) klaglos abfertigen, verläuft das menschliche Leben in Wellen, beeinflusst von einschneidenden Erlebnissen und Alltagserfahrungen. Das Leben von Menschen verändert sich, ganz gleich, ob sie noch fünf oder 15 oder 35 Jahre arbeiten werden. Deshalb ist es sinnvoll, nicht nur auf Wochenarbeitszeiten zu schauen, sondern die gesamte Lebenszeitachse in den Blick zu nehmen. In diesem Zusammenhang gefällt mir die Idee der zeitsouveränen Biografie. Dazu muss man wissen: In der Rushhour des Lebens, zwischen 30 und 40, passiert typischerweise ganz viel auf einmal: Nest bauen, Kinder kriegen, Karriereschub. Ist es nicht absurd, dass dies alles in nur zehn bis fünfzehn Jahren passiert? Noch absurder ist es, weil wir im Schnitt immer länger leben – uns also für vieles viel länger Zeit lassen könnten. Die Autorin Eva Corino plädiert in ihrem Buch *Das Nacheinander-Prinzip* gegen den »Gleichzeitigkeitswahnsinn« und für Gelassenheit und den Mut, Dinge ein wenig zu verschieben oder ganz von der Liste zu streichen. Der Hausbau zum Beispiel ist für viele ohnehin nicht mehr finanzierbar. Wie wäre es stattdessen mit einem 40-Jahre-Lebensarbeitszeit-Modell?

Ein anderes Beispiel für zeitsouveräne Biografien: das Optionszeitenmodell. Diese Idee basiert auf der Annahme, dass alle Menschen Zeit für Sorgearbeit benötigen. Es zielt darauf ab, Geschlechtergerechtigkeit zu fördern und flexible Berufsbiografien zu ermöglichen – auch bekannt unter dem schönen Stichwort »atmende Lebensläufe«. Neun Jahre flexibel über das gesamte Berufsleben hinweg verteilter Zeit sollen für gesellschaftlich relevante Tätigkeiten zur Verfügung stehen – und zwar, das ist das Besondere: bezahlt. Die insgesamt neun Jahre Optionszeit ergeben sich aus einer Auswertung des Statistischen Bundesamtes zu Zeitverwendungen und -bedarfen für einzelne Tätigkeiten: Etwa sechs Jahre veranschlagt das Forscherteam für Care, zwei Jahre für Weiterbildungen und ein Jahr für Selbstsorge.

Wer eine Optionszeit in Anspruch nimmt, kann seine Arbeit entweder unterbrechen oder seine Arbeitszeit befristet verkürzen. »Entsprechend müssen Arbeits-, Sozial- und Steuerrecht angepasst werden, die derzeit auf den drei Phasen Bildung, Erwerb, Rente aufbauen«, erklärt der Jurist und Politikwissenschaftler Prof. em. Dr. Ulrich Mückenberger, Leiter des Forschungsprojekts an der Universität Bremen und Mitbegründer der Deutschen Gesellschaft für Zeitpolitik (DGfZP). »Diese passen nicht mehr zur digitalisierten Arbeitswelt, die kontinuierliches Fortbilden erfordert.«[78] Der Charme für Unternehmen liegt darin, dass die neun Jahre nicht von ihnen selbst finanziert werden, sondern von Seiten des Staates. Sie stellen lediglich die dazu notwendigen flexiblen Arbeitszeiten zur Verfügung. Es gibt aber auch Schwachstellen beim Optionszeitenmodell: Care soll vor allem in traditionellen Familien stattfinden, nicht unter Freunden oder bei queeren Paaren, und Care wird stärker gewichtet als politisches Engagement. Da stellt sich die Frage, ob sich dies nicht auch mit gekürzten Arbeitszeiten erreichen ließe? Und zwar jeden Tag, statt blockweise?[79]

Der individuelle Mut zu mehr Zeitsouveränität allein reicht nicht aus. Es braucht auch Rahmenbedingungen in Wirtschaft und Staat, in denen Menschen ihr Leben so planen können, wie es wirklich zu ihnen passt. Es braucht eine Arbeitswelt, die sich an die Bedürfnisse der Väter und Mütter anpasst (nicht mehr umgekehrt!), die allem Fortschritt zum Trotz (Gruß von der Biologie!) eines nicht frei durch den Lebenslauf schieben können: Kinder kriegen und begleiten, bis sie groß sind.[80]

Warum werden Pausen im Berufsleben immer noch nicht als normal angesehen? Menschen haben sich wandelnde Interessen, Rückschläge, Krankheiten, verschiedene Lebensphasen oder einfach den Wunsch, sich gesellschaftlich zu engagieren. Auch unkonventionelle Lebensläufe und Umwege werden in vielen Unternehmen immer noch ungern gesehen, während traditionelle Karrierewege nach wie vor die besten Chancen in Entscheidungs- und Machtpositionen bieten. Das muss nicht so sein. Entscheiderinnen und Entscheider könnten flexibel arbeitende, hoch diverse und damit hoch kreative und innovative Teams entstehen lassen. Sie könnten es, wenn sie ungewöhnliche Lebensläufe inklusive Pausen und Lücken feiern würden, statt ihnen zu misstrauen. Von dieser Haltungsänderung profitieren sie umgehend selbst: Denn so vermeiden sie, dass die immer gleichen, überarbeiteten Menschen mit den immer gleichen Lebensläufen in den immer gleichen Gremien zu den immer gleichen Ergebnissen kommen.

≫ dare to try: Raus aus dem Vollzeit-Dogma

An alle, die jetzt wissen wollen, wie sich flexiblere Arbeitszeit wirklich anfühlt, wie sie sich auf die eigene Gesundheit, die eigenen Beziehungen, die eigene (herzinfarktfreie) Lebenszeit auswirkt: Ausprobieren!

Schon melden sich die (inneren) Kritiker: Würde mit weniger Arbeitszeit überhaupt die Arbeit geschafft, die heute schon trotz Überstunden überall liegen bleibt? Die Soziologin und Präsidentin des Wissenschaftszentrums Berlin für Sozialforschung Prof. Dr. Jutta Allmendinger ist überzeugt, dass kein Arbeitsvolumen verloren geht: »Schauen Sie doch mal, wie viele Menschen vorzeitig ausscheiden und Erwerbsminderungsrenten bekommen«, sagte sie dem *Tagesspiegel*. »Und wie viele Frauen in Teilzeit feststecken. Wir haben hohe Potenziale an ungenutzter Arbeitszeit und hohe ungenutzte Leistungspotenziale.«[81] Für mich folgt daraus nicht, noch mehr Menschen in

Vollzeitjobs zu jagen, die eher an der Mehrfachbelastung kaputtgehen, statt zu Höchstleistung aufzulaufen. Für mich folgt daraus: Mehr Menschen in flexible Teilzeit! Ist es nicht eine Frage der Logik, lieber mehr Menschen an vier Wochentagen arbeiten zu lassen, statt weniger Menschen in 80-Stunden-Jobs zu verbrennen? Noch einmal Shoutout ans Controlling: Bitte nachrechnen – und sich von folgenden Beispielen inspirieren lassen:

Schweden und der Sechs-Stunden-Tag

Schweden ist das Land mit dem geringsten Unterschied zwischen den Arbeitszeiten von Frauen und Männern. Ein Grund dafür sind die gute Kinderbetreuung und gut bemessene Elternzeiten. Ausgerechnet hier wagte ein Altersheim ein Pilotprojekt zum Sechs-Stunden-Tag – bei vollem Lohn. Ergebnis nach zwei Jahren: Die Beschäftigten waren zufriedener mit ihrem Leben, fielen seltener wegen Krankheit aus, lieferten in ihren Jobs bessere Qualität ab und waren insgesamt produktiver. Eine Reduzierung der Arbeitszeit auf sechs Stunden kann sich also auch dann rechnen, wenn das Unternehmen gleiche Löhne zahlt.[82] Utopisch? Offenbar eben nicht.

Großbritannien und die Vier-Tage-Woche

Ich bin eine große Freundin der Flexibilität – aber ich weiß auch, dass sie nicht nur in eine Richtung funktioniert. Deshalb bin ich auch keine dogmatische Verfechterin einer Vier-Tage-Woche. Mit Blick auf den Teil der Wirtschaft, den ich eingangs als »große Wirtschaft« bezeichnet habe, ist es für mich allerdings unverständlich, dass sie sich so gar nicht in diese Richtung bewegt, nicht einmal damit experimentiert. Wie gut eine Arbeitszeitverkürzung auf vier Tage funktioniert, bestätigt eine aktuelle Studie: 61 britische Unternehmen hatten für einen Zeitraum von sechs Monaten die Arbeitszeit ihrer insgesamt knapp 3 000 Mitarbeitenden um 20 Prozent reduziert, ohne die Löhne zu kürzen. Riskant? Eben nicht: »Vor der Studie bezweifelten viele, dass die Produktivitätssteigerung die Arbeitszeitverkürzung ausgleichen würde – aber genau das haben wir festgestellt«, erklärt Soziologe Brendan Burchell, der die Forschungsarbeiten an der University of Cambridge leitete.[83]

Die Ergebnisse dieses weltweit größten Versuchs mit einer Vier-Tage-Woche zeigen, dass Stress und Krankheit bei den Mitarbeitenden deutlich abnahmen. 71 Prozent der Beschäftigten gaben an, weniger unter Burnout zu leiden, und 39 Prozent fühlten sich weniger gestresst. Der Krankenstand reduzierte sich um 65 Prozent, und die Mitarbeiterfluktuation sank um 57 Prozent im Vergleich zum Vorjahreszeitraum. Überraschenderweise gab es kaum Produktivitätseinbußen, im Gegenteil: Die Einnahmen der Unternehmen stiegen sogar im Durchschnitt um 1,4 Prozent.[84]

Wie eingangs erwähnt, glaube ich nicht, dass die Vier-Tage-Woche die Lösung für alles und jeden ist. Aber – und ich zitiere in diesem Buch bewusst keine Politiker:innen, aber an dieser Stelle tue ich es doch – selbst der aktuelle Bundesarbeitsminister Hubertus Heil sagte in einem Interview mit einem Malerbetrieb, der die Vier-Tage-Woche eingeführt hat und sich seitdem vor Anfragen kaum retten kann: Die Vier-Tage-Woche »[...] ist keine Schablone, die man über alles legen kann [...], sondern es geht [...] darum, dass wir in der Digitalisierung der Arbeitswelt einen Weg finden, dass Arbeit besser zum Leben passt«.[85] Die Mitarbeitenden des Malerbetriebs bestätigen die gleichen positiven Effekte wie die oben genannte Studie in Großbritannien: höhere Flexibilität, mehr Arbeitszufriedenheit, weniger Krankheitstage und Zeit für Ehrenamt. Die Chefin der Malerei bestätigt zwar einige Änderungen in den Arbeitsabläufen, sie bliebe selbst bei der Fünf-Tage-Woche, ist von der riesigen Zahl an Bewerbungen aber durchaus angetan.

Ich kenne weder diesen Malerbetrieb noch kleinere Unternehmen generell gut, aber: Wenn die Vorteile alternativer Arbeitszeitmodelle so klar auf der Hand liegen und wenn ein so kleiner Betrieb das schafft, dann können große Unternehmen und Konzerne mit weit mehr finanziellen und infrastrukturellen Kapazitäten erst recht neue Optionen schaffen. Und hier noch ein Shoutout in Richtung Controlling und

Management: Ja, die klassischen HR- und Legal-Prozesse sind nicht auf alternative Arbeitszeitmodelle ausgelegt. Ja, die Vergleichbarkeit der Mitarbeitenden-Performance wird schwieriger. Ja und was, wenn das plötzlich alle wollen? Und überhaupt, was sagen die Kunden!? *Yada yada yada.* Es ist nicht nur höchste Zeit, sich vom *why?* zum *why not?* zu bewegen. Wie sehr es höchste Zeit ist, wird deutlich, wenn wir das Thema Arbeitszeit über den Kontext Mensch und Wirtschaft hinausdenken. Wie sind Workism und Busyness verbunden mit den noch größeren Krisen unserer Zeit?

Connecting the Dots

Inwiefern beeinflusst die Ressource Zeit unsere Demokratien und das Klima? In einer Krisenzeit wie dieser scheinen die üblichen Management- und Work-Life-Balance-Hacks schlichtweg zu klein gedacht. Deshalb wage ich an dieser Stelle ein Experiment: Ausgehend von den konkreten Hebeln, die ich in jedem Wirkungsfeld gefunden habe, ziehe ich den Fokus ganz weit auf: Wie sind unsere aktuellen Normvorstellungen rund um unseren Umgang mit dem Faktor Zeit verbunden mit den noch größeren Krisen unserer Zeit?

Der politische Faden: Demokratie braucht Zeit

Die Krise unserer Demokratie ist eine direkte Folge der Krise unserer Arbeitswelt und unseres ständigen Zeitmangels. »So gerne man sich auch vorstellt, die Bürgerinnen und Bürger seien vor allem damit beschäftigt, sich engagiert an politischen Auseinandersetzungen zu beteiligen: Die soziale Realität sieht anders aus«, konstatiert Axel Honneth. Menschen sind stattdessen Tag für Tag mit bezahlter oder unbezahlter Arbeit beschäftigt, »was es ihnen aufgrund der damit verbundenen Unterordnung, Unterbezahlung oder Überforderung nahezu unmöglich macht, sich in die Rolle einer autonomen Teilnehmer:in an der demokratischen Willensbildung auch nur hineinzuversetzen«.[86] Wenn Menschen keine Zeit haben, bringen sie sich in vorpolitischen und politischen Räumen nicht mehr ein. Was vorpolitische Räume sind, weiß ich spätestens seit der Gründung meines Morgen.Salons. Und dass auch ehrenamtliche Arbeit in einem Pflegeheim einen Menschen politisieren kann, kann ich aus eigener Erfahrung bestätigen. Gleichzeitig fällt es den oft überlasteten Angestellten schwer, an ihren Arbeitsplätzen die in Krisenzeiten notwendige Innovationskraft und

Resilienz aufzubringen. Die alten Responsabilitätsstrategien (»Jeder ist seines Glückes Schmied«) laufen ins Leere. Es ist daher nicht nur sinnlos, sondern auch zynisch, darauf zu warten, dass jeder Mensch sich selbst rettet. Laut Honneth ist die qualitative Verbesserung des Faktors Arbeit (neben der Bildung) der wesentliche Hebel, um die Demokratie zu stärken. Und das ist dringend notwendig – denn immer mehr demokratische Staaten trudeln in die Krise: 2022 hat die Zahl der autokratischen Staaten (70) die Zahl der demokratischen Staaten (67) überholt, so der aktuelle Transformationsindex der Bertelsmann Stiftung.[87] Kein Wunder in einer Welt, in der immer schneller immer mehr (Fake) News kursieren und in der immer mehr Menschen mit immer mehr Meinung immer lauter schreien – statt sich mit gesundem Ruhepuls politisch einzubringen. Damit eine demokratische Gesellschaftsordnung lebt und sich ein demokratisches Gemeinwesen immer wieder erneuert und gesund bleibt, braucht es gemeinsame Reflexion, Verhandlungsprozesse, Mitbestimmung, konstruktiven Streit und solidarisches Engagement. Es braucht konkrete Umsetzungen von Ideen, die allen zugutekommen.

Wie geht das? Das fängt ganz klein an: mit Engagement im Mikrokosmos. Ja, ich weiß, nicht jeder möchte seine freie Zeit für (vor)politisches Engagement einsetzen. Doch wenn Menschen sich in ihrer Nachbarschaft, ihrer Gemeinschaft und in Vereinen engagieren, steigt die Wahrscheinlichkeit deutlich, dass sie sich für Politik interessieren und sich aktiv dafür einsetzen, zumindest auf regionaler Ebene. So gesehen: Passt es nicht schmerzhaft gut zu dieser Logik, dass China seinen Bürgerinnen und Bürgern nach dem Prinzip 9-9-6 (von neun Uhr früh bis neun Uhr spät arbeiten, an sechs Tagen in der Woche) jeglichen Raum und jegliche Zeit für politisches Engagement nimmt? Die Beobachtung jedenfalls ist nicht neu, dass »die Zerstörung der Eigenzeit und der eigensinnigen Entwicklungslogik von Gesellschaftsbereichen, auch von Mußeorten des Lernens, ein wesentliches Element autoritärer und totalitärer Herrschaftsstrukturen bildet«.[88] Demokratie braucht nicht nur Zeit im täglichen Leben, sondern auch Zeit, um sie überhaupt zu verstehen und zu erlernen. Dieser Zusammenhang wird oft ignoriert – kein Wunder bei unseren auf wirtschaftlich verwertbare Fähigkeiten ausgerichteten Bildungssystemen. Das Thema »Engagement« spielt dort kaum eine Rolle, obwohl es von großer Bedeutung für Gesellschaft und Wirtschaft ist. Wie kann eine demokratische Gesellschaft auf politische Partizipation bauen, wenn sie die Grundlagen dafür nicht schafft – oder sogar untergräbt? Wenn wir unsere Demokratie verteidigen wollen, brauchen wir vor allem Zeit, um sie zu gestalten.[89]

Der grüne Faden: Mit Zeitwohlstand gegen die Klimakrise

Auch der bewusste Umgang mit unseren Ressourcen, also wirksamer Klimaschutz, braucht Zeit. Unsere Zeit. Denn nur mit Zeitwohlstand haben Menschen die Möglichkeit, bewusst nachhaltige Entscheidungen zu treffen und auch so zu handeln. Beginnen wir mit dem Alltagsproblem Nummer eins: Mobilität. Es vergeht kaum ein Tag ohne Wege ins Büro, zum Kunden, in die Kita, zur Schule, zum Sport, in den Supermarkt, um nur einige wenige zu nennen. Wenn wir wenig Zeit haben, entscheiden wir uns für schnelle Verkehrsmittel, auch wenn sie nicht klimafreundlich sind: Auto statt Fahrrad, Flugzeug statt Bahn. Das bestätigt eine aktuelle Umfrage des TÜV-Verbands: 56 Prozent der Befragten gaben an, dass sie möglichst unabhängig und flexibel unterwegs sein wollen, für 43 Prozent war das Tempo entscheidend; nur 19 Prozent fanden die Klimafrage wichtig. Keine andere Option erhielt so wenige Stimmen.[90] Wir haben also keine Zeit, den Klimakollaps abzuwenden!? Wie paradox! Doch genau das zeigt sich auch in anderen Bereichen: Reparatur, Upcycling, Recycling und die Pflege von Dingen. Klar: Wenn wir unsere Sachen länger benutzen, ist das gut für das Klima. Es spart Rohstoffe und reduziert Transportwege. Doch es ist viel zeitaufwändiger, Dinge zu reparieren, sie aufzuwerten oder zu recyceln, als einfach etwas Neues zu kaufen und das Alte wegzuwerfen. Auch das Spenden, Weitergeben, Tauschen oder Leihen von Dingen erfordert Zeit, Abstimmung und Engagement.

Bei der Ernährung ist es ähnlich. Die Lebensmittelindustrie folgt wirtschaftlichen Interessen und wählt die effizienteste Option. Das bedeutet, dass etwa Tomaten aus sonnigen Ländern mit niedrigen Arbeitskosten importiert und in Plastik verpackt werden, damit sie den Transport überstehen. Natürlich wäre es besser für das Klima, regionale Produkte zu wählen oder selbst anzubauen. Doch auch das kostet Zeit (und Geld), die wir nicht haben. Noch klarer wird es bei Begriffen wie *fast* oder *convenient* im Zusammenhang mit Essen. In Eile entscheiden wir uns für Abgepacktes, auf die Hand, am Arbeitsplatz – alles Optionen, die zwar schnell gehen, aber im wahrsten Sinne des Wortes auf den Magen, ergo die Gesundheit, schlagen können. Und dabei werden Müllberge aus Verpackungen produziert sowie Energie für den Antrieb der Lieferfahrzeuge benötigt. Mit mehr Zeitwohlstand könnten wir uns anders entscheiden. Wie wir unsere Zeit nutzen, hat direkte Auswirkungen auf Umwelt und Klima.

WIRKUNGSFELD: KOLLABORATION

Wie uns die Ego-Denke blockiert, warum wir mehr Beharrlichkeit und weniger Bullshit brauchen, mehr künstliche Intelligenz und noch viel mehr emotionale Intelligenz.

Warum wir nicht zusammenarbeiten

Dass wir es Arbeit nennen, wenn sehr viele Menschen in sehr vielen Berufen irgendwo in Monitore starren, ist ein relativ junges Phänomen. Trotz vernetzter Systeme, die allein vor sich hin werkelnde Menschen verknüpfen – die meisten von uns verstehen sich selbst als Einzelkämpfer und wurden so auch sozialisiert. Wir haben gelernt, spätestens ab Schulstart, dass das Ich und die Leistung dieses Ichs das Wichtigste sind. Ein ganzheitliches Denken, nicht nur bezogen auf die eigene Karriere, sondern auf das große Ganze, kultivieren wir nicht. Fragen wie »Wen oder was muss ich hier miteinbeziehen, um zu einem gesamtheitlich guten und stimmigen Ergebnissen zu kommen?« stellen wir nicht, und unser Wirtschaftssystem sieht das auch nicht vor.[1]

Kooperation als evolutionärer Vorteil

Als Frühmensch wäre man mit dieser Haltung nicht sehr alt geworden – schließlich war die Fähigkeit zur Kooperation der evolutionäre Vorteil, der den Menschen zu einer der erfolgreichsten Spezies der Erde gemacht hat. Zwei Beispiele aus der Geschichte dazu: Bei den alten Römern gab es immer zwei Konsuln, die die Republik regierten. Ein halbes Jahrtausend lang, bis Augustus keine Lust mehr auf Doppelspitze hatte und sich als Einzelkaiser neu erfand. Dennoch hielt sich die Idee der Kollaboration. Mehr als tausend Jahre danach[2] war man im mittelalterlichen Köln davon überzeugt, dass erfolgreiches Wirtschaften nur im Doppelpack möglich ist. So konnten nur diejenigen Personen Handels- und Handwerksrechte erlangen, die in einer Beziehungskonstellation antraten: als »Arbeitspaar«. Das mussten nicht immer Eheleute sein, es konnten sich auch Vater und Tochter, Mutter und Tochter oder Geschwister als Arbeitspaar eintragen lassen.[3] So fing es wohl an mit dem Thema Jobsharing in der Privatwirtschaft. Übrigens gleich mit der Beteiligung weiblicher Führungskräfte, was heute gern vergessen wird. Doch so blieb es nicht.

Mit Uhr und Fließband zum Einzelkämpfer

Die »Vereinzelkämpferung« des arbeitenden Menschen breitete sich mit der frühen Industrialisierung ab dem 19. Jahrhundert aus, als immer mehr Instrumente die Leistung Einzelner vermeintlich klar zuordnen, messen und zählen konnten. Diese Objektivierung machte menschliche Arbeit mit maschineller Arbeit vergleichbar und führte dazu, dass der »kollektive Charakter von Arbeit«[4] mehr und mehr unsichtbar wurde. Das ist bis heute so. Die heutige Organisation der Arbeit führt zu immer mehr Isolation. So geraten Zusammenarbeit und Kooperation unter die Räder des Fortschritts. Ein paradoxer Effekt. Denn der eigentliche Sinn eines Teams ist es doch, Ideen auszutauschen und sich gegenseitig zu inspirieren, um zu besseren Ergebnissen zu kommen. Trotzdem begünstigen die heutigen Organisationsformen, dass Aufgaben oft von einer Person erledigt werden. Das mag aus betriebswirtschaftlicher Sicht effizient sein, führt aber dazu, dass der natürliche Ansporn zur Kooperation und zur Zusammenarbeit schwindet. Die Konsequenzen dieser Entwicklung: Wenn jeder Einzelne nur noch für seine eigenen Aufgaben verantwortlich ist und wenig Raum für Kommunikation und Austausch bleibt, gehen wertvolle Synergien verloren. Was eigentlich aus Kollaboration entstehen könnte – Kreativität und Innovation! –, wird im Keim erstickt, bevor es sich entfalten kann. *nimby* (kurz für: *not in my backyard*) wird zu einer weit verbreiteten und tief sitzenden Haltung, die in den organisatorischen Silos der Unternehmen schon heute zu absurd ineffizienten Formen der Nichtzusammenarbeit bis hin zu Sabotage führt und die in letzter Konsequenz unsere Gesellschaft und Demokratie gefährdet.

So viele Gestaltungsfreiheiten uns die Entwicklung hin zu immer weniger Hierarchie und immer mehr Fokus auf den einzelnen Performer in unseren Arbeitskontexten auch gebracht hat – das ist die Kehrseite. »Wettbewerb, Konkurrenz, Autonomie, Singularität des Individuums. All das trennt den Menschen letztlich von seinen Mitmenschen«, schreibt die Kulturwissenschaftlerin Aleida Assmann.[5]

Jeder ist seines Glückes Schmied. Wirklich?

Eigentlich ist es eine brutale Entwicklung: Zwar entscheidet in unserer heutigen Welt der Einzelne darüber, was er sein will: Beruf, Glaube, Ehepartner:in – das alles ist heute abgekoppelt von den Traditionen eines Landes, einer Dorfgemeinschaft, einer Familie. Das gibt dem Einzelnen Freiheit. Doch das macht ihn auch zum vermeintlich Alleinverantwortlichen für sein Schicksal. »Niemand kann sich mehr darauf berufen, Pech gehabt zu haben – wir hatten die Entscheidung und haben es vermasselt. Individualismus führt zur Abwertung der Rolle, die der glückliche Zufall oder die Chance im Leben spielen.«[6] Der französische Soziologe und Ethnologe Émile Durkheim merkte bereits Ende des 19. Jahrhunderts an, dass die Krux unserer Zeit darin besteht, dass Versagen nicht mehr mit Mitgefühl quittiert wird, sondern sich in ein verheerendes Urteil über den Einzelnen verwandelt. Niemand will als Loser gelten – nicht vor Anderen, erst recht nicht vor sich selbst. Um das zu vermeiden, wird auf jeder Ebene mit harten Bandagen gekämpft. Und das ist ein Grund für einen der am häufigsten übersehenen Produktivitätskiller in Unternehmen: Machtspiele.

Was uns blockiert: Machtspiele

Aus eigener Erfahrung weiß ich, dass man sich in Konzernen pausenlos überlegen muss: »Wie platziere ich mich?«, »Welches Projekt übernehme ich?«, »Wie mache ich mich sichtbar?«, »Wen setze ich bei meiner nächsten wichtigen E-Mail ins CC – und wen gezielt nicht?«, »An wem arbeite ich vorbei, wen hole ich ins Boot?« In den meisten großen Unternehmen *muss* jede Person in irgendeiner Form politisch taktieren. Dieses Taktieren raubt nicht nur unglaublich viel Energie, sondern auch Potenzial.

Die verinnerlichten Strukturen sind so stark, dass die Arbeit an Macht und Ego oft deutlich lukrativer scheinen als die Arbeit an Inhalten. Im WIR zu denken und zu handeln, lässt viele Egos in schierer Existenzpanik im Dreieck springen. Warum? Der Historiker Rutger Bregman erklärt das in seinem (brillanten) Buch *Im Grunde gut* so: Macht führt zu einer abwertenden Sichtweise auf andere Menschen und zur Annahme, dass diese permanent kontrolliert, überwacht und gemanagt werden müssten. Wer sich mächtig fühlt, der fühlt sich überlegen. Im Gegensatz dazu fühlen sich machtlose Menschen nicht nur unterlegen, sondern tendenziell sogar dumm. Das wiederum spielt den Mächtigen in die Hände. Bregman schreibt: »Wenn man andere behandelt, als wären sie dumm, werden sie sich auch dumm vorkommen, worauf die Machthaber sich dann getrost selbst einreden können, dass [...] sie selbst die Führung übernehmen müssen (mit ihrer gewaltigen Vision und ihrem Weitblick). Aber ist es nicht genau umgekehrt? Sorgt nicht gerade die Macht für Kurzsichtigkeit?«[7] Macht macht Mächtige mächtiger – und Machtlose dümmer. Ein Teufelskreis ...

WORKSHIFT in uns: Vom Ich zum Wir

Die Fähigkeit zu echter Zusammenarbeit ist eine der Kompetenzen, die in Zukunft entscheidend sein wird. Warum das so ist, liegt auf der Hand: Unsere (Arbeits-)Welt erlebt durch Digitalisierung und Maschinisierung einen Wandel, in dem gute Zusammenarbeit immer zentraler wird, weil die Komplexität der Aufgaben steigt. Das wiederum führt zu mehr Spezialisierungen – ergo: Spezialist:innen – und damit in sehr vielen Fällen zu mehr Silos. Auf den Punkt gebracht: Wir werden noch mehr aufeinander angewiesen sein.

Auch wenn ich nicht ständig ein Loblied auf Jobsharing singen möchte: In meinen Augen ist dieses Arbeitsmodell ein hervorragendes Mittel, um sich genau auf diese Arbeitswelt vorzubereiten: Arbeit sinnvoller aufzuteilen, um sich auf das Wesentliche zu konzentrieren und gleichzeitig andere Zukunftskompetenzen zu trainieren, die nicht minder wichtig sind: Agilität, Empathie oder die Fähigkeit zum permanenten Lernen. Alles Muskeln, die sich am besten im Tandem stählen lassen.

≫ start within: Eco vor Ego

»Eco« steckt als Wortbestandteil in *economy*, das deutsche Wort Ökonomie verrät seine Herkunft noch deutlicher: *oikos* kommt aus dem Altgriechischen und heißt so viel wie »das gemeinsame Haus«, übertragen auf den Unternehmenskontext: das gemeinsame Thema, das gemeinsame Ziel. »Eco« gehört also eigentlich in den Mittelpunkt, und nicht Ego. Und auch wenn es ein bisschen utopisch klingt, ich stelle mir eine Welt vor, in der Eco und echte Kollaboration die Norm wären. Wir sind es gewohnt, dass jeder seine Note, seine Lorbeeren für den eigenen Erfolg oder Misserfolg bekommt. In Tandems und/oder richtig gut funktionierenden Kleinteams gilt das Ergebnis immer für alle Beteiligten. Da ist kein Platz für politische Spielchen oder taktisches Bullshit-Bingo, es geht um die Sache. Und als Mensch profitiert man gleich dreifach: Kollaboration bringt Sicherheit, Zusammenhalt und Perspektivenvielfalt.

Das erkennt man leicht an folgendem Beispiel, das sehr viele Menschen in Konzernen kennen: Wenn man an wichtigen Präsentationen oder Verhandlungsgrundlagen feilt, verfliegt die Zeit oft schnell, weil man Gedankengänge oder Fakten hunderte Male überprüft. Wenn wir wirklich kollaborativ mit dem Selbstverständnis »Wir vor Ich« arbeiten, wird das anders: Ich habe meine Jobsharing-Partnerin immer als Sounding Board, als Coach, auch als Advocatus Diaboli am anderen Ende des Tisches oder einen Klick entfernt. »Ich komme hier nicht weiter«, »Wie siehst du das?«, »Habe ich hier noch etwas vergessen?«, »Ist das grammatikalisch überhaupt korrekt?«, kann man jederzeit fragen. Angstfrei. Gerade das ist nicht gegeben, wenn man Menschen fragt, von denen man nicht genau weiß, ob sie kooperieren oder konkurrieren. Diese Unsicherheit gibt es bei jedem Mittelständler, in jedem Startup, in jeder Form von Organisation. Niemand macht das aus moralischer Verwerflichkeit, es ist nicht persönlich – sondern die Folge der organisatorischen Strukturen, die um Macht herum gewuchert sind.

Wie lässt sich das ändern? Eine Veränderung hin zu einer kooperativeren Kultur lässt sich mit der eigenen Haltung beeinflussen, die wir kennen als: »*Be the change you want to see happen.*«[8] Wenn wir an unserer eigenen Haltung arbeiten, dann verändert sich unser Verhalten gegenüber anderen Menschen und gegenüber der Welt. Vielleicht sind wir freundlicher, hören mehr zu, unterstützen einander besser. Das verändert die Kultur, in der wir zusammenleben. Und wenn das kontinuierlich geschieht, entstehen Strukturen, die unserer neuen Haltung einen Rahmen geben. Utopisch? Ja.[9] Unrealistisch? Nur bedingt. Veränderungen sind keine Bewegungen von A nach B, die von einem beliebigen Menschen einmal angestoßen werden und dann für immer stabil bleiben. Es handelt sich eher um eine Bewegung in einem Spannungsfeld, in dem verschiedene Pole um Dominanz ringen – und zwar kontinuierlich. Die Bloß-nichts-verändern!-Fraktion bleibt also immer aktiv. Und je mehr Macht, Ressourcen und einflussreiche Verbindungen auf ihrer Seite liegen, desto größer ist die Chance, dass sie Veränderungen erfolgreich torpediert. Deshalb braucht es, um »*start within*« erfolgreich zu machen: Allianzen schmieden, sich einbringen und konzertierte Aktionen, um die gewünschte Veränderung immer und immer wieder thematisieren und in Handeln zu übersetzen.[10]

Aus eigener Erfahrung und auch in der Zusammenarbeit mit anderen weiß ich, wie viel Energie im Allianzen-Schmieden und Sich-Einbringen entstehen kann. Und zwar mit dem Fokus auf das, was man ändern und gestalten kann, anstatt im Gejammer darüber festzustecken, was nicht geht. Der Managementexperte Stephen R. Covey nennt diesen Bereich den *circle of influence* (der eigene Einflussbereich). Als ich vor Jahren zusammen mit meiner ersten Jobsharing-Partnerin das Thema in unserem Konzern *pioneert* habe, kamen unzählige Fragen von Kolleg:innen auf uns zu. Ich erkannte irgendwann, dass die Fragen und die Sorgen immer wieder einem Muster folgten, und dachte mir: Das kann beziehungsweise muss man doch im Kollektiv klären. Und so begann ich, das Thema in den passenden *Employee Resource Groups* (ERGs, zu deutsch: Mitarbeiter-Interessengruppen) stärker zu platzieren, mich mit Kolleg:innen aus anderen Ländern dazu zu vernetzen, und gründete ein monatliches *flexibility meetup*. Dieses informelle Meeting, zu dem *alle* Kolleg:innen vor Ort und virtuell eingeladen waren, diente als offenes Forum, um alle Fragen zu dem Thema flexibles Arbeiten zu adressieren. Zu Beginn wurde immer eine Person aus einem anderen Land oder von extern eingeladen, die 10 bis 15 Minuten berichtete, wie sie flexibles Arbeiten versteht, lebt, fördert oder bezweifelt. Gerade weil es *kein* offizielles Forum war, sondern abseits von HR oder offiziellen *Management Lines*, waren diese Meetups so gehaltvoll, dass wir die Learnings aus diesem Forum sowie den anderen Aktivitäten nach und nach anonymisiert in Management Meetings platzieren konnten. So bekam das Thema flexible Arbeitszeiten Aufmerksamkeit im Konzern und Allianzen schmieden, wurde trainiert. *On the ground* verstehen, Räume öffnen und sich thematisch vernetzen (eben nicht nur des Netzwerkens wegen), das lässt uns unseren *circle of influence* nutzen. Das mag sich vielleicht nicht nach einer PowerPoint-fähigen Strategie anhören, und manche:r Manager:in fühlt sich vielleicht zu *senior,* um solche Räume zu öffnen – aber genau in solchen konzertierten Aktionen liegt sehr viel Kraft für konkrete und nahbare Veränderung.

» think and feel: Wer führen will, muss auch fühlen können

Mit den eigenen Emotionen umzugehen, sie zielgerichtet zu nutzen – und zwar auch im Businesskontext –, fügt sich nahtlos in das Thema Machtspiele und Haltung ein, vor allem wie wir anderen Menschen gegenübertreten und mit ihnen interagieren. Selbst auf dem World Economic Forum spricht man seit Jahren über *emotional intelligence,* diese schwer greifbare Kompetenz, und stellt sie immer wieder in direkten Zusammenhang mit unserer sozialen Kompetenz: je höher die eigene emotionale Intelligenz, desto höher die Selbstwahrnehmung und die Regulierung des Selbst, desto höher die soziale Kompetenz.[11] Letztere beeinflusst maßgeblich unsere Fähigkeit, Beziehungen zu managen und die Stimmungen, das Verhalten und die Motive anderer Menschen zu verstehen und darauf effektiv – im Sinne des Ziels *und* der Beziehung – zu reagieren. Es geht darum, innere Reife zu entwickeln und regelmäßig in einen Dialog mit sich selbst zu treten (das Thema *emotional intelligence* findet sich in diesem Kapitel weiter hinten beim Workshift für Unternehmen nochmals wieder). Der Journalist, Autor und Filmemacher Reinhard Kahl drückte dies in einer Morgen.Salon-Diskussion einmal sehr treffend aus: »Denken ist das Gespräch zwischen mir und mir selbst«, sagt Platon – und hat recht damit. Denn oft genug sind wir nicht einmal mit uns selbst einer Meinung. Indem wir mit uns selbst in einen Dialog treten, können wir verhindern, dass wir uns – aus Ratlosigkeit, aus Unentschlossenheit – von der Meinung der Mehrheit mitreißen lassen. All dies hat viel mit einem achtsamen Umgang mit uns selbst zu tun.

Und dieser achtsame Umgang mit uns selbst hat aus meiner Sicht in unserer schnelllebigen, komplexen und informationsüberfluteten Welt viel damit zu tun, wie bewusst wir unsere Aufmerksamkeit steuern können. Worauf richten wir unseren Fokus? Wann haben wir am Tag die meiste Energie? Diese *awareness* kann uns helfen, unsere Zeit für die Dinge zu nutzen, die wirklich wichtig sind – und eben nicht nur dringend. Wenn wir bewusst darüber nachdenken, sind das sehr oft zwei sehr unterschiedliche Dinge. Und damit sind wir bei einer klassischen Selbstmanagement-Methode, die eigentlich jeder Mensch kennen müsste – meiner Erfahrung nach aber gern augenrollend in der 1980er-Jahre-*been-there-done-that*-Schublade vergraben hat: die Eisenhower-Matrix. Vordergründig hilft sie bei der Priorisierung von Aufgaben. Tiefgründiger schafft sie meiner Meinung nach aber mehr: Sie kombiniert Produktivität und Achtsamkeit. Dabei teilt die Matrix Aufgaben in vier Kategorien ein: wichtig und dringend, wichtig, aber nicht dringend, nicht wichtig, aber dringend und nicht wichtig und nicht dringend. (Knoten im Kopf? Eisenhower-Matrix googeln oder selbst Vier-Felder-Matrix zeichnen). Das Tool betont, dass es am effizientesten ist, *wichtige und dringende* Aufgaben in den ein bis zwei Stunden des Tages zu erledigen, in denen wir topfit sind – ohne Unterbrechung durch Push-Nachrichten (oder Nervmenschen). So weit, so wenig erstaunlich. Was oft übersehen wird und wozu ich ermutigen möchte: Eine ausgewogene Priorisierung *schließt alle Lebensbereiche ein*, von der Arbeit bis zu Familie und Freizeit – also nicht nur die To-dos, sondern auch die »To-bes«. Wenn das gelingt, dann kann auch ein achtsamer Umgang mit den eigenen Ressourcen gelingen.

Denn wenn es ums Denken *und* Fühlen geht, auch darum, die eigenen Emotionen im Alltag mit- und ernst zu nehmen, kommen wir auch hier am Thema Achtsamkeit nicht vorbei. Es ist auch eine zentrale Voraussetzung für eine effektive Zusammenarbeit mit anderen. Keine Sorge, ich erzähle jetzt nicht etwas von Klangschalen und Yoga (obwohl ich selbst ein großer Fan davon bin), aber ein bisschen mehr (sorry) »Fresse halten und stillsitzen« wie es Manager, Songwriter und Autor des Buchs *Karma, wir müssen reden* Hendrik Heuermann mal in einem Morgen.Salon gesagt hat, würde unserer Gesellschaft meiner Ansicht nach sehr bekommen. Oder anders gesagt, um den Philosophen, Mathematiker und Physiker Blaise Pascal zu zitieren, als er über die Bedeutung von Ruhe und innerer Einkehr inmitten der »hektischen« Welt des 17. Jahrhunderts nachdachte: »Alle Probleme der Menschheit rühren von der Unfähigkeit des Menschen her, allein in einem Raum stillzusitzen.« Wer das kann, der kann oft auch etwas, das in einer Zeit, in der immer mehr Menschen sich immer leichter getriggert fühlen, immer schwerer wird: Gespräche mit anderen bewusst führen, sich öffnen, im Dialog lernen.

≫ cut the BS: Von der Kunst, beim Thema zu bleiben

Cut the bullshit ist ein großartiger Ausdruck und für mich viel eindeutiger als das zivilisiertere Motto *Be transparent*. Eine riesige Aufgabe in der heutigen Unternehmenswelt, in der die Kunst der direkten, klaren und transparenten Kommunikation oft auf der Karriereleiter verloren geht. Ja, es kann riskant sein, Klartext zu sprechen. Doch letztendlich liegt es in unserer eigenen Verantwortung, uns trotzdem immer wieder dafür zu entscheiden. Nicht nur im Jobsharing habe ich gelernt, dass minimale politische Spielchen, gepaart mit maximaler, glasklarer Kommunikation, der Kern agiler, effektiver Arbeitsweisen sind. Ob im Jobsharing oder in jeder anderen Form der Zusammenarbeit, jeder kann das üben: einfach, klar und bezogen auf das Thema zu sprechen. Dabei hilft ein kleiner Perspektivenwechsel: Wie wäre es, als Ziel einer Verhandlung nicht mehr das Gewinnen zu sehen? Sondern projektspezifischen Interessen und persönlichen Bedürfnissen Raum zu geben? Glasklar? Auf die *Sache* bezogen? Mit dem Benefit einer professionellen Befriedigung, die tiefer geht als das Gewinnen-Wollen. Ich denke diesbezüglich oft an das (nicht neue, aber längst nicht genug bekannte) Harvard-Konzept des sachbezogenen Verhandelns mit dessen vier Prinzipien:[12]

- Trenne Menschen und Probleme voneinander.
- Fokussiere auf Interessen anstelle von starren Positionen.
- Entwickle verschiedene Wahlmöglichkeiten, bevor eine Entscheidung getroffen wird.
- Bilde objektive Entscheidungskriterien und orientiere dich daran.

Ist keine *rocket science*, kommt aber in vielen Meetingräumen viel zu kurz. Emotional intelligent und reflektiert in Zusammenarbeit zu gehen und dort sachbezogen miteinander zu arbeiten – so können gelebte Kollaboration und die Bildung von Netzwerken in einer Wissensgesellschaft zielführender wachsen. Oder wie es der Journalist und Autor Wolf Lotter in seinem Buch *Zusammenhänge* sehr treffend ausdrückt: »Es geht um Klartext, also möglichst transparente, nachvollziehbare Sprache. Wir sollten so reden, dass wir verstanden werden. Zu einer offenen Gesellschaft gehört ein offenes Wort. Derlei braucht ein gutes Selbstbewusstsein in die eigenen Fähigkeiten und die anderer. Diese Kräfte sorgen für Synthese, ein Wort, das in seinem griechischen Ursprung so viel bedeutet wie Verknüpfung. Nur eben dass der Knoten, der dabei entsteht, leicht lösbar ist, nicht einheitlich, auf Dauer geflochten.«[13]

In dieser Art von Synthese und Zusammenarbeit können wir mit klarerem Kopf unsere Einflussbereiche erkennen: den eigenen, den des Gegenübers, den des Teams. Ich mag den Gedanken, dass diese Einflussbereiche so etwas sind wie Bewegungsradien. Ein gemeinsamer Tanz statt eines Nahkampfs. Etwas, in dem es um die gemeinsame Entwicklung der vielen geht und nicht um das K. o. eines Gegners. Etwas Fließendes, das sogar Spaß macht.

» persevere: Beharrlichkeit trainieren

Nicht nur in Verhandlungen, sondern in jeglicher Kollaboration geht es um die Suche nach gemeinsamen Lösungen. Bis man die gefunden hat, braucht es oft einige Anläufe. In komplexen Umgebungen ist das normal. Ein erstes Nein sollte deshalb niemanden entmutigen, sondern als normale Reaktion auf neue Ideen betrachtet werden. Durchhaltevermögen ist von zentraler Bedeutung – gerade bei innovativen Ansätzen. Ich habe selbst erfahren, dass sich eine Idee wie ein Arbeitsmodell abseits der Norm nicht in einem einzigen Gespräch realisieren lässt. Es braucht dutzende Meetings. Gefühlt hunderte informelle Gespräche zwischen Tür und Angel. Es ist notwendig, immer wieder Wünsche zu formulieren, sie auf verschiedene Weise zu erklären und den Nutzen für alle Beteiligten zu betonen. *Stubborn on the vision, flexible on the details* ist ein berühmter Satz von Jeff Bezos – und ich finde ihn genau passend.

Ja, es ist anstrengend, aber ich habe in den letzten Jahren so oft erlebt, wie mangelnde Beharrlichkeit dazu führt, dass doch wieder der Status quo bedient und eben nicht in Frage gestellt wird. Eigentlich wäre es an den Unternehmen, die Strukturen der Arbeit zu verändern und neue Modelle mehr und mehr salonfähig zu machen. Das passiert aber herzlich wenig. Deshalb sind wir auch als Einzelne gefordert, neue Arbeits- und Lebensmodelle zu denken und dann bitte auch einzufordern. Und zwar laut und deutlich: Ich stelle immer wieder fest, dass wir als Individuen, auch und vor allem Führungskräfte, die sich als unabdingbar fühlen, unsere eigenen Ansprüche und Wünsche viel deutlicher formulieren müssen, immer wieder. Das gilt nicht nur für Frauen, denen oft nachgesagt wird, sie würden nicht für ihre Bedürfnisse eintreten, erst recht wenn man auf dem *career track* ist (denn man könnte ja ebendiesen aufs Spiel setzen).

Also: Wenn du anders arbeiten möchtest und Ideen hast, wie Arbeit und Leben anders kombiniert werden könnten – immer und immer wieder ansprechen, nicht nach dem ersten Nein nachgeben. Und bitte nicht nur an die Unternehmen damit herantreten, sondern auch die Partner:in, Familienmitglieder, Freundeskreis und Nachbarschaft miteinbeziehen. Auch hier wieder die Arbeit im ganzen Leben sehen und ausdiskutieren. Konkret mit Arbeitgebern: in jedem Performance-Gespräch wieder nachhaken, thematische Allianzen bilden, mehrere Optionen anbieten, die Vorteile von verschiedenen Perspektiven immer wieder verdeutlichen, sich der Bewegung hingeben – und im Zweifelsfall auch mal fünf Schritte vor und drei zurück gehen. In Business-Kontexten kennen wir es schließlich auch: Das Formulieren klarer Ansprüche ist in der Regel der Start von vielen Gesprächen. Gerade für neue, häufig innovative Lösungen braucht es viel Austausch für eine gemeinsame Lösungsfindung. Ich möchte dazu anregen, diese Haltung auch für die eigenen Wünsche, Ideen und Ansprüche zu kultivieren, was wir brauchen, wie wir Zeiten besser organisieren können, welcher Lebensbereich bei einem selbst einfach immer zu kurz kommt und für was man sich mehr Raum zu wünscht. Ja, das kann Kraft kosten, Gehör zu finden, Ideen zu verbalisieren und gegenseitig die Anforderungen zu verstehen. Aber am Ende macht es sich bezahlt, beharrlich im Dialog zu bleiben und nicht beim ersten Nein das Thema zu den Akten zu legen. Auch das ist Teil unserer Verantwortung und unseres Einflussspielraums, der teils deutlich größer ist als vermutet.

Was Unternehmen bremst: Verfilzte Strukturen

Wenn es doch so klar ist, dass intensive Kollaboration so viele Vorteile bringt – warum tun sich so viele Menschen in alltäglichen Abläufen in Unternehmen so schwer damit? Es liegt auf der Hand: Viel an Manövrierfähigkeit und schneller, empathischer Zusammenarbeit wird von wohl geölten Prozessen absorbiert – der Skalierung wegen. Umso größer eine Unternehmung, umso wichtiger die Skalierbarkeit, um jede Menge Synergieeffekte abzuschöpfen. Gleichzeitig stehen wir als Menschheit vor dem riesigen Berg an Herausforderungen, die neue Lösungswege und Innovationen brauchen, statt noch weiter perfektionierte, noch besser geölte Prozessabläufe. Der bekannte US-Ökonom Peter Drucker hat das Pendant zu dieser Denke einmal in einem bekannten Zitat auf den Punkt gebracht: *Culture eats strategy for breakfast.* Die beste (Innovations-)Strategie nutzt wenig, wenn dahinter nicht eine (Innovations-)Kultur steht, in der Ziele engagiert und kompromisslos umgesetzt werden. Ob in Start-ups oder in globalen Konzernen: Überall sehe ich ein Spannungsverhältnis zwischen dem, was über produktive Kollaboration bekannt ist, und dem, was in der Praxis gelebt wird.

Seit Jahrzehnten füllen Kommunikations- und Kollaborationsmodelle analoge und digitale Bibliotheken – ich verzichte darauf, dieses Thema hier noch einmal in der Tiefe aufzutischen. Nur so viel: In einer hochgradig volatilen Welt, in der künstliche Intelligenz eine immer größere Rolle spielt, ist es geradezu absurd, wenn weiterhin hierarchisch, intransparent und wenig partizipativ zusammengearbeitet wird. Unternehmen und Menschen *müssen* sich wie agile, schnelle, resiliente, adaptier- und lernfähige Schnellboote verhalten, wenn sie nicht untergehen wollen. Nicht nur als Einzelne, sondern auch als Gruppe. Vielen gelingt es trotzdem nicht. Höchste Zeit, die Dinge in Bewegung zu bringen!

WORKSHIFT in Unternehmen: Emotionale Intelligenz plus KI

Es liegt in der Logik der Systemdynamik: Je größer die Konzerne, desto mehr neigen sie dazu, sich in ihren inneren Strukturen zu verfilzen und immer träger zu werden. Doch auch hier gibt es eine Menge guter Ansätze, mit denen wir alte Problemfelder in neue Wirkungsfelder verwandeln können:

≫ foster EI: Emotional intelligent erfolgreich

Auf der einen Seite müssen sich Führungskräfte immer mehr mit Data Science befassen, auf der anderen Seite aber auch immer intensiver mit Emotionen und Empathie – das scheint ungewohnt. Jahrzehntelang galten Emotionen als ein Faktor, der die Arbeitsleistung beeinträchtigt und am besten aus dem Geschäftsleben herausgehalten wird – wobei das natürlich in Realität nie der Fall war, Emotionen sind ja nicht erst in den 1990ern erfunden worden. Erst in den letzten Jahren haben Organisationen verstanden, dass Emotionen und Produktivität sehr wohl zusammenhängen. Sie wirken auf alles, was für die Produktivität eines Unternehmens erfolgsentscheidend ist: von der Loyalität der Menschen im Unternehmen über Fehlzeiten und Fluktuation bis hin zu Kreativität, Innovation und Leistung.

Den Workshift zu wagen und zu gestalten, ist also nicht nur eine technische und organisationale Herausforderung, sondern auch eine emotionale. Es braucht beides: Empathie und Ratio. Doch zeigt eine aktuelle Umfrage der Adecco Group, dass Emotionen in Unternehmen heute noch immer kaum eine Rolle spielen. »Wenn man bedenkt, wie wichtig Emotionen für die Arbeit sind und wie wenig Unternehmen ihren Mitarbeitern dabei helfen, brauchen wir dringend neue Lösungen für Unternehmen, die es den Mitarbeitern ermöglichen, besser mit Emotionen umzugehen«, schreibt Dr. Jochen Menges, Lehrstuhl für Human Resource Management und Leadership und Direktor des Center for Leadership in the Future of Work der Universität Zürich. »Wir brauchen Innovationen nicht nur für die digitale Transformation von Unternehmen, sondern auch für die emotionale Transformation von Unternehmen.«[14]

Nur: Wie geht das? Um diese Frage zu beantworten, hat Adecco sich unter Executives umgehört. Ergebnis: Unter den identifizierten Strategien zur Verbesserung des emotionalen Wohlbefindens am Arbeitsplatz sind das Messen *von* und das Verantwortlichmachen der Führungskräfte *für* das emotionale Wohlbefinden der Mitarbeitenden die häufigste Maßnahme mit wirklichem *impact*. An nächster Stelle steht die Schaffung eines positiven Arbeitsumfelds, dies wurde von 45 Prozent der Befragten als praktizierte Methode genannt. Vergleichsweise wenige, nämlich nur 18 Prozent der Unternehmen, setzten »Happiness Manager« ein. Am seltensten wurden Schulungen zur emotionalen Kompetenz durchgeführt – keiner (!) der Befragten berichtete von derartigen Programmen, obwohl Forschungsstudien die Vorteile solcher Schulungen belegen. Dennoch lassen sich in den Ergebnissen einige bemerkenswerte Ansätze erkennen. Beispiele sind die Einrichtung von »Mental Health Champions«, die speziell geschult wurden, um das Wohlbefinden der Mitarbeitenden zu fördern, oder der Einsatz von Wellbeing-Apps. Ein weiterer interessanter Ansatz war die Einführung von »Engagement Catalysts« mit der Aufgabe, Gefühle der Mitarbeitenden zu messen und das Engagement der Mitarbeitenden zu steigern.

All dies zeigt: Es gibt viel Raum für die Integration von Emotionen in organisatorische Prozesse von HR bis Datenerhebung. Von einer umfassenden organisatorischen emotionalen Intelligenz sind die meisten Unternehmen wohl noch weit entfernt. Und ich frage mich: Was bringt das Drehen an der »Glücksschraube«, wenn im Unternehmen die grundlegenden Prozesse nicht optimal laufen? Wenn der Workload nicht stimmt? Die Kommunikation an allen Ecken und Enden hakt?

Das ist für mich der Grund, nicht nur auf die Emotionen zu schauen, sondern auch auf Methoden der Kollaboration – und hier hat sich all das bewährt, was mit dem Zusatz »agil« daherkommt. Denn die meisten agilen Arbeitsmethoden haben den wunderbaren Nebeneffekt, dass sie politische Spielchen erschweren. Agilitäts-Tools zielen im Kern alle auf das Gleiche ab: transparente Kommunikation, die einen hohen Grad an Synergien sowie eine zugewandte menschliche Interaktion fördert. Dadurch werden politische Spielchen und Taktieren sowie Auswüchse in eine Führungskultur nach Gutsherrenart reduziert. Von Tools wie Scrum oder Kanban profitieren aber auch Teams mit vielen introvertierten Menschen (zum Beispiel Softwareentwickler:innen, von denen einige der Tools übrigens genau aus diesen Gründen erfunden wurden), die sich damit quasi selbst zu Kommunikation überlisten können und damit die Chance auf effektive Zusammenarbeit und Innovation erhöhen.

Unternehmen und Teams sollten solche Qualitäten kultivieren, wo sie nur können. Denn je transparenter Entscheidungen getroffen werden, desto fairer werden sie wahrgenommen, und umso mehr Synergien und empfundene Selbstwirksamkeit werden gefördert. Und aus Mitarbeitenden-Sicht gibt es kaum einen besseren Benefit als die Aussicht darauf, sich nicht erst durch ein unternehmenspolitisches Dickicht schlagen zu müssen, bevor die eigene Arbeit und der eigene Impact sichtbar werden.

Bevor ich zu tief in die Vorteile und Funktionsweisen von *agile working tools* abtauche, möchte ich stattdessen noch einmal die Philosophie zu Rate ziehen, die mir oft kluge, erweiterte Perspektiven auf ein Thema öffnet. Und wenn es um Interaktion, Kollaboration und das gelungene Gespräch geht, darf einer nicht fehlen: der österreichisch-israelische Philosoph Martin Buber. Er prägte den zentralen Satz: »Der Mensch wird am Du zum Ich.« Buber stellte sich vor, dass im Austausch auf Augenhöhe etwas Neues entsteht, das der Einzelne aus sich heraus so nicht herstellen kann. Für Buber war der Dialog, die authentische Begegnung das Leben selbst.[15] Mit dieser Begeisterung für das Leben und den Austausch füreinander möchte ich für ein sehr einfaches, aber ausgesprochen effizientes Tool werben, um Transparenz, Synergien und menschliche Zugewandtheit in Teams zu fördern: Stand-ups. Das sind kurze

Besprechungen, bei denen Teammitglieder sich einander im Stand über den Stand ihrer aktuellen Arbeit informieren. Die Treffen finden tatsächlich im Stehen statt und in absichtlich eng gesetztem Zeitrahmen: zehn bis fünfzehn Minuten. Es geht um schnelle, unverschnörkelte Updates von jeder und jedem von dem, was wirklich jetzt heute dringend und wichtig ist. Ja, diese Zeit muss man erst einmal aufbringen.

Zu Beginn der ersten Stand-up-Meetings mit meinem Team, erinnere ich mich, war ich eher skeptisch, denn: »Ich und keiner von uns hat Zeit dafür!«. Ich wurde mit jedem Mal aber eines Besseren belehrt: Ein einziges Stand-up ersetzte regelmäßig eine Unzahl an hin- und hergeschickten E-Mails, dutzende Chats, jede Menge Flurfunk und endlose Meetings. *Deep work* bei allen Teammitgliedern wird damit nicht verhindert, sondern gezielt ausgelagert in die Einzelarbeit oder in intensive, richtige Meetings. Neben dem hohen Grad an menschlicher Zugewandtheit, die derartige Treffen so wertvoll macht, entstehen die praktischen Synergie-Effekte im Team mit keiner anderen Methode so effektiv: »Ach, da arbeitest du schon dran!«, »Warte, so einen Pitch habe ich schon mal erarbeitet, schick ich dir!«, oder: »Mit dem Kunden/Partner bin/war ich schon im Gespräch, *let me loop you in*.« Gerade weil man mit agilen Arbeitsmethoden wie Stand-up-Meetings Projekte nicht mehr in großen Wortwolken verhüllt, sondern in kleinteiligen To-dos sichtbar macht, sind sie meiner Ansicht nach ein großartiges, oft völlig unterschätztes Tool, um Silos abzubauen und Kollaboration zu fördern. Und ja: auch bzw. gerade Führungskräfte können in solchen Stand-ups einen Mehrwert leisten indem sie sich (ganz entgegen des prototypischen Chefs) ganz bewusst in die Karten schauen lassen. Auch, wenn nicht sogar gerade, Führungskräfte stärken den Teamzusammenhalt und ihre Führungsqualitäten, indem sie eben nicht nur verwalten und managen, sondern sich aktiv am Tagesgeschäft beteiligen und transparent damit umgehen. Bei größeren Projekten mit externen Kunden oder Partnern lässt sich das Kernteam übrigens sehr einfach erweitern – was ungemein effektiv wirkt und partnerschaftliche Kollaboration auch über die Unternehmensgrenzen hinweg fördert. Und das alles, indem man lediglich einen begrenzten Raum (Stehplätze) und eine begrenzte Zeit definiert (wenige Minuten).

Diese doppelte Begrenzung setzt das Ego (das lange und wichtige Konferenzen liebt) schachmatt und beflügelt das WIR. Die Grundlage, dass es funktioniert: gute Führung! Ein Stand-up-Meeting sollte von einer Person im Team, die nicht unbedingt die disziplinarische Führungskraft sein muss, eng (bei Bedarf durchaus streng) geführt werden, die auf Zeit, thematische Fokussierung und gegen inhaltliche Ausschweifungen diszipliniert. Denn, noch einmal: Ziel eines solchen Meetings ist nicht Ego-Performance, sondern eine offene, authentische, empathische Begegnung.

Es gibt ein Zitat des Holocaustüberlebenden, rumänisch-amerikanischen Autors und Friedensnobelpreisträgers Elie Wiesel, das mich immer wieder sehr zum Nachdenken anregt: »Das Gegenteil von Liebe ist nicht Hass, sondern Gleichgültigkeit.« Natürlich hat Elie Wiesel diese Worte im Zusammenhang mit seinem Kampf gegen Gewalt, Unterdrückung und Rassismus verwendet, aber ich bin überzeugt, dass wir gerade in großen Unternehmen zu viele Silos, zu viel Gleichgültigkeit und zu viel Verwaltung des Status quo haben. Der Schlüssel, emotionale Intelligenz gezielt einzusetzen – bei der Arbeit und im Leben –, liegt meiner Meinung nach genau darin, diese Gleichgültigkeit zu überwinden.

≫ leverage AI: Lasst die KI machen (aber nur das, was sie wirklich kann)

Künstliche Intelligenz (englisch: *Artificial Intelligence*, kurz: AI) ist DAS Thema dieser Tage (ich schreibe dieses Buch im Sommer 2023). KI wird die Zusammenarbeit in Unternehmen grundlegend verändern: Effizienz und Präzision von Arbeitsprozessen werden durch automatisierte Datenanalysen, Prozessplanungen und dergleichen auf globaler Ebene beschleunigt und erleichtert – vielleicht auch verkompliziert und anfälliger gemacht, *who knows*? Bei den großen Tech-Unternehmen ist die Entwicklung ziemlich klar: KI ist bereits in vielen Google-Produkten enthalten, die von Millionen von Menschen genutzt werden, auch in ihrem Arbeitsumfeld. Praktisch jeder arbeitet heute mit Google Maps, Google Translate und viele mit Google Lens.[16]

Google hat sich zum Ziel gesetzt, Arbeit mit Workspace-Tools noch produktiver zu machen – und dabei vor allem den Zugriff auf Wissen mit »Search Generative Experience« auf die nächste Stufe zu heben. Der »*2023 Work Trend Index: Will AI Fix Work?*« von Microsoft zeigt, dass die Intensität der Arbeit und die ständige Kommunikation schon heute die Fähigkeit der meisten Befragten (64 Prozent) übersteigt, überhaupt Schritt zu halten. 70 Prozent der Menschen in Unternehmen würden KI so viel Arbeit überlassen wie irgend möglich. Auch Microsoft ist überzeugt – als ein KI-Anbieter natürlich wenig überraschend: KI wird eine völlig neue Art des Arbeitens schaffen. Sie wird Arbeitsberge abtragen helfen und Innovationen vorantreiben. Aber KI wird die Arbeit nicht einfach »reparieren«, sondern zu einer völlig neuen Art der Arbeit führen – die Mitarbeitenden mehr Zufriedenheit im Job bringt und mehr Wertschöpfung.[17] Klingt gut. Doch spulen wir einmal zwei Jahre voraus. Überlegen wir auf Basis der kursierenden Informationen, wie KI die Art unserer Zusammenarbeit verändern wird. Wo wird es Vereinfachungen in der Zusammenarbeit geben – und welche neuen Herausforderungen tauchen auf?

Vermutlich wird es uns 2025 völlig normal erscheinen, dass unsere Teams mit KI-Unterstützung zusammengestellt werden: KI forscht in den Datenbanken nach Menschen mit der genau passenden Expertise, Erfahrung und Persönlichkeit. Vielleicht passt der Arbeitsstil dieses einen Experten besonders gut zu den anderen Teammitgliedern, und dass er am liebsten morgens um vier arbeitet, während die Kollegin nachmittags um fünf Uhr am produktivsten ist, passt gut zu den Partnern auf anderen Kontinenten. Doch wie sieht es mit den versteckten Vorurteilen (*bias*) aus, die sich in den Algorithmen verstecken? Wird es möglich sein, KI von Sexismus, Rassismus, Ableismus zu befreien? Werden bisher in Recruiting-Prozessen immer wieder übersehene Menschen von KI endlich »entdeckt«, oder wird die Maschine die heutige Norm nur extrapolieren? Auf viele dieser fundamentalen Fragen gibt es zurzeit noch nicht viele Antworten. Gerade deshalb habe ich mich entschieden, diesen Workshift im Einerseits/Andererseits-Modus zu durchdenken – also aufzuzeigen, was sicherlich unseren Arbeitsalltag erleichtern wird, gleichzeitig aber auch kritisch weiterzufragen, was gerade eben vielleicht nicht möglich sein wird / möglich sein soll:

KI organisiert zwar Meetings, schreibt optimale Stundenpläne, bucht Meetingräume und Technik, erinnert an Termine und Fristen. Sie wertet frühere Projekte aus, um daraus zu lernen und Workflows zu optimieren. Vielleicht identifiziert sie auch chronische Prokrastinierer und entwirft maßgeschneiderte Schulungen und Termin-Hacks nur für diese. Damit sich die Mitglieder der Teams immer rechtzeitig erholen, bevor sie von ihrer Arbeit völlig erschöpft sind, errechnet KI aus den Daten ihrer Wearables, wann sie Pausen machen und Sport treiben sollen, und was sie am besten essen. Andererseits: Welcher Mensch in einem Unternehmen ist bereit, sich das Heft für seine Lebensführung derartig weitgehend aus der Hand nehmen zu lassen? Und wie flexibel kann KI auf Veränderungen in der Zusammenarbeit reagieren, wenn nur bruchstückhafte Daten vorliegen?

KI erleichtert Rekrutierungs- und Einstellungsprozesse, das Scannen und Sortieren von Lebensläufen kann fast vollständig an die Maschine outgesourct werden und die Entwicklung von auf die Bewerberinnen und Bewerber zugeschnittenen Cases und Assessment Centern entwickelt sich fast von selbst. Andererseits: wie hoch ist die Qualität dieser Talent-Pipeline? Die KI-Expertin, Autorin und Gründerin Mina Saidze schreibt in ihrem Buch *FairTech: Digitalisierung neu denken für eine gerechte Gesellschaft*, dass KI keinesfalls frei von Voreingenommenheit ist und deshalb auch nicht automatisch auf eine höhere Qualität des BewerberInnen Pools geschlossen werden kann. Sie weist darauf hin, dass »KI-gestützte Recruitingsysteme [...] indirekt von vorhandenen Vorurteilen beeinflusst werden können, [...] dass jede menschliche Voreingenommenheit, die möglicherweise bereits im Rekrutierungsprozess vorhanden ist – selbst wenn sie unbewusst ist –, von der KI erlernt werden könnte, auch wenn sie offiziell nicht berücksichtigt werden soll.«[18]

KI erledigt zwar repetitive und zeitaufwändige Aufgaben, findet Dokumente und Daten, entdeckt Fehler, bereitet Daten für Entscheidungen auf und findet Muster in Daten, die zu Innovationen führen können. So schafft KI Freiräume für *deep work* und kreative Arbeit.

»This new generation of AI will remove the drudgery of work and unleash creativity«, meint auch Satya Nadella, Microsoft Chairman und CEO. »There's an enormous opportunity for AI-powered tools to help alleviate digital debt, build AI aptitude, and empower employees.«[19] Andererseits: KI kann selbst weder innovative oder disruptive Ideen erzeugen. KI errechnet immer nur Wahrscheinlichkeiten, dies aber mit beeindruckender, vielleicht sogar einschüchternder Präzision. Wird KI damit echte Innovation in Kollaborationen verhindern? Und weiter: Schon heute unterstützt KI mit Echtzeitübersetzung zwar die Kommunikation über Sprachgrenzen hinweg, hilft bei Videokonferenzen mit Echtzeit-Transkription, unterstützt den internen Austausch von Best Practices und Feedback. Chatbots erleichtern die interne sowie die Kundenkommunikation, rund um die Uhr. Andererseits: Was passiert, wenn KI kulturelle Feinheiten nicht versteht, keine Kontexte in ihre Berechnungen einbezieht, Ironie für bare Münze nimmt, Mehrdeutigkeiten falsch interpretiert? KI hat keine Intuition, keine Empathie, keine Ethik. So kommt es zwangsläufig zu Missverständnissen und zu Fehlern. Wie werden wir diese Fehler rechtzeitig so auffangen, dass sie Kollaboration nicht behindern oder sogar zerstören?

Da ich kein KI-Engineer bin, bezieht sich meine Erfahrung auf die üblichen Cloud-Collaboration-Tools von Google, Microsoft, Slack & Co. und auf frei zugängliche KIs wie ChatGPT. Ja, und wie wohl die meisten von uns eigne ich mir gerade neue Kommunikationsformen an, um besser mit KI zu interagieren (Stichwort: *prompting* – die Kunst, der KI die richtigen Fragen zu stellen). Allein diese rudimentären Erfahrungen legen schon die Vermutung nahe, dass KI die Art, wie wir kollaborieren, völlig verändern wird. Und, dass Kollaboration dadurch sehr viel effektiver wird, aber auch sehr viel anspruchsvoller und anfälliger für Fehler. Hier müssen wir jetzt die Weichen stellen: Möchten wir in Zukunft KI dabei zuschauen, wie sie mit anderen KIs kollaboriert – und deren Fehler ausmerzen? Oder möchten wir selbst mit unserer Kreativität über uns hinauswachsen – damit wir nicht nur präzise das tun, was laut KI am meisten wahrscheinlich ist? Sondern das, was MÖGLICH ist?

Wie auch immer Entscheider:innen in Unternehmen diese Fragen für sich beantworten: Starten müssen sie. Hier einige Vorschläge:

- **Relevante Tools testen:** Am besten möglichst nahtlos in die Prozesse des Unternehmens einfügen, testen, von Kolleginnen und Kollegen lernen, die es im Zweifelsfall schon besser wissen – und von der KI!
- **Zugang zu allen wichtigen KI-Tools ermöglichen,** auch privat. Erst dann, wenn Mitarbeitende nicht mehr für jede App eine Genehmigung einholen müssen, sind auch größere Unternehmen für Talente so attraktiv wie agile Start-ups.
- **Weiterbildung von Führungskräften** – damit sie nicht nur »managen«, sondern auch führen. Gerade in einer Zeit, die viele Mitarbeitenden auch im Hinblick auf die KI-Entwicklungen verunsichert, sollten sich Führungskräfte nicht nur durch Fachkompetenz auszeichnen, sondern vor allem durch menschliche Qualitäten wie Empathie, Kommunikationsstärke, Offenheit und eigene Lernfähigkeit.[20]

≫ encourage actual leadership: Führung und Kollaboration sind kein Widerspruch

Die Formulierung *act like an owner* mag ich sehr, auch wenn sie sehr nach Business-Kühlschrankmagnet klingt. Sie bedeutet, sich wirklich selbst als Führungskraft zu verstehen, ganz gleich in welchem Kontext, unabhängig vom Titel – und entsprechend zu handeln. Meine Erfahrung: Wer nicht kollaborieren kann, der kann auch nicht wirklich führen – und das gilt vor allem in Krisenzeiten. Zwar wird mancherorts wieder mehr auf *command-and-control*-Strukturen gesetzt: auf Hierarchien, in denen Entscheidungen und Anweisungen von oben nach unten durchgereicht werden. Hierarchische Führungsebenen kontrollieren und überwachen die »untergebenen« Fachkräfte entlang klarer Befehlsketten und Autoritätsverhältnisse. In Krisenzeiten kann das die Effizienz und das Tempo einer Organisation erhöhen. Vor dem Hintergrund einer überstandenen Pandemie, einer tiefen wirtschaftlichen Verunsicherung, sozialer Unruhen und neuen, verheerenden Kriegsschauplätzen auf der Welt, ist der Wunsch nach Führung mit harter Hand vielleicht sogar verständlich. Jede Krise ist eine Herausforderungen für Führungskräfte. Es gilt, die tiefe Verunsicherung der Menschen im Unternehmen und auf Kundenseite aufzufangen – und gleichzeitig die wirtschaftliche Tragfähigkeit des Unternehmens zu sichern. Das heißt: Leadership muss gleichzeitig risikoaffin, schnell, direktiv sein – und empathisch und transparent. Ist die schlimmste Krisenphase vorbei, müssen die »mutigen, risikoaffinen und schnell getroffenen Entscheidungen« wieder einem »überlegten, orchestrierenden Führungsstil weichen, der es schafft, unterschiedliche Perspektiven und Ideen nutzbar zu machen.« So zumindest sieht es die Unternehmensberatung Deloitte. »Wer jetzt in seiner ›One-Leader‹-Pose verharrt, verliert die Menschen.«[21]

Aus Unternehmenssicht ist eigentlich klar, was zu tun ist, um wirklich gute Führungskräfte zu gewinnen und zu entwickeln: sie endlich für ihre *Führungs*qualitäten zu belohnen. Es ist mir ein Rätsel (oder eigentlich nicht, deshalb gibt es in diesem Buch das Kapitel »Wirkungsfeld: Kennzahlen«), wie leicht es Organisationen einerseits fällt, Mitarbeitende, die fantastisch verkaufen, grandios programmieren oder hervorragend verhandeln, für ihre fachliche Kompetenz zu belohnen und aufgrund dieser Erfolge sehr oft in Führungspositionen mit Personalverantwortung zu befördern. Andererseits ist dies sehr oft nicht der Fall bei Menschen, die hervorragend befähigen, vernetzen, begeistern und fördern. Deshalb wird Fachkompetenz belohnt (weil eindeutig messbar) und Führungskompetenz eher als *nice to have* oder für jeden erlernbar abgetan. Das halte ich für falsch. Die Unterscheidung zwischen Fach- und Führungskarriere wird in einigen Unternehmen schon lange diskutiert, zum Teil auch praktiziert – und ich finde: zu Recht. Denn nicht jede:r ist gemacht zum *dare to lead* – wie der Bestseller einer meiner Lieblingsautorinnen zu dem Thema, der amerikanischen Professorin Brené Brown, heißt.

Führungskraft könnte man übrigens auch »für uns Kraft« aussprechen. Das »für uns« zeichnet sich aus durch kommunikative und soziale Kompetenzen, die Reflexion der eigenen Stärken und Schwächen, die stärkenorientierte Zuweisung von Aufgaben und Personen in Teams, die Orchestrierung der Zusammenarbeit in Teams und funktionsübergreifend, aber auch das Wissen, dass Führung nicht gleich

Führung ist, sondern auch von den jeweiligen Profilen der Teammitglieder abhängt – all das erfordert Wissen, Erfahrung und Fingerspitzengefühl. Der skalierbare *One-size-fits-all*-Ansatz ist bei Themen mit und für Menschen schlicht und ergreifend nur schwer einsetzbar. Deshalb, liebe Entscheidungsträger:innen: Investiert in die richtige Aus- und Weiterbildung von Führungskräften – zu führen (nicht nur managen). Entwickelt Organisationen so, dass sich Führungskräfte mit Personalverantwortung nicht mehr primär durch Fachkompetenz, sondern vor allem durch menschliche Qualitäten wie Empathie, Kommunikationsstärke, Offenheit und eigene Lernfähigkeit auszeichnen und auch dadurch beruflich vorankommen können. Davon profitieren letztendlich alle: Menschen in Unternehmen sind soziale Wesen und gerade wenn wir effektiv kollaborieren wollen, brauchen wir Reflexionspartner:innen. Und dort, wo die meisten von uns ihre meiste Lebenszeit verbringen – mit (Erwerbs-)Arbeit –, sind es nun mal Führungskräfte, die genau dafür die größten Multiplikatoren sind.

Von Pa Sinyan, Regional Managing Partner EMEA beim Forschungs- und Beratungsunternehmen Gallup, habe ich gelernt,[22] dass es drei Kategorien von Führungskräften gibt: Die erste Gruppe glaubt nicht an die Kausalität zwischen menschlichen Führungsqualitäten und Unternehmenserfolg; die zweite Gruppe glaubt vielleicht daran, hat aber das Handwerkszeug für gute, effektive Führung nicht; die dritte Gruppe – laut Pa vielleicht die schwierigste – sind Menschen, die trotz aller Aus- und Weiterbildung nicht zum Führen gemacht sind. Für Menschen dieser Gruppe ist Leadership ein unglaublich hoher Aufwand, und Freude macht ihnen eine solche Rolle sowieso nicht.

Das heißt für Unternehmen: Drum prüfe, wer Führungskräfte bindet! Einerseits gibt es viele Menschen, die sich für geborene Leader halten, aber nicht führen können – andererseits halten sich Menschen für führungsschwach, sind aber starke Teamleader. Häufig wird in diesem Zusammenhang das Impostor-Syndrom genannt: Selbstzweifel von meist leistungsstarken Personen, die ihre objektiven Erfolge nicht ihren eigenen Fähigkeiten zuschreiben und Angst haben, als Hochstapler (englisch: *impostor*) entlarvt zu werden. (Hallo? Fühlt sich jemand ertappt?) Natürlich gibt es auch den umgekehrten Fall:

Menschen, die ihr eigenes Wissen und Können überschätzen, weil sie sich für ein bestimmtes Thema interessieren und daraus automatisch schließen, dass dies auch ihre Stärke oder ihr Talent ist. Das nennt man den Dunning-Kruger-Effekt. Ich bin mir sicher, dass jeder, der dieses Buch liest und insbesondere in der Privatwirtschaft tätig ist, diesen Effekt bei sich und anderen schon erlebt hat. Warum ich dieses Thema hier anspreche? Weil Unternehmen und Entscheider:innen in Organisationen diese beiden Effekte immer und immer wieder in Betracht ziehen sollten, wenn sie Menschen in führende Rollen bringen.

» share those jobs: Die Königsdisziplin der Kollaboration

Jobsharing ist für mich *der* Idealfall einer Arbeitsweise, die ohne ständiges Taktieren um die eigene Position auskommt. Mehr noch: Die sogar nur dann richtig gut funktioniert, wenn die Jobsharer eben nicht ständig politisch taktieren: weil das nicht nur dem Einzelnen nichts bringt, sondern sogar beiden schadet; weil man die gleichen Ziele hat und daran gemessen wird; weil man die Stärken und Schwächen des anderen ohnehin so gut kennt, dass Bullshit-Bingo keine Chance hat, und weil man einfach keine Zeit für politische Spielchen hat (wie die meisten Teilzeitkräfte – deshalb sind sie so produktiv!).

Jobsharing ist ein innovatives Arbeitsmodell, das bisher überwiegend ein Nischendasein fristet – aber das Potenzial hat, flexible Arbeitsmodelle in jeder Branche, in jeder Unternehmensgröße ganz nach vorn zu bringen. Eben genau mit dem Nebeneffekt, dass flexibilitätsbedingte Reibungsverluste signifikant zurückgehen.

Jobsharing: Was ist das eigentlich?

Kurz gesagt geht es im Jobsharing darum, dass sich zwei oder mehr Menschen in einem Unternehmen eine Position teilen. Aufgaben, Verantwortungsbereiche, Zielvereinbarungen sowie Arbeitszeiten werden in Abstimmung mit dem Unternehmen festgelegt und in gemeinsamer Verantwortung aufgeteilt und erfüllt. Aus betriebswirtschaftlicher Sicht wird ein Jobsharing so kalkuliert: Zwei Menschen teilen eine volle Arbeitsstelle individuell auf, sei es im Verhältnis 50/50, 60/40 oder 70/30. Je nach Unternehmensrichtlinien, Erfahrungsniveau und Aufgabenbereich kann eine Vollzeitstelle sogar auf 120 bis 140 Prozent erweitert werden, zum Beispiel in einer 60/60- oder 70/70-Aufteilung. Der Vorteil daran: Wenn Person A von Montag bis Mittwoch arbeitet und Person B Mittwoch bis Freitag übernimmt, wird Mittwoch zum festen Tag für gemeinsames Arbeiten und für die Übergabe. So sind beide immer informiert und einsatzbereit.

Wie werden Aufgaben im Jobsharing geteilt?

Jobsharing-Partner:innen gestalten im besten Fall ihre Arbeitsweise, -beziehung und Aufgabenaufteilung in hohem Maße eigenverantwortlich. Handlungsleitend sollte dabei das sein, was für die Aufgabe professionell notwendig und effektiv umsetzbar ist. Und nicht eine definitorische Haarspalterei darüber, was denn nun ein Jobsharing im Unterschied zu einem Job-Split sei. Davon halte ich nichts: In der Praxis ist das uneffektiv und spielt denjenigen in die Hände, die Jobsharing ohnehin in die »Funktioniert nicht!«-Schublade abgelegt haben.

Konkret sehe ich im Jobsharing drei Prinzipien, nach denen man sich zunächst aufstellen kann – in der Praxis muss die Art der Kollaboration dann agil an einzelne Projekte, Aufgaben und Kunden angepasst werden:

- **Sharing a job:** Die Arbeit wird buchstäblich geteilt, das Tandem agiert nach innen und außen wie eine Person.
- **Project ownership:** Manchmal ist es am effektivsten Aufgaben oder Projekte nach Kompetenzen, Zeiten, Kunden, Erfahrung und so weiter aufzuteilen. In diesem Fall kann ein Szenario wie folgt aussehen: Person A ist für ein bestimmtes Projekt federführend, daher

werden Meetings und Kommunikation von A geleitet. B steuert parallel dazu eigene Projekte. Regelmäßig halten sich beide Personen auf dem Laufenden, sodass jede die Aufgaben der anderen in deren Abwesenheit nahtlos übernehmen kann.
- **Agility first:** Jobsharing ist nie in Stein gemeißelt. Wie genau Aufgaben geteilt werden, hängt immer stark von den einzelnen Zielen und Inhalten, ihrer Tiefe und Komplexität ab. Ohne permanentes Neu- und Nachjustieren ist Jobsharing nicht möglich.

Deshalb ist die persönliche Passung und das Vertrauen zwischen den Jobsharing-Partner:innen so entscheidend – und auch das Vertrauen zu ihren Vorgesetzten. Grundlage ist ein Set an Skills, das an jeder Position wichtig ist, im Jobsharing aber existenziell entscheidend:

- transparente Kommunikation, Austausch und Koordinationsgeschick,
- eine gut strukturierte und organisierte Arbeitsweise,
- Flexibilität und Kompromissbereitschaft,
- Fokus weg vom eigenen Ego und hin zu der Freude, im »Wir« zu wachsen und zu wirken.

Wie findet man eine:n Jobsharing-Partner:in?

Ich wünschte, ich hätte eine Patentlösung auf diese Frage. Habe ich aber leider nicht, denn es gibt kaum Unternehmen mit eigener Jobsharing-Partnerbörse. In meinem persönlichen Fall, aber auch von den vielen Tandems, die ich mittlerweile kennenlernen und begleiten durfte, war es in den allermeisten Fällen der ständige Austausch im Unternehmen, das Signalisieren, für Jobsharing offen zu sein, das permanente Gespräch lateral, vertikal, cross-funktional – bis sich jemand gefunden hat.

Welche Vorteile bringt Jobsharing – für alle Stakeholder?

Als modernes Teilzeitmodell mit großer Flexibilität hat Jobsharing eine ganze Reihe an Vorteilen zu bieten. Leider ist die Studienlage aufgrund der Nischigkeit noch sehr dünn. Die Praxis und der Austausch mit mittlerweile sehr vielen Job-Tandems haben mir jedoch gezeigt, dass Jobsharer in der Regel zufriedener und leistungsfähiger sind als viele regulär arbeitenden Kolleginnen und Kollegen. Hier die wesentlichen Vorteile im Überblick:

- Es gibt so gut wie keinen Ausfall oder Stillstand. Weder, wenn eine Person gerade nicht »am Platz« ist, noch in Urlaubszeiten und (sehr selten) Krankheitsfällen,
- Jobsharing steigert Engagement und Produktivität, insbesondere wenn Jobs nach individuellen Stärken aufgeteilt werden,
- Es ermöglicht gezielte Besetzung von Positionen mit ergänzenden Fähigkeiten und Lernmöglichkeiten untereinander,
- Es fördert Innovation durch vielfältige Perspektiven,
- Jobsharing reduziert Fehler dank des Vieraugenprinzips,
- Es verteilt Verantwortung effektiv und verringert das Risiko von Stress und Burnout,
- Es vereinfacht die Einarbeitung von Nachfolger:innen durch Wissenstransfer zwischen den Jobsharing-Partner:innen,
- Jobsharing erhöht die Mitarbeiterzufriedenheit, stärkt die Bindung ans Unternehmen, signalisiert eine moderne Arbeitskultur und verbessert so das Employer Branding.

Das Tandem bauen

Meine eigene Jobsharing-Aufteilung bedeutete, dass wir eine 100-Prozent-Vollzeitstelle durch das Jobsharing auf mehr als 100 Prozent vergrößert hatten.[23] Noch genauer: Wir haben unsere beiden 60-Prozent- und 70-Prozent-Jobs zu insgesamt 130 Prozent addiert. Haben wir also 30 Prozent Zusatzkosten verursacht? Aus Sicht der HR-Abteilung zunächst einmal: Ja. Jobsharing bedeutet einen gewissen Verwaltungs- und Organisationsaufwand, bedeutet höhere Lohn- und Nebenkosten und mehr Risiko, falls das Jobsharing-Team doch nicht zueinanderpasst und auseinanderbricht (was letztendlich in *jeder* anderen Teamkonstellation ein Risiko darstellt!). Ja, wir brauchten auch zwei Stühle und zwei Laptops.

Doch die Vorteile überwiegen, bestätigt auch Dr. Nina Gillmann. Sie ist Volkswirtin, war zwölf Jahre lang Beraterin bei McKinsey & Company und ist Mitgründerin der Plattform *Twise*, die weiblichen Führungskräften passende Jobs vermittelt – vor allem auch Tandempartnerinnen. Ihrer Erfahrung nach profitieren nicht nur die Chefinnen selbst von Tandem-Modellen, sondern auch deren Führungskräfte:»Die Qualität der Endprodukte ist viel besser — denn ihre Ergebnisse sind schon im permanenten Sparring entstanden.« Im Zusammenspiel von Menschen entsteht das Neue.»Das passiert eher selten, wenn man allein am Schreibtisch sitzt und sich denkt: Jetzt bin ich mal innovativ.«[24] *Twise* ist wie Tinder für Job-Tandems. Und damit ist die Analogie noch nicht zu Ende. Tatsächlich ist es auch im Jobsharing klug, schon beim ersten»Date« an Durststrecken und auch an ein mögliches Ende zu denken. Hier also eine kleine Wegbeschreibung für Job-Tandems:

- **Erstes Date**: Mindsets, Wertvorstellungen, Kompetenzen, Talente und Interessen abgleichen.
- **Kollaboration feintunen**: Wenn sich Kompetenzen überschneiden, (digitale) Kollaborationstools und Kommunikationsstrategien vereinbaren; bei sich ergänzenden Kompetenzen Schwerpunkte festlegen.
- **Metaebene einbeziehen**: Wie diskutieren wir über Zuständigkeiten? Wie lösen wir Konflikte?
- **Exitstrategie**: Schon zu Beginn klären, wie eine oder beide Jobsharer geschmeidig und unfallfrei vom Tandem absteigen – und das Vehikel ans nächste Team übergeben werden kann.

Connecting the Dots

»Alles wirkliche Leben ist Begegnung«,[25] sagt Martin Buber. Wo Menschen miteinander sprechen und kooperieren, da sind Kollaborationen lebendig, da sind Gemeinschaften resilient, da wird gutes Leben möglich. Was, wenn diese Begegnung fehlt? Wir müssen uns heute fragen: Wie sind unsere aktuellen Normen in Bezug auf unsere Bereitschaft und Fähigkeit zur Kollaboration verbunden mit den noch größeren Krisen unserer Zeit?

Der politische Faden: Dialog macht Politik

Wir erleben heute auf allen Ebenen, dass es an Zusammenarbeit fehlt. Im Privaten, in den Familien und Freundeskreisen, verschwindet die Zeit des gemeinsamen Gesprächs, weil die Attraktion der Pseudo-Gespräche auf Social Media und der Unterhaltung durch Netflix und Co. attraktiver erscheint. Im politischen Raum degeneriert Dialog zum Gladiatorenkampf: statt Begegnung – Show. Öffentlicher Dialog wird an den Rand gedrückt mit den rhetorischen Allzweckwaffen »Alternativlosigkeit« und »Dringlichkeit«. Dabei wäre in einer krisengeschüttelten Zeit eine nüchterne, öffentliche Reflexion umso wichtiger. Sie findet nicht statt – und das befördert die gesellschaftliche Destabilisierung durch Verschwörungsideologien, Fake News und Hass ...

Der Philosoph und stellvertretende Vorsitzende des Deutschen Ethikrats, Julian Nida-Rümelin, beschreibt in seinem Buch *Cancel Culture – Ende der Aufklärung?* den Zusammenhang zwischen abnehmender Gesprächs- und Kollaborationsfähigkeit einer Gesellschaft und der Entwicklung von Demokratien sehr gut: Historisch gesehen ist eine Verbotskultur von der einen oder anderen politischen Seite eigentlich der Normalfall. Was historisch gesehen aber nicht der Normalfall ist:

die Demokratie. Demokratien beruhen auf der im Grunde radikalen Idee, dass alle Meinungen gehört werden, um das Leben für möglichst viele Menschen in der *polis* (antikes griechisches Wort für Stadtstaaten, Wortstamm für Politik heute) gut organisiert werden kann. Politisch kollaborations- und diskursbereit zu sein, gerade wenn die mir entgegengebrachten Motive und Argumente *nicht* die meinen sind, ist schwer – und doch inhärente Basis einer jeden Demokratie. Was passiert, wenn Politiker:innen die Fähigkeit und den Willen zur Kollaboration über Parteigrenzen hinweg immer mehr verlieren, können wir in mehr als nur einer westlichen Demokratie seit Jahren schmerzlich miterleben.[26]

»Wo das politische Handeln öffentliche Reflexionszeit unterbindet und unter Legitimationsdruck von Beschleunigung setzt«, so erklärt der Sozialphilosoph Oskar Negt den Grund, »mehren sich untergründig unbearbeitete Probleme, *die Zonen unterschlagener Wirklichkeit*.«[27] Deshalb sind vorpolitische Räume in dieser Zeit so wichtig: Vereine und Sportplätze, Jugendzentren, Clubs, Bibliotheken. Beim Morgen.Salon habe ich von der Referatsleiterin in der Hamburger Behörde für »Kunst, Literatur und Kreativwirtschaft«, Inga Wellmann, gelernt, dass man diese Räume »Dritte Orte« nennt. Ich habe erst rückblickend verstanden, dass auch der Morgen.Salon diese Funktion in gewisser Weise erfüllt. Dritte Orte sind Treffpunkte, die nicht sofort verzweckt werden beispielsweise für Konsum, sondern für den Austausch oder nachbarschaftliche Gemeinschaft da sind. Also auch Orte, »wo Menschen zunächst aus eher unpolitischen, hobbymäßigen Motiven zusammenkommen, sich nebenbei aber auch über die Probleme im Gesundheitssektor, den Sinn des Mietendeckels oder die Grenzen der Meinungsfreiheit austauschen«.[28] Hier finden Diskussionen, Proteste, zivilgesellschaftliche Aktivitäten und informelle politische Partizipation statt, die den Grundstein für politisches Handeln legen können. Es sind Orte, an denen geübt wird, an denen sich neue, vielleicht zunächst unausgegorene Gedanken in bessere Argumente und dann gesellschaftsfähige Überzeugungen verwandeln. Und schließlich – vielleicht, hoffentlich – auch in Handlung zu übersetzen. So wird Dialog zu Kollaboration und Kollaboration zu Politik.

Politik kann all diese vorpolitischen Räume stärken. Ein erster Schritt wäre eine Stärkung der Diskussionskultur, ein besseres Verständnis politischer Prozesse einerseits und der Gefahr propagandistischer Fake News andererseits, indem diese Themen schon in Schulen und Universitäten adressiert, kultiviert und trainiert werden. Plattformen und Organisationen für Bürgerbeteiligung und zivilgesellschaftliche Aktivitäten könnten den Raum für informellen Dialog und Austausch erweitern. Darüber hinaus braucht es sicherlich neue Formen der Zusammenarbeit zwischen Politik, Zivilgesellschaft und allen möglichen Formen der Begegnung über klassische Medien und Social Media, Kunst, Bildung und öffentliche Veranstaltungen, die dazu beitragen können, offene Räume für demokratischen Austausch und Meinungsvielfalt zu schaffen und zu bewahren.

Der grüne Faden: Gemeinsam für eine lebenswerte Welt

Was geschieht, wenn wir zuerst die Kollaboration in uns selbst als Ausdruck innerer Reife kultivieren und diese dann im Umgang mit anderen praktizieren? Es entsteht ein wunderbarer *Spill-over*-Effekt, der sich auf unsere direkte Umwelt auswirkt. Im Idealfall entsteht eine neue Normalität, in der wir Ressourcen teilen, in der wir individuelle Mobilität nicht mehr isoliert, sondern für die Gemeinschaft organisieren, in der wir Kinder nicht mehr gestresst allein, sondern entspannt gemeinsam betreuen. Wenn wir uns selbst als individuelle Kraft begreifen und gleichzeitig als untrennbaren Teil eines größeren Ganzen, öffnen sich unsere Augen für die gemeinsamen Ressourcen, die uns umgeben, und wie wir mit ihnen umgehen. Diese Erkenntnis hilft uns, den fundamentalen Denkfehler des modernen Westens zu überwinden: die Vorstellung einer künstlichen Trennung zwischen Mensch und Natur; die Behauptung, der Mensch stehe über allem anderen Leben und alle Materie sei ihm untergeordnet. Diese Trennung ist weder ein Naturgesetz noch das Ergebnis der Evolution – sie ist eine fixe

Idee, die viele Kulturen dieser Welt zu Recht nicht teilen. Und stattdessen sehen: Wir als Menschen sind Teil der Natur, sind untrennbar mit ihr verbunden.

Es geht also darum, unsere Vorstellungen zu überdenken: Nicht mehr den Einzelnen im Kampf gegen die Anderen sehen, sondern alle als Teil einer Kollaboration. Nicht mehr Eroberung und Ausbeutung des Planeten als Auftrag zu verstehen, sondern die gemeinsame Fürsorge für den Planeten. Um das zu erreichen, müssen wir unsere Denkmuster in allen Bereichen verändern. In der Theorie müssten wir die Wirtschafts- und Geisteswissenschaften nicht länger isoliert von den Naturwissenschaften betrachten, sondern sie integrieren. In der Praxis müssten wir erkennen, dass die Wirtschaft nicht im Gegensatz zu den Bedürfnissen und Handlungen der Menschen steht, sondern eng mit den Menschen verwoben ist.

So esoterisch das klingen mag, wir müssen diese Perspektive im Hinblick auf die Klimakatastrophe immer wieder einnehmen. Mit ihr geht eine größere Verantwortung einher: Alles, was ich denke, wie ich es denke, was ich tue, wie ich es tue und vor allem mit wem ich es tue, wirkt direkt oder indirekt auf den Planeten zurück. Nein, strukturelle Probleme lassen sich nicht auf der individuellen Ebene lösen. Aber es ist falsch, daraus zu schließen, dass die und der Einzelne sowieso nichts ändern kann. Wir können – vor allem, wenn wir kollaborieren. Oder, wie es Frank Adloff, Professor für Soziologie an der Universität Hamburg, in einem Morgen.Salon formulierte: »Wir brauchen mehr WIR im Morgen.«

WIRKUNGSFELD: VIELFALT

Warum wir alle vielfältiger sind als gedacht, wie ein Leben mit vielen Hüten gelingen kann und mit welchen Hebeln die Wirtschaft vielfältiger, gerechter und inklusiver wird.

Warum Menschen
Vielfalt so schwerfällt

Vorab ein wichtiger Disclaimer zu diesem Kapitel: Ich bin halb Griechin, halb Deutsche und habe aufgrund meines Geschlechts, meines Charakters oder meines Aussehens eine Reihe an Diskriminierungserfahrungen gemacht – aber im Grunde identifiziere ich mich als weiße Frau. Und in den letzten Jahren ist mir immer mehr bewusst geworden, wie sehr ich unterbewusst meine eigene Zugehörigkeit für selbstverständlich gehalten habe. Wenn ich über meine eigenen intersektionalen Privilegien nachdachte, die nicht nur beinhalten, dass ich weiß bin, sondern auch, dass ich cis, heterosexuell, körperlich gesund bin oder einen deutschen Pass habe, wurde mir klar, wie sehr das mein Verhältnis zu anderen beeinflusst. Ich habe mich zum Beispiel mehr über die Erfahrungen von Minderheiten und marginalisierten Gruppen im globalen Norden und Westen informiert und diesen Erfahrungen unbewusst auch mehr Bedeutung zugeschrieben als zum Beispiel den Erfahrungen von Muslimen in Malaysia, Myanmar oder Schwarzen in Südafrika oder Simbabwe. Das alles ist kein Fehler, ich habe nur mit viel Demut gelernt, wie klein mein eigener Horizont ist und dass Vorurteile in jegliche Richtung niemandem helfen. Ich versuche also, beim Schreiben und im Leben immer von der Möglichkeit auszugehen: Mein Gegenüber hat wahrscheinlich vulnerable Punkte, Erfahrungen der Privilegierung sowie der Diskriminierung gemacht, die sich mir nicht beziehungsweise nie gänzlich erschließen werden – genauso wenig wie umgekehrt.

Und: Wenn ich in diesem Kapitel über Vielfalt spreche, tue ich das nicht nur auf Basis der Datenlage und von Beobachtungen, sondern auch, weil ich in diesem Bereich selbst aktiv gearbeitet habe: Zuletzt im HR-Bereich des Tech-Konzerns, für den ich lange tätig war, aber vor allem auch in diversen Beratungsmandaten in Unternehmen. Noch wichtiger: Ich berufe mich in diesem Kapitel auf möglichst aussagekräftige Studien – wobei schon das schwierig ist. Denn: Wie lässt sich zum Beispiel der Einfluss eines mehr oder minder divers besetzten Führungsgremiums auf den wirtschaftlichen Erfolg eines Unternehmens sauber von anderen Einflüssen abgrenzen? Schwierig. Und wie umgehen mit dem Fakt, dass zumeist das Thema »Gender« gemessen wird, weil sich in den Unternehmen Daten dazu finden, andere Einflussgrößen wie die Selbstwahrnehmung als Person of Colour und/oder mit indigenen Wurzeln (*Black, Indigenous* und *People of Colour*, kurz: BIPoC), die sexuelle Orientierung oder die religiöse Zugehörigkeit aber nicht? Gar nicht so einfach bei der unendlichen Zahl an »Zwischentönen«, die den Menschen in jeglicher Hinsicht auszeichnen und jeden Einzelnen zu etwas Besonderem machen.

In diesem Kapitel geht es mir grundsätzlich um zwei Perspektiven: eine äußere und eine innere. Zuerst die äußere: In jedem Menschen ist die Fähigkeit angelegt, alle, die anders aussehen, sprechen oder lieben, erst einmal zu verurteilen – das ist in unserem Ur-Hirn so angelegt, war vor abertausenden Jahren für unser Überleben wichtig, sollte es in einer zivilisierten, gleichberechtigten Welt aber *eigentlich* nicht mehr sein (dass es vielerorts faktisch trotzdem so ist, das ist ein anderes Thema). Wer auf diese Weise diskriminiert, wertet den »Anderen« ab. Und das meint oft: Er wertet Vielfalt ab. Das ist die erste, die äußere Perspektive auf dieses Thema.

Es gibt noch eine zweite Perspektive, die ich den Verlust der inneren Vielfalt nenne: statt mit dem Kind zu spielen – arbeiten. Statt in Ruhe das Buch zu lesen, das man schon so lange lesen wollte – arbeiten. Statt Freunde zu treffen, zu schwimmen, zu tanzen – arbeiten. Irgendwann kommt bei den allermeisten der Tag, an dem das dezimierte Selbstbild so unangenehm zwickt wie ein zu eng gewordener Pulli. Nicht jeder hat das Privileg, in diesem Moment aufzustehen und zu sagen: »Es reicht!« Und doch gab es in den vergangenen Jahren immer mehr Stimmen, die genau das gewagt haben – und auf ein riesiges Echo gestoßen sind.[1] Die digitale Welt hat diese Entwicklung gefördert. Bisher marginalisierte Stimmen finden hier Resonanz, gehen viral und tauchen schließlich im Mainstream auf. Andere Erfahrungen werden sagbar, andere Lebensstile sichtbar. Social Media ist nicht zuletzt auch eine Plattform, auf der

Menschen endlich ihre innere Vielfalt öffentlich machen können: Sie können zeigen, wer sie neben ihrer Erwerbsarbeit noch sind – in Sport, Kunst, Musik und in vielen Bereichen mehr.

Als ich vor einigen Jahren meinen eigenen Workshift wagte, spielte die Anerkennung meiner eigenen inneren Vielfalt eine entscheidende Rolle. Damit meine ich die Elly-Aspekte, die ich bis dahin im Verborgenen gehalten hatte: Ich gelte als Energiebündel *und* kann sehr ruhig und zurückgezogen sein. Ich arbeite ausgesprochen gern in Business-Projekten *und* wachse im Ehrenamt und als Familienmensch über mich hinaus. Ich kann sehr rational und analytisch vorgehen *und* bin impulsiv, sehne mich nach Bewegung, Ästhetik, nach Antworten auf die großen Fragen, nach einer lebenswerten Welt, in der *alle* Platz haben. In unserer aktuellen Welt haben sie es nicht.

Die Welt war immer divers

Man muss sich nur eine in den 1960ern spielende Fernsehserie wie *Mad Men* anschauen, um sich klarzumachen: Dass Büros fest in der Hand Männern des globalen Nordens waren, denen adrette Schreibdamen zur Hand gingen, ist noch gar nicht so lange her. Es ist auch noch nicht so lange her, dass Frauen in Deutschland erstmals Arbeitsverträge unterschrieben, ohne ihren Mann vorher um Erlaubnis fragen zu müssen – das war 1977. Noch um das Jahr 2000 war die heutige Präsenz der Regenbogenfahne zum Beispiel an offiziellen Gebäuden kaum vorstellbar. Und dass die Wirtschaft sich aktiv für die Zuwanderung ausländischer Fachkräfte einsetzt, quer durch alle Branchen? Vielleicht einige wenige Inder:innen für IT – man erinnere sich an die unselige »Kinder statt Inder«-Diskussion um die Jahrtausendwende[2] – viel weiter dachte man nicht. Wer Karriere machen wollte, kehrte seine Religion, sein Herkunftsmilieu und seine Queerness säuberlich unter den Teppich. Mütter sprachen nicht über ihre Kinder, Töchter und Söhne nicht über ihre pflegebedürftigen Eltern. Heute ist das anders. Und doch sind wir noch immer weit entfernt von Diversity, Equity & Inclusion, kurz DEI

(Vielfalt, Chancengerechtigkeit und Zugehörigkeit), die diesen Namen verdient. Wenn in der Arbeitswelt von DEI gesprochen wird, klingt das oft nach: »Lass uns ein paar Nebenrollen im Unternehmen neu casten, das macht man jetzt so. Hier eine Frau, da eine Person of Colour, vielleicht dort noch jemand, der offen queer lebt.« Fertig ist die neu erfundene, vielfältige Welt. Was für ein Unsinn. Die Welt war immer divers. Der Mensch immer im Plural. Volkszählungsdaten aus den USA zeigen für das Jahr 2018, dass die meisten Kinder, die jünger als 15 Jahre sind, nicht »weiß« sind.[3] BIPoC sind keine Randgruppe. Die Welt war, *ist* und bleibt vielfältig.

Was wir ändern müssen, ist nicht die Welt. Es ist die Brille, mit der wir auf die Welt schauen. Jahrhundertelang haben wir durch einen Filter geblickt und in Politik, Wirtschaft, Wissenschaft und in der Kunst hauptsächlich wohlhabende, machtvolle Männer gesehen. Dass jetzt wahrgenommen wird, wie viel Arbeit in all diesen Bereichen von »Anderen« stammt, ist höchste Zeit und wunderbar. Die Journalistin und internationale Bestseller-Autorin Kübra Gümüşay, die ich vor ein paar Jahren als Gesprächspartnerin im Morgen.Salon begrüßen durfte, nutzt in ihrem Buch *Sprache und Sein* ein sehr starkes Bild, um das deutlich zu machen: das Museum. In einem Museum gibt es Dinge und Menschen, die ausgestellt werden, weil sie von der Norm abweichen – die Benannten. Auf der anderen Seite gibt es die Unbenannten – diejenigen, die im Hintergrund kuratieren und entscheiden, was und wer benannt wird.[4] Letztere genießen das immense Privileg, unbenannt zu bleiben, weil sie der Mehrheit angehören. Die Benannten wiederum haben sich nicht einmal ihren Namen selbst ausgesucht. Die Powerfrau. Der Flüchtling. Die schwarze Frau. Der Behinderte. Die Transfrau. Neuerdings auch: der alte, weiße Mann. Spätestens seit dieser Begriff immer stärker in den Sprachgebrauch aufgenommen wurde, wurde auch plötzlich der Mehrheit auf unangenehme Weise deutlich, wie unangebracht und unmenschlich es ist, einfach so von anderen kategorisiert, auf diese eine Kategorie reduziert und damit objektifiziert zu werden. Und doch steckt uns die alte Perspektive in den Knochen.

Nicht-Vielfalt ist unser gelerntes Narrativ

Fangen wir ausnahmsweise bei Adam und Eva an: Eva war so etwas wie ein Upcycling aus Adams Rippe. Jedenfalls kein gleichwertiger Mensch. Seit tausenden von Jahren wird die westliche Gesellschaft »nicht wirklich als *Zwei*-Geschlechterordnung gedacht, sondern als *Ein*-Geschlechterordnung, denn aus dem *Einen*, dem Mann (dem Universellen), wurde das *Andere*, die Frau (das Partikulare) abgeleitet und eine ganze Gruppe von Menschen zu Zweitrangigen erklärt«.[5] Daran hat auch nicht die Französische Revolution, die sich Freiheit und Gleichheit auf die Fahnen schrieb, nicht wirklich etwas geändert. Die neu erkämpften Rechte galten wieder für den Einen, für Typ Adam. Die Ungleichheit, die Ungerechtigkeit, die Nicht-Vielfalt blieb das gelernte Narrativ. So sehr, dass wir kaum mehr auf dem Schirm haben, dass die dritte revolutionäre Idee – Brüderlichkeit – gerne übersehen wird. Solidarität, Empathie und Beziehung scheinen mehr eine Sehnsucht, weniger ein umkämpftes Recht. Dabei hätten andere Beziehungen eine revolutionäre Wirkung, meint die Soziologin und Autorin Franziska Schutzbach: »Wenn Menschen in Beziehung stehen, können sie ohne Angst verschieden sein.«[6] Um das Thema des vorigen Kapitels kurz noch einmal aufzugreifen: Kollaboration fördert genau dieses In-Beziehung-Stehen. Doch überall in der Welt bestehen viel mehr historisch gewachsene Dominanz-Strukturen – statt Miteinander-Strukturen. Für die Anderen, die »Verschiedenen«, folgen daraus gravierende Nachteile für Bildung und Beruf, Gesundheit und Lebenschancen. Für die Dominierenden ergeben sich aus dieser Struktur seit Jahrhunderten erhebliche wirtschaftliche Vorteile. Deshalb versteht man das Thema gerne so, dass die vielen Anderen jetzt auch ein bisschen mitspielen dürfen, während die Einen selbstverständlich immer noch auf dem schönsten und höchsten Ast im Baum hocken. Die Liste derjenigen, die nur mit Mühe oder gar nicht ganz nach oben kommen, ist lang: Neben Frauen sind das Menschen mit »abweichender« sexueller Orientierung oder mit Migrationshintergrund oder Behinderung. Oder mit weniger sichtbaren Dimensionen, die Nichtbetroffenen oft nicht bewusst sind: sozioökonomischer Hintergrund, Alter, Bildungsgrad, Religion, Eltern sein. Oder eben: Mutter sein.

Weil Liebe nichts kostet

Die liebe und gute, tugendhafte und aufopferungsvolle, Tag wie Nacht nur gebende Mutter und Hausfrau ist eine relativ neue Erfindung. Sie stammt aus dem 18. Jahrhundert, dahinter stecken Männer wie der französische Philosoph und Pädagoge Jean-Jacques Rousseau, der seinerzeit auch »das Kind« gleich mit erfunden hat. Das gab es in der Vorstellung der Europäer vorher so nicht – Kinder sah man als unfertige Erwachsene, die wegen ihres XXS-Formats auf den Höfen und in den Fabriken leider noch nicht so viel wegschafften wie die größeren Exemplare.[7] Das Besondere an dieser Rollenerfindung war und ist bis heute, dass es für Hausfrauenmütter keinen Backstage-Bereich gibt. Die Figur ist immer gefragt, immer verfügbar, immer im Dienst: 24 Stunden am Tag, sieben Tage pro Woche, kein Urlaubsanspruch. Sie hat keinen Dienstbeginn und keinen Feierabend, und weil man die Arbeitsstunden ohnehin nicht mehr sinnvoll zählen und erst recht nicht bezahlen kann – es sind einfach zu viele! –, hat man ihre Arbeit kurzerhand als »Natur« definiert. Natur ist immer da, immer verfügbar. Kostet nichts. Kommt dann noch Liebe obendrauf, romantische Liebe oder die Liebe zu Kindern, fühlt sich die ganze Sache auch noch gut und richtig an. Und kann für die Frau dann eigentlich auch keine »richtige Arbeit« sein. Es ist doch ihre ureigenste Natur?[8]

Vor diesem Hintergrund sind zwei Missverständnisse die logische Konsequenz. Erstens: Weil Sorge- und Hausarbeit keine »richtige Arbeit« ist, ist es überhaupt kein Problem, sondern auch noch eine gute Idee, wenn Frauen zusätzlich einer Erwerbsarbeit nachgehen – schließlich wollen sie gleichberechtigt sein. Franziska Schutzbach beschreibt diese Absurdität so: »Während die Gesellschaft Frauen gegenüber vollkommen entgrenzende Fürsorglichkeitsansprüche hat, wertet sie zugleich diese Arbeit ab, macht sie unsichtbar und setzt noch eins drauf, indem sie der Mutterpflicht eine ebenso entgrenzte, auf Leistungsbereitschaft und Profit getaktete Berufswelt danebenstellt, die von Frauen ebenfalls Dauereinsatz einfordert.«[9] Kein Wunder, dass so viele Frauen zu müde sind für eine Karriere, die diesen Namen verdient?

Zweitens: Weil Sorge- und Hausarbeit keine »richtige Arbeit« ist, gilt es als gute Idee, dass Frauen und Männer ihre private Arbeitsteilung individuell aushandeln – schließlich wollen moderne Paare gleichberechtigt sein. Nur: Wundert sich irgendwer, dass es für Frauen schwierig ist, den Männern (Söhne nicht vergessen) in ihrem Haushalt Arbeiten zu delegieren, von deren Existenz viele von ihnen gar nichts wussten und die weder interessant noch prestigeträchtig, geschweige denn cool sind? Wie gesagt es gibt da draußen immer noch einige Männer, die, wenn sie weniger als 50 Stunden Erwerbsarbeit pro Woche leisten, traurige Männer sind.[10] Und was ist mit den alleinerziehenden Müttern und Vätern? Die fehlende Möglichkeit zur Aufgabenteilung im Haushalt führt zu einer erheblichen Belastung. Zudem schränkt der deutlich höhere finanzielle Druck die Möglichkeit ein, Dienstleistungen wie Kinderbetreuung oder Haushaltshilfen in Anspruch zu nehmen, was die Belastung weiter verschärft. Diese Kombination von Faktoren führt dazu, dass Alleinerziehende permanent an (oder jenseits) der Belastungsgrenze leben.

Und deshalb müssen wir immer und immer wieder über eine neue Verteilung von Arbeit und deren Zeiten sprechen. Auf allen Ebenen. Familienpolitische Forschungen zeigen, dass sich ohne gesetzliche Regelungen in den Familien gar nichts ändert.[11] Ich denke, es braucht tatsächlich viel mehr politische Anreize, zum Beispiel für Sorgende, in Teilzeit zu arbeiten, unabhängig vom Geschlecht. Wir alle wissen, wie langsam die Mühlen der Politik mahlen. Und wir alle wissen aber auch, dass Unternehmen nicht auf den Gesetzgeber warten müssen. Sie können sofort etwas tun: offener sein, flexibler sein, alternative Arbeitszeitmodelle testen, alternative Wege im Human Resources Management sogar aktiv fordern, alle Menschen (nicht nur Frauen!) zu fördern, die Alternativen ausprobieren wollen.

Und diese Zeit-Pionierinnen und -Pioniere dann – das wird allzu oft vergessen – auch aktiv ermutigen und *schützen*. Denn: Natürlich ist es faktisch nicht leicht, 40 Prozent Gehalt loszulassen, das weiß ich aus eigener Erfahrung. Das Abgeben von Projekten, Verantwortung, Budgets ist aber auch emotional nicht leicht. Wer länger in Großkonzernen gearbeitet hat, fragt sich in diesem Moment: »Wer sägt an meinem Stuhl, wenn ich nicht da bin?« Dieser Gedanke ist nicht einmal paranoid. Es gibt genügend Studien, die zeigen, wie sehr individuelle Aufstiegschancen zusammenhängen mit den Stunden, die ein Mensch in unmittelbarer Nähe zum nächsten relevanten Chefsesselsitzer verbringt – wohl gemerkt: nicht nur arbeitet!

Mind the Gender Gaps

Gleich vorweg: Auch im Wirkungsfeld Vielfalt müssen wir über die Variable Zeit sprechen. Denn Zeit ist einer der wichtigsten Hebel, um unsere Arbeitswelt für alle menschenwürdiger zu machen – nicht nur für diejenigen, die immer schlechter wegkommen. Deshalb ärgere ich mich, wenn über Arbeitszeitflexibilität nur im Zusammenhang mit Müttern gesprochen wird. Hinter der Assoziationskette Mutter = Teilzeit steht ein völlig veraltetes, immer schon unsägliches Idealbild. Lasst uns also darüber sprechen, wie wir die strukturellen Veränderungen so hinbekommen, dass die Norm nicht mehr heißt:

- entweder Teilzeit-plus-Care-Work (minus *money*),
- oder Vollzeit-minus-Care-Work (minus *quality time* mit Menschen, die für uns wichtig sind),
- oder Vollzeit-plus-Care-Work (minus *health*).

Jede Variante führt zu einem Minus. Jedes Minus führt zu einem Verlust in der individuellen Wertschöpfung, schadet aber auch der Wirtschaft. Weil Talente brach liegen, und weil Menschen sich so erschöpfen, dass sie gar nicht mehr arbeiten können, und dann noch mehr Talente brach liegen. Das geht anders.

Bevor wir uns anschauen, wie es jetzt sofort anders gehen kann, hier noch ein kurzer Blick in den Abgrund. Wie teuer ist es für Unternehmen, gewisse Value Gaps nicht zu schließen? Umgekehrt gedacht: Was gewinnen sie, wenn es tun? Positiv gesehen: Wir sind immerhin soweit, dass eine der wichtigsten Forscherinnen auf diesem Gebiet, die Ökonomin und Harvard-Professorin Claudia Goldin 2023 mit dem Nobelpreis ausgezeichnet wurde. Ihre akribische Forschungsarbeit beweist, dass Wirtschaftswachstum eben *nicht* automatisch zu mehr Gleichberechtigung führt. Und, dass gut bezahlte Jobs oft mit unverhältnismäßig langen Arbeitszeiten verbunden sind – was dazu führt, dass solche »greedy jobs« in den allermeisten Fällen nicht von beiden Eltern kleiner Kinder ausgeübt werden können. Ein Partner muss zurückstecken – und das ist meistens die Frau. Damit bestätigt sich, was wir aus Deutschland kennen:

- Deutschland hat einen der größten Gender Pay Gaps der westlichen Welt:[12] Der Lohnabstand 2022 betrug in Westdeutschland 19 Prozent, in Ostdeutschland sieben Prozent.[13]
- Laut EU-Kommission bekommen Frauen in Deutschland im europäischen Vergleich im Schnitt 13 Prozent weniger Gehalt als Männer.[14]

Ich schreibe absichtlich »bekommen Gehalt« statt »verdienen« ... Der Lohnabstand zwischen den Geschlechtern hat sich jedenfalls in den vergangenen Jahren nur minimal verkleinert. Wobei das Wort Lohnabstand eine ungeheuerliche Ungerechtigkeit einfach verkauft wie einen Baumangel, den man mit dem Zollstock ausmessen kann. Was viele nicht wissen: Es ist *nicht* so, dass sich Frauen aus purem Desinteresse an Geld, aus Liebe zu vermeintlich weiblichen Branchen oder aus strategischer Blödheit mit Vorliebe schlecht bezahlte Jobs aussuchen. Es ist umgekehrt: Je mehr Frauen in einer Branche oder in einem Beruf arbeiten, desto mehr sinkt das Gehalt. Konkret: »Steigt der Frauenanteil in einem Beruf langfristig um zehn Prozentpunkte, dann sinkt das Gehaltsniveau um vier Prozent.« Das ist spätestens seit den 1990ern bekannt.[15]

Um die Kluft zu schließen, haben kürzlich die 27 EU-Mitgliedsstaaten beschlossen, dass Unternehmen mit mehr als 250 Beschäftigen jährlich offenlegen müssen, wie sehr sich das Gehalt von Männern und Frauen unterscheidet. Kleinere Unternehmen müssen ihre Gaps seltener offenlegen, und sie müssen damit auch nicht in vier Jahren anfangen, sondern erst in acht.[16]

Der Gender Pay Gap ist ein individueller *pain point* – genauso wie Benachteiligungen im Job aufgrund von anderen Kriterien auch. Die meisten dieser Gaps lassen sich nicht einmal messen, geschweige denn von den Betroffenen diskutieren. Wer pocht in der Personalabteilung schon gerne auf seine sexuelle Orientierung, Behinderung oder Religion? Und was, wenn man zwei oder drei Merkmale in sich trägt, die nicht der Mehrheit entsprechen? Jedes »Nicht-normal«-Merkmal wirft einen Menschen ein Stück weiter zurück. Und je weiter er von den klar statistisch aufgeführten Gaps abweicht (die meisten Statistiken beleuchten die Gender-Frage), desto schwieriger wird es, das eigene Anderssein zu ertragen und sich trotzdem immer wieder in Richtung der gewünschten Normalität zu verbiegen. Das ist anstrengend. Und Gift für unsere innere Vielfalt.

Was uns blockiert: Wüste im Kopf

Neun von zehn Menschen sind bereit, weniger Geld zu verdienen, wenn sie dafür einer sinnvolleren Arbeit nachgehen können.[17] In der Tat sind unsere Tätigkeiten in der Erwerbsarbeit wenig sinnstiftend und begeisternd: Wir sitzen in zu vielen, wenig ergiebigen Meetings, schrauben an für den Shareholder Value wichtigen, aber für uns persönlich wenig sinnvollen Kennzahlen, verbringen viel Zeit mit prozessualer Bürokratie, ohne das Gefühl zu haben, irgendetwas Sinnvolles beizutragen. Gedankenloses Vor-sich-hin-Arbeiten ist für Unternehmen ein Verlustgeschäft und stupide Verfahrensbürokratie für den einzelnen Menschen ein nachvollziehbarer Grund, nur noch Dienst nach Vorschrift zu leisten – ein Symptom, das in der jungen Generation offenbar zugenommen hat und unter dem Stichwort *quiet quitting* diskutiert worden ist. Erfunden wurde dieses Wort von Zaid Leppelin, einem US-amerikanischen TikToker: »Du kündigst nicht deinen Job«, erklärt er, »du arbeitest aber nicht mehr, als dein Vertrag vorsieht. Arbeit ist nicht dein Leben, dein Wert als Mensch definiert sich nicht über deine Produktivität.«[18] Tschüss, Hamsterrad. Und dann ist alles gut? Leider nicht. Denn wer sich passiv-aggressiv durch den Joballtag quält, verbringt immer noch einen Großteil seiner Lebenszeit mit Wüste im Kopf: keine Inspiration, kein Engagement, keine Motivation. Kein Wunder, dass laut »Xing Job-Happiness-Studie 2022« zwar die meisten Menschen in ihren Jobs irgendwie happy sind (73 Prozent), aber doch erhebliche *pain points* beklagen: 35 Prozent der Beschäftigten machen Überstunden, weil Fachkräfte fehlen; 31 Prozent der Befragten fühlen sich überlastet oder gestresst.[19] Laut einer Gallup-Studie von 2023 fühlen sich mittlerweile sogar 42 Prozent der deutschen Beschäftigten gestresst. Die Zahlen sind immer die gleichen, und sie zeigen immer das Gleiche: Erwerbsarbeit allein macht nicht happy, und so etwas wie eine positive emotionale Bindung an den Arbeitgeber ist offenbar die Ausnahme. »Hier macht vor allem die Qualität der erlebten Führung den Unterschied. Beschäftigte, die von guter Führung berichten, fühlen sich weniger gestresst und mehr gebunden als Beschäftigte, deren emotionale Bedürfnisse am Arbeitsplatz übersehen oder ignoriert werden«, erklärt Marco Nink, Director of Research & Analytics EMEA bei Gallup.[20]

Was Menschen motiviert

Wie auch immer gute Führung definiert wird: Die emotionalen Bedürfnisse unterscheiden sich von Mensch zu Mensch erheblich. Wie genau, hat ein Forscherteam der Universität Sankt Gallen untersucht.[21] Ergebnis waren zwei extrinsisch und zwei intrinsisch motivierte Menschentypen. Zu den extrinsischen Typen zählen die *Nutzenorientierten*. Sie arbeiten, um ihr Leben zu finanzieren. *Statusorientierte* wollen Anerkennung, Macht, Privilegien. Daneben gibt es drei intrinsisch motivierte Typen: *Beitragsorientierte* Menschen wollen Mehrwert für andere schaffen. Für *Gemeinschaftsorientierte* sind (Arbeits-)Beziehungen sinnstiftend. Und *Leidenschaftsorientierte* empfinden Sinn, wenn sie ihre Talente einbringen können. Was passiert nun mit den Menschen, deren Erwerbsarbeit ihnen *nicht* die Chance gibt, einen echten Beitrag zu leisten oder ihre Talente einzubringen oder zumindest Gemeinschaft im Team zu erleben? Und die so viel arbeiten, dass sie daneben kaum Zeit und Energie für anderes haben? Was passiert im Hinblick auf eine Welt, in der sich aufgrund von Automatisierung und KI viele Jobs immer schneller ändern oder gar wegfallen? Wenn immer mehr Menschen ihre Talente, Fähigkeiten, Interessen gar nicht mehr innerhalb einer klassischen Erwerbsarbeit entfalten können, *müssen* wir uns die Frage »Was ist Arbeit?« so oder so neu stellen. Das gilt vielleicht vorerst nicht in den klassischen Professionen – Medizin, Sozialarbeit, Bildung –, die nicht ganz so leicht durch KI ersetzt werden können und in denen es immer noch sehr leidenschaftliche Menschen gibt, die sich keinen schöneren Lebensinhalt vorstellen können. Dass sich persönliches Sinnerleben und Erwerbsarbeit mehr und mehr entkoppeln, gilt voraussichtlich für die vielen Jobs in Konzernen, Mittelstand und Start-ups, die vor allem mit extrinsischen Motivatoren locken. Es gilt für meine Generation und alle folgenden, die mindestens noch 30 Jahre arbeiten dürfen. Wir werden vor der Frage stehen, wie wir Selbstwirksamkeit, Persönlichkeitsentfaltung, Anerkennung leben können, wie wir unsere Zeit sinnstiftend und wirksam verbringen, wenn all diese Dinge nicht mehr an die Erwerbstätigkeit geknüpft sind – und wir unser Leben trotzdem finanzieren müssen.

WORKSHIFT in uns:
Viele Leben wagen

Schon heute suchen viele Menschen die Antwort auf ihre Sinnfragen immer weniger in ihrer Erwerbsarbeit, und auch Status oder Besitz spielen eine immer kleinere Rolle. Zukunftsforscher Horst Opaschowski hat kürzlich beobachtet: »Die Menschen besinnen sich auf die vier F: Familie, Freunde, Frieden, Freiheit – das sind die Begriffe, die wir kennen, aber sie werden jetzt wirklich gelebt.« Als Auslöser für diesen Sinneswandel sieht er die Krisen rund um Corona, den Ukrainekrieg und die Energieversorgung.[22] Ich weiß, es gibt auch Studien zur Gen Z, die die Entwicklung nicht so rosarot sehen und dieser Generation eine extreme Spannbreite zwischen *woke* und gedankenlos hedonistisch attestieren. So wie es wohl in jeder Generation nicht nur ein Mindset gibt ...[23]

≫ diversify your life: Der eigenen Vielfalt Raum geben

In Goethes *Faust I* steht der berühmte Satz: »Zwei Seelen wohnen, ach! in meiner Brust ...«; Sigmund Freud unterschied das Ich, Über-Ich und das Es, im modernen Coaching hat Friedemann Schulz von Thun die Denkfigur des »inneren Teams« entwickelt. Ob Dilemma, Triebstruktur oder Reflexionstool – all diese Konzepte arbeiten mit einer ähnlichen Grundidee: Der Mensch ist nicht nur eine einzige Identität. Vor allem nicht nur die *eine* Antwort auf die Partyfrage: »Und was machst du so?«

Ich halte es für logisch, dass sich Gestaltungskraft, Freude und eine lebensbejahende Grundhaltung nur einstellen können, wenn gerade Menschen in Angestelltenjobs, egal ob in Führungspositionen oder nicht, die vor allem Nutzen- und Statusorientierte sind, ihre Sinnfragen schon heute zu einem signifikanten Teil von unseren Angestelltenjobs abkoppeln. Denn: Wie kann es überhaupt sein, dass sich ein so vielfältig begabtes und komplexes Wesen wie der Mensch nur für eine einzige Tätigkeit interessiert? Für einen Leonardo da Vinci, einen Johann Wolfgang von Goethe war es ganz selbstverständlich, dass sie zeichneten *und* malten *und* Dinge erfanden *und* forschten *und* schrieben. Für Leonardo war die eine Flugmaschine eben nicht sein ganzes Leben, für Goethe war es nicht der eine Farbkreis, der eine *Faust*. Trotzdem fahren wir als Erwachsene meist nur eingleisig mit unserer Erwerbsarbeit; wenn wir mutig sind, quetschen wir noch ein zweites Gleis daneben: Carearbeit. Wir müssen so fahren, weil die Landschaft unserer Arbeitswelt und deren Zeitstrukturen kaum etwas anderes erlaubt – und wir auch noch glauben, wir hätten uns unseren Gleisverlauf selbst ausgesucht.

Ich glaube, dass sich durch diese *Labour of Love Ideology*, wie sie die amerikanische Journalistin und Autorin Sarah Jaffee in ihrem Buch *Work won't love you back* beschreibt, viel in uns verkümmert. Ich glaube, wir müssen mehr Vielfalt kultivieren – und zwar nicht nur im Außen, sondern auch im Inneren. Vielleicht können wir, wenn unser innerer Horizont weiter gespannt ist, auch im Außen mehr Weite zulassen?

So wie ich zu Beginn des Buchs über eine ganzheitliche Betrachtung der Arbeit gesprochen habe, geht es hier um eine ganzheitlichere Betrachtung von uns selbst. Eines der einfachsten Werkzeuge zur Kultivierung innerer Reife ist die Auseinandersetzung mit der eigenen inneren Vielfalt. Eine wunderbar einfache und effektive Brücke zur inneren Pluralität ist die Arbeit mit dem »Inneren Team«. Das Persönlichkeitsmodell stammt von dem Kommunikationspsychologen Prof. Dr. Friedemann Schulz von Thun. Es basiert auf der Metapher, dass es in uns verschiedene Teammitglieder gibt, die unterschiedliche Bedürfnisse und Anteile repräsentieren und uns zum Beispiel in Entscheidungssituationen helfen, aus einer größeren Weisheit zu schöpfen.

Um die innere Diversität so greifbar wie möglich zu machen, gibt man seinen verschiedenen Teammitgliedern unterschiedliche Namen, je nachdem, für welches Bedürfnis sie stehen: die/der Sicherheitsbedürftige, Freiheitsliebende, Kritiker:in, Kreative, Faule, Achtsame, Clown, Liebevolle, die Möglichkeiten sind unendlich. Ich habe diese Methode selbst schon oft in Coachings genutzt, mit Kolleg:innen, Studierenden – und der Aha-Effekt ist immer wieder erstaunlich: Wie laut doch einige wenige Stimmen sind, und wie viele ungehört (oder: gar unerhört ...)! Als ich mich zum ersten Mal selbst mit dieser Methode auseinandergesetzt habe, war ich doch ziemlich verblüfft, in mir einige Stimmen zu finden, die ich zunächst gar nicht zu Elly passend fand. Müde? Leise? Melancholisch? Ich!?? Und doch hat gerade dieses Annehmen meiner leiseren, bis dahin fast schon heimlichen Anteile für mich einen großen Schub für mein eigenes Reifen ausgelöst.

Selbstverständlich braucht es in manchen Situationen eine ganz klare, laute »Stimme« im *driver's seat*. Aber eben nicht immer. Und auf dem Weg zu einer inneren Weite und Reife, die uns auch bessere Entscheidungen fällen lässt (anstatt immer nur den Status quo die Norm zu optimieren), brauchen wir nicht nur im Außen, sondern auch im Innen: *more voices at the table*.

» leave the bubble: Wer sich selbst entwickeln will, muss raus aus den (Filter-)Blasen

Auf meinem eigenen (langen, holprigen) Weg hin zu meinem Workshift ist es mir irgendwann immer mehr gelungen, meine innere Vielfalt zu leben und meinen unterschiedlichen Talenten, Fähigkeiten und Interessen Raum zu geben – an dieser Stelle ein Hoch auf Bücher, gehaltvolle Gespräche mit Freund:innen und auf gute Therapeut:innen! Dabei geholfen haben ein Durchdenken und »Durchfühlen« längst vergessener Berufswünsche aus Kindertagen, ob naiv oder nicht. Welche Hobbys habe ich *along the way* immer mehr aufgegeben? Welche Eigenschaften habe ich besonders daran geliebt? Welche inneren Anteile sind immer die führenden Stimmen, wenn ich Entscheidungen fälle, welche die leisen, die fast nie zu Wort kommen? Welche Glaubenssätze stehen dahinter? Auch wenn mir mein Workshift im Rückblick klar, logisch und fast schon einfach vorkommt – das Wiederfinden der *inneren Vielfalt* war und bleibt viel Arbeit.

Der nächste Schritt – und ich muss sagen, dass ich diesen Teil der Veränderung mittlerweile fast noch wichtiger finde – ist der Schritt nach außen. Wirklich in Aktion treten. Von der Selbstentfaltung in die »Weltentfaltung« kommen. Gerade wenn es um Vielfalt geht, wenn es darum geht, ein ganzheitlicheres, gesünderes Verhältnis zu Arbeit und Leistung zu entwickeln, ist es sinnvoll, wenn wir andere Arbeiten übernehmen. Andere Tätigkeiten als die, die wir gewohnt sind. Ich werde nicht müde, diesen Punkt immer und immer wieder zu wiederholen (Stichwort Vollzeitscham), weil er immer wichtiger wird in einer Zeit, in der wir uns immer häufiger in unseren Wohnungen (das Wetter, die Viren ...) und hinter unseren Smartphones (die News, die Likes ...) verstecken. Ich bin überzeugt davon, dass wir viel mehr aus unseren Wohnungen und Nachbarschaften, Unternehmen und Clubs herauskommen müssen. Und das geht am besten, indem wir uns wirklich engagieren. Dann steht nicht mehr die Frage im Mittelpunkt, wie wir unser Glück oder unser Geld oder unseren Status vermehren. Dann geht es darum, welchen Beitrag wir mit den jetzt verfügbaren eigenen Fähigkeiten und Kapazitäten leisten können. In der unmittelbaren Nachbarschaft, in Vereinen, in der Politik, in Stadtteilen außerhalb der eigenen Lebenswelt, in Initiativen und Projekten, die vielleicht nicht einmal dem eigenen Weltbild entsprechen. Engagement, Ehrenamt, aber auch die so oft aus Bequemlichkeit vergessenen Interessen wahrnehmen – das ist ein wichtiger Hebel. Damit meine ich nicht nur: Daueraufträge bei Wohltätigkeitsorganisationen einrichten oder Geld an Obdachlose spenden. Ich meine: rausgehen und sich die Hände schmutzig machen. Unsere Stadtteile verlassen, uns auf anderen kulturellen Events treffen, dritte und/oder (vor) politische Räume nutzen. Eben anderen Stimmen in uns selbst zuhören – und dann auch wohlwollend anderen Stimmen da draußen!

Was mich persönlich nachhaltig geprägt hat, war die Summe der Erfahrungen, die ich außerhalb meines hektischen Berufsalltags gemacht habe, nachdem ich meinen Firmenjob von fünf auf drei Tage reduziert und plötzlich zwei Tage zur Verfügung hatte. Ich habe mich damals bewusst dafür entschieden, diese Tage zunächst nicht mit tausenden von Projekten zu füllen, sondern mich erst einmal außerhalb meiner üblichen Blasen zu engagieren. Ich engagierte mich in einem Projekt für Geflüchtete, hörte beim Philosophischen Café zu, nahm eine ehrenamtliche Tätigkeit in einem Pflegeheim an, wo ich zwei demenzkranken Damen vorlas, begann, Tanzkurse zu besuchen, las andere Medien, nutzte die Zeit manchmal auch gar nicht, sondern war einfach nur für mich, unseren Sohn, meinen Partner und Freund:innen da – präsent und unaufgeregt. Ich lernte mich und das Leben neu kennen, mit mehr Demut, mit weniger Absolutheitsanspruch, mit mehr Gelassenheit. In den verschiedenen Zusammenhängen mit anderen Menschen und anderen Selbst-Anteilen konnte ich lernen, dass ich, wenn ich langsamer werde und nicht ständig am Handy klebe, viel mehr von den Menschen, der Gemeinschaft und der Welt verstehen kann. Dass ich viel mehr Gutes sehen, hören, fühlen und schmecken kann. Dabei wurden mir auch meine eigenen Privilegien klar: die Privilegien meiner sozialen Schicht, meines Passes, meiner Sprache/n, Bildung, Hautfarbe, meines Einkommens, dass ich keiner offensichtlichen Minderheit angehöre und keine Behinderung habe. Meine wichtigste Erkenntnis war: Wenn Menschen wie ich so unglaublich privilegiert sind, warum nutzen wir diese Privilegien nicht? Warum arrangieren sich viele Millionen Menschen so klaglos in ihrer Blase, in ihrem Kiez, in ihren immer gleichen Themen, in ihrer kleinen Welt der Selbstoptimierung?

Das Heraustreten aus meiner Bubble hatte bei mir übrigens noch einen anderen Effekt: Je mehr ich mich *selbst wirksam* (juhu, Wortspiel!) in anderen Kontexten abseits der Schlagzahl des Karrierejobs erlebte, desto mehr erlebte ich eine innere Repriorisierung dieser »anderen Arbeiten«. Mein subjektives Empfinden für Leistung, Erfolg, sogar Arbeitsethos veränderte beziehungsweise erweiterte sich. Zero-Inbox, der wichtige Pitch oder die nächste Beförderung bereiteten mir nicht mehr schlaflose Nächte – stattdessen wurde ich ruhiger und meine Arbeit profitierte von einer innerlich kohärenteren, ausgeglicheneren und vielleicht auch weiseren Person.

Was Unternehmen bremst: Homogenität frisst Innovation

Der Verlust der *inneren Vielfalt* kostet den Einzelnen Talent, Gesundheit, Lebensglück. Das ist individuell sofort spürbar – in der Wirtschaft aber nicht. Hier kommt der Effekt des mentalen Dauerdurstes verspätet an. Er zeigt sich in mangelnder Innovationsfähigkeit, weniger Wertentwicklung und einem frappierenden Unverständnis gegenüber den Bedürfnissen der Kunden, die anders ticken als der prototypische CEO, nennen wir ihn Thomas. Tatsächlich hießen noch vor kurzem 5 Prozent der deutschen CEOs Thomas, und es gab mehr Vorstandsmitglieder, die Thomas oder Michael hießen (49), als es insgesamt Frauen gab (46).[24] Ich habe rein gar nichts gegen Thomasse. Aber ich habe etwas dagegen, dass unsere Wirtschaft sehr, sehr viel Geld verliert, weil sie die Überdosis Udo, Thomas und Christian unter ihren Entscheidern übersieht. Ich habe etwas dagegen, dass wir im globalen Wettbewerb schlecht aufgestellt sind, weil die Notwendigkeit von vielfältigen Mitgestaltern insbesondere in Entscheidungs- und Einflusspositionen schlichtweg ignoriert wird. Trotz unzähliger Studien, die die *wirtschaftlichen* Vorteile von Diversity nachweisen (Ich komme auf die Studienflut zurück). Wobei man sich fragen muss: Braucht es wirklich hunderte von Studien, um zu beweisen, dass ein explizit oder implizit benachteiligender Umgang mit Menschen Leistungen einbrechen lässt? Zum Thema Leistung hat der amerikanische Sportpädagoge, Bestseller-Autor und Organisationsberater Timothy Gallwey bereits vor vielen Jahren eine Formel entwickelt, die mir schlüssig erscheint. Dass alle seine Bücher *The inner game [...]* heißen, passt natürlich zu meinen vorherigen Argumenten im letzten Kapitel nur zu gut. Die Formel lautet:

Performance = Potential minus Interference.
Leistung = Potenzial minus Störung/Beeinträchtigung.

Unser Potenzial umfasst alle unsere Kompetenzen und Fähigkeiten; mögliche Störungen oder Beeinträchtigungen stellen die Art und Weise dar, wie wir selbst – oder andere – unsere Fähigkeiten untergraben. Je stärker die Störung, desto geringer das Leistungsniveau. Kulturen und Strukturen in Gemeinschaften, Gesellschaften und ja, auch in Unternehmen, die unfair oder diskriminierend sind (und zwar egal ob explizit oder implizit), erhöhen die Störung – in der Sprache der Wirtschaft klarer formuliert: Sie drosseln die Leistung! Und zwar genau bei den Menschen, die ohnehin nicht zur Mehrheit in den entscheidenden Positionen gehören und die, um da hinzukommen, eigentlich ihr volles Leistungspotenzial bräuchten.

Das Problem: *Interference* lässt sich schwer messen, deren Abbau genauso. Und deren positive Effekte zeigen sich in kurzfristigen Wachstums- und Umsatzzielen auch nicht unmittelbar. Langfristig – und das bestätigen alle Studien – zahlt sich der Aufwand aus, den man heute in DEI im Unternehmen investiert, weil man damit enorme Leistungssteigerungen und Innovationskraft in der Belegschaft erreicht. Aber die wenigsten Unternehmen und Führungskräfte haben diesen langen Atem, wenn sie gleichzeitig unter dem Druck stehen, kurzfristige Ziele zu erreichen. Immerhin: DEI ist mittlerweile *en vogue* – viele Unternehmen beschäftigen sich durchaus ernsthaft mit der Entwicklung von brauchbaren Strategien. Auch wenn böse Zungen behaupten, dass dies nur Unternehmen tun, die zu viel Geld haben oder sich »so einen Schnickschnack leisten können«.

Longing for Belonging

Diversity = Vielfalt, Equity = Chancengerechtigkeit, Inclusion = Zugehörigkeit. Das alles sind keine Buzzwords, sondern erst einmal zutiefst menschliche Bedürfnisse. Vor allem Chancengerechtigkeit und Zugehörigkeit sind wichtig für die Bildung und Entwicklung der eigenen Identität, auch in Relation zu einer Gemeinschaft. Unternehmen kommen in unserer vernetzten Arbeitswelt und auf globalisierten Märkten nicht mehr ohne Vielfalt aus. Sie müssen sich mit dem »Anderen« auseinandersetzen: seien es Menschen, Kulturen oder Märkte. Die Wissenschaft und Forschung zu dem Thema sind noch nicht sehr alt: 1995 haben die Pioniere der Zugehörigkeitsforschung, die Psychologen Roy Baumeister und Mark Leary, ihre erste bahnbrechende Arbeit veröffentlicht: »*The need to belong: Desire for interpersonal attachments as a fundamental human motivation*«[25] (Das Bedürfnis nach zwischenmenschlicher Bindung als grundlegende menschliche Motivation). Baumeister und Leary stellten die Hypothese auf, dass Menschen unter den meisten Bedingungen leicht soziale Bindungen eingehen und sich aktiv einbringen, damit sich bestehende Bindungen nicht auflösen. Wie wichtig den meisten Menschen das Gefühl von Zugehörigkeit ist, zeigt sich zum Beispiel an dem Aufwand, den viele von uns für unser äußeres Erscheinungsbild betreiben, heute mehr denn je, Social Media sei Dank; es zeigt sich an unserem Bemühen, in unserer Persönlichkeit und Leistungsfähigkeit anerkannt und einbezogen zu werden. Der Wunsch nach Zugehörigkeit ist beim Menschen so zentral, dass es zu negativen körperlichen und vor allem mentalen Folgen kommt, wenn Bindungen fehlen oder gefährdet sind: etwa soziale Angst, Unsicherheit, Eifersucht, Verletztheit, Schuldgefühle. Zurückweisung macht Angst, macht Stress. Kein Wunder also, dass Menschen, die sich zurückgewiesen fühlen, in den Fluchtmodus wechseln (Stichwort *Quiet Quitting*), zuweilen aber auch in dem Kampfmodus. Wir alle kennen Menschen im Job, die andere sabotieren, die zynisch auftreten, aggressiv, unangenehm – um ihr subjektives Gefühl der Akzeptanz zu erhöhen.[26] Wie hängen also »*Diversity, Equity, Inclusion*« zusammen und wie kommt *belonging* mit ins Spiel?

Vielfalt braucht Inklusion: Einen positiven Effekt haben Bemühungen um Diversity nur in Zusammenhang mit einer gelebten Inklusion, die die Ideen und Perspektiven aller beteiligten Individuen einbezieht.

Inklusion braucht Chancengerechtigkeit und Fairness: Fehlt die Verbindung zwischen Inklusion und Gerechtigkeit, kann Inklusion nicht wirksam werden. Dann kommt es an den entscheidenden Positionen wieder zu viel zu viel homogenem Denken, zu vereinfachten Sichtweisen und zu einer Unfähigkeit, Probleme in ihrer gesamten Komplexität zu erfassen und zu lösen. Solange diese Felder nicht zusammengedacht werden, fehlt einer Ayşe der Zugang zu den Ressourcen, die sie braucht, um so erfolgreich zu sein wie ein Udo.

Fairness braucht Vielfalt: Gerechtigkeit in Machtfragen macht Unternehmen beweglicher. Doch die Umverteilung von Macht bringt den größten Effekt, wenn sie nicht nur von oben nach unten verschoben wird, sondern auch quer durch diverse Milieus. Kulturelle Assimilierung untergräbt das Engagement der Menschen und ihre gefühlte Bindung an das Unternehmen. Und Vielfalt ohne Macht ist Tokenismus, also das Einnehmen einer Alibifunktion einer marginalisierten Person innerhalb einer Gruppe. Der entsteht immer dann, wenn eine nicht zur Mehrheit gehörende Person zwar eingeladen, aber nicht wirklich einbezogen wird. Letztendlich also degradiert wird zu Dekoration.

Belonging ist das Gefühl, das aus dem Ergebnis einer offenen und vielfältigen Kultur entsteht. Es ist die Kultur einer Gemeinschaft, Gesellschaft oder Organisation, in der alle Menschen, die darin arbeiten und dazu beitragen, ihr Selbst, ihre Ansichten und Werte voll einbringen können. Und in der wiederum die Gemeinschaft ihr volles Potenzial und damit ihre volle Leistungsfähigkeit entfalten kann, ohne gestört zu werden. Als leidenschaftliche Laientänzerin löst folgende Metapher große Resonanz bei mir aus: »*Diversity is being invited to the party; Inclusion is being asked to dance; Belonging is dancing like no one is watching.*«[27]

Auf diese Punkte kommt es an und hier müssen Unternehmen klare Antworten haben: Was kann ich als Führungskraft im Alltag tun, um Vielfalt zu fördern? Wie komme ich zu gerechteren Entscheidungen? Was kann ich tun, damit sich jeder Einzelne einbezogen und gesehen fühlt und einen *sense of belonging* so entwickelt, dass damit die Vorteile vielfältiger Teams zum Tragen kommen? Um eine Antwort auf diese Fragen zu finden, müssen wir die Perspektive noch ein wenig mehr öffnen – und dazu muss ich noch einen Begriff einführen, der ein Modebegriff ist, aber deswegen nicht weniger wichtig ist: Intersektionalität.

Menschen sind auf vielfältige Art verschieden

Der Begriff Intersektionalität beschreibt, dass Menschen auf sehr verschiedene Weise verschieden sind. Und dass nicht nur einzelne Merkmale wie Hautfarbe, Religion, Gesundheit, Herkunft oder sexuelle Orientierung Einfluss darauf nehmen, ob ein Mensch Benachteiligung erfährt oder Privilegien genießt. Es sind die Kombinationen dieser Merkmale, wobei einige sichtbar sind – und andere nicht. Oft machen wir uns die Wirkmächtigkeit dieser vielen Merkmale nicht klar, obwohl die unterschiedlichen Facetten einer Identität die gelebte Erfahrung von jedem und jeder Einzelnen im Alltag strukturieren. Und noch viel schwieriger ist es für uns oder andere, diese gelebte Erfahrung nachvollziehen zu können. Wie oft vergessen wir, dass wir niemals wissen können, ob eine Mitarbeiterin ihre Queerness, ihre Religion oder eine Behinderung zeigt – oder versteckt?

Wenn wir uns Intersektionalität nicht bewusst machen und nicht anerkennen, dass man sie bei seinem Gegenüber nie ganz begreifen kann, übersehen wir die sichtbaren wie unsichtbaren Überschneidungen der verschiedenen Vielfältigkeitsmerkmale eines Menschen. Alle diese Merkmale sind eng miteinander verwoben, sie beeinflussen sich wechselseitig, ermöglichen Erfahrungen der Privilegien oder Diskriminierung – und machen jede Identität erst zu der, der sie ist.

Vielfalt macht erfolgreich

Verrückterweise wissen die Unternehmen, was die mangelnde Beteiligung von beispielsweise Frauen auf allen Positionen kostet.[28] Lieber zahlen sie für die Schäden, die durch die Gaps entstehen, als die Gaps endlich zu schließen. Vielfalt ist innerhalb der Belegschaft bereits heute Innovationstreiber Nummer eins und doch tun sich viele Unternehmen ungemein schwer damit. Dass vielfältige Teams auf allen Hierarchie-Ebenen innovativer sind, bestätigte die Unternehmensberatung BCG nach einer Befragung von 1700 Unternehmen schon 2020. Unternehmen mit einer überdurchschnittlichen Vielfalt erzielten 45 Prozent ihres Gesamtumsatzes mit Innovationen, solche mit unterdurchschnittlicher Diversity nur 26 Prozent. Dieser Vorteil schlug sich in einer insgesamt besseren finanziellen Leistung nieder.[29] Menschen mit unterschiedlichen Erfahrungen und Expertisen betrachten die Dinge aus unterschiedlichen Blickwinkeln. Je verschiedener sie sind, desto vielfältiger sind die von ihnen entdeckten Kundenbedürfnisse und Marktchancen. Eine Studie der *Harvard Business Review* zeigt, dass die EBIT-Margen von Unternehmen mit vielfältigen Managementteams rund 10 Prozent höher liegen als bei Unternehmen mit unterdurchschnittlicher Managementvielfalt.[30] McKinsey zeigte in einer Studie, dass Unternehmen mit viel Geschlechterdiversität 25 Prozent häufiger überdurchschnittliche Rentabilität erzielen als Unternehmen mit wenig Geschlechterdiversität.[31] Es gibt zahlreiche weitere Belege dafür, dass geschlechtsspezifische Vielfalt zu besseren Ergebnissen führt:

- Laut Bloomberg erzielen Unternehmen mit einem ausgewogenen Geschlechterverhältnis eine höhere Eigenkapitalrendite.
- Das Credit Suisse Research Institute fand heraus, dass Unternehmen mit einem oder mehreren weiblichen Vorstandsmitgliedern nicht nur eine höhere Kapitalrendite aufwiesen, sondern auch besseres Wachstum.
- Die Studie »*Is Gender Diversity profitable? Evidence from a Global Survey*« (Peterson Institute for International Economics, 2016) zeigt: 15 Prozent Nettogewinn bei Gender Diversity.
- »*The Mix that Matters: Innovation durch Vielfalt*« (Boston Consulting Group und TU München, 2017) findet: 9 Prozent Gewinnanteil aus Innovationen bei den Unternehmen mit dem höchsten Frauenanteil im Management.
- Die viel zitierte McKinsey-Studie »*Delivering through Diversity*« (2018) quittiert: Das Viertel der untersuchten Unternehmen mit dem höchsten Frauenanteil im Vorstand hat die höchste Chance auf Wertentwicklung.

Diese Zahlen, wie alle Statistiken (*never trust one you didn't fake yourself*), sind natürlich mit Vorsicht zu genießen: Die Wirtschaftswelt ist so komplex, dass sich kein einfacher Kausalzusammenhang zwischen »hier mehr Frauen/Vielfalt« und »da mehr Umsatz« nachweisen lässt. Einfacher gesagt: Wenn die Geschäftsidee nichts taugt, hilft eine hohe Frauenquote auch nicht. Dennoch: Es geht um Tendenzen, es geht um Korrelationen, vor allem geht es darum umzudenken. Das passiert aber nur sehr schleppend. Und ich bin es ehrlich gesagt auch müde, dass die Beweisführung, das »Zeigt mir die Zahlen, die belegen, dass …« immer noch die Standardreaktion bei diesem Thema ist (Stichwort Potenzialverschwendung). *Can we finally get past that point?* Noch immer bestehen 77 Prozent der Vorstände der S&P-500-Unternehmen zu mehr als zwei Dritteln aus Männern – und das nicht aus intersektional diversen Männern. Und 83 Prozent der Entscheider, die von PwC befragt wurden, finden immer noch (oder sogar), dass ihre Unternehmen in Sachen Diversity mehr tun müssten.[32]

Vielfalt und deren weitreichende Vorteile beinhalten nicht nur Geschlechtervielfalt. Wie immens groß das wirtschaftliche Potenzial von Migration auf dem deutschen Arbeitsmarkt wirkt, darauf hat Janina Kugel hingewiesen, ehemalige Siemens-Vorständin, Multiaufsichtsrätin und Senior Advisor: »Wir können es also drehen und wenden, wie wir wollen: Wir werden die Herausforderungen des Arbeitsmarktes ohne Immigration nicht meistern.«[33] Diese Einschätzung bestätigt die Studie des Beratungsunternehmens BCG für die Vereinten Nationen, an der Kugel beteiligt war: Schon wenn Migration nur 20 Prozent der prognostizierten Jobvakanzen schließen würde, könnte das einem Wert zwischen 13 und 25 Billionen Euro pro Jahr entsprechen (ja: Billionen, das ist kein Übersetzungsfehler). Plakativ gesprochen: Migration ist eine 20-Billionen-Dollar-Chance für die Wirtschaft.[34] Es wirkt geradezu irrational, dass sich sowohl große Teile unserer Wirtschaft wie auch unserer Gesellschaft mit diesem Gedanken so schwertun.

Und unsere Wirtschaft verpasst noch eine Chance: die Chance, sich für die Menschen aus den vielen verschiedenen sozioökonomischen Milieus zu öffnen, die nicht erst einwandern müssen, sondern seit Generationen oder immer schon hier sind. Leider passiert das nicht. »Statt von den eigenen Anstrengungen hängt das Einkommen in kaum einem anderen Industrieland so stark vom sozialen Hintergrund ab wie in Deutschland«, bestätigte Prof. Marcel Fratzscher, Leiter des Deutschen Instituts für Wirtschaftsforschung.[35] Ein Mehr an Chancengerechtigkeit in der Bildung und auf dem Arbeitsmarkt ist auch für den Makroökonomen der wichtigste Hebel, um brachliegende Potenziale für den Arbeitsmarkt zu mobilisieren – und um durch die individuellen Effekte der Selbstwirksamkeit und Integration via Arbeit auch die Gesellschaft insgesamt zu stabilisieren.

Abschließen möchte ich dieses Kapitel mit dem Satz eines hochrangingen Topmanagers, mit dem ich mal in einem Meeting saß und der zu seinem Team sagte: »*Stop to look for data to prove that we as a company or your team has a problem. Society has a problem with discrimination of all sorts – so WE have a problem.*« Anders gesagt: Jedes Unternehmen – insbesondere die großen und mächtigen – sind Spiegelbilder der Gesellschaft mit allen ihren Missständen, Nachteilen und Ungerechtigkeiten für unterrepräsentierte Gruppen – deshalb ist das Thema Diversity eines, mit dem sich Unternehmen auseinandersetzen *müssen*. Ob sie wollen oder nicht. Und das nicht zuletzt, weil sie gar keine andere Möglichkeit haben, ihre zahllosen Vakanzen zu füllen.

Diversity braucht Fingerspitzengefühl

Menschen aus Gruppen, die nicht der Mehrheit angehören, sind nicht per se *misfits*, sie werden dazu gemacht. Nun sind digitale und analoge Unterhaltungsmedien »auf der Jagd nach Misfits«, schreibt die britische Poetin, Drehbuchautorin und Schauspielerin Michaela Coel, die ihre Erfahrung als Tochter ghanaischer Einwanderer in ihrem gleichnamigen Buch reflektiert hat. Die Medien seien »wie Kinder auf einem Spielplatz, die Süßigkeiten hinterherjagen, auf der verzweifelten Suche nach etwas zum Kauen. Über den Geschmack dieser Süßigkeiten wissen sie kaum etwas, aber sie merken, dass diese sehr profitabel sein könnten.«[36]

In der Arbeitswelt beobachte ich ein ähnliches Phänomen. Diversity wird in Unternehmen scheinbar oft nur deshalb zum Thema, weil es *en vogue* ist, ein bisschen *woke* zu sein. Oft nur vordergründig, während hinter den Kulissen Dinge noch ganz *old school* gehändelt werden. Gleichzeitig nehmen die Bestrebungen der Organisationen, sich selbst als divers zu inszenieren, zum Teil groteske Ausmaße an. Regenbogenfarben (die Flagge der LGBTQI+ Community) tauchen heute so oft im Marketing auf – auf Fast-Food-Bechern, Badelatschen, Tupperdosen[37] –, dass schon von »*Queerbaiting*« gesprochen wird (*bait* steht für Köder). Man gibt sich tolerant und inklusiv, ist es aber nicht. Letztendlich geht es um Aufmerksamkeit, um das Erschließen von neuen Zielgruppen, um Geld. Oder um Talent: Headhunter sprechen hinter vorgehaltener Hand über Frauen *on the better side of thirty* (ein Ausdruck, der auf ein Alter möglichst weit weg von einer Schwangerschaft hindeuten soll), oder in Großbritannien oder den USA hört man, dass zum Teil horrende Wechsel-Boni gezahlt werden, um sogenannte *black talents* anzuwerben. Es gibt also einen Markt für BIPoC, auf dem viel Geld für einen Wechsel des Arbeitgebers bezahlt wird. Auch wenn sogenannte Sign-on-Boni in der Konzernwelt durchaus üblich sind: Sie für Menschen, die nicht der Mehrheit angehören, ad absurdum zu treiben und einen eigenen Markt daraus zu machen, empfinde ich als eine perfide Entwicklung. Sie zeugt nicht von einer substanziellen Auseinandersetzung mit dem Thema, sondern vom unreflektierten Wunsch nach schnellen Lösungen für ein nicht wirklich ernst genommenes Problem.

Eine Studie des *Harvard Business Manager* von 2022 zeigt,[38] dass diese Vordergründigkeit blitzschnell zum Schuss ins eigene Knie wird. Das geht so: Ein Unternehmen erklärt auf der eigenen Website, in seinen Stellenanzeigen oder Blogs, dass es die wirtschaftlichen Vorteile von Diversität verstanden hat und sich deshalb um eine vielfältige Belegschaft bemüht. Genau das tun rund 80 Prozent der 500 umsatzstärksten US-Unternehmen. Lässt man nun Probanden verschiedene Versionen von Diversity Statements lesen, passiert Folgendes: Je stärker der wirtschaftliche Diversity-Vorteil betont wurde, desto weniger können sich genau die Personen mit den gewünschten Diversitätsmerkmalen vorstellen, dort zu arbeiten: zum Beispiel queere Menschen, People of Colour und Frauen in MINT-Berufen. Der Grund ist ganz einfach: Menschen wollen als Menschen anerkannt werden und nicht als Schublade mit besonderen Kennzeichen. Wer für diese besonderen Kennzeichen ein Leben lang gedemütigt worden ist, möchte nicht plötzlich für genau diese Merkmale von der Straße gesammelt und in die Umsatzmaschine eingespeist werden. Wundert sich wer?

WORKSHIFT in Unternehmen: Management Rigor

Wie in den vorangegangenen Kapiteln gezeigt, ist DEI kein *icing on the cake* und kein HR-Ziel, sondern ein Businessziel. Die Förderung einer Kultur *und* von Strukturen für mehr Zugehörigkeit und Vielfalt erfordert andere Prozesse *und* ein anderes Verhalten auf allen Ebenen. Das braucht Zeit und Einfühlungsvermögen – aber eben auch: konsequentes Management. Ich mag in diesem Zusammenhang den Begriff *management rigor* sehr – auch weil er in diesem Zusammenhang wenig genutzt wird, weil Themenfelder wie DEI vermeintlich weiche Themen sind. Gemeint sind »Strenge« und Fokus, die Unnachgiebigkeit und das ernst gemeinte Durchgreifen, wie man sie in der Privatwirtschaft auch bei jedem anderen Businessziel kennt. Wenn es um Vertriebsziele, um Umsätze, um Marktanteile geht, ist diese Rigorosität im Tagesgeschäft der Unternehmen Alltag. Da wird ein Ziel gesetzt und dann rigoros darauf hingearbeitet: mit klar definierten Aktivitäten, Zeitplänen, Key Performance Indicators (KPIs), Business-Reviews, festgelegten Zuständigkeiten und Verantwortlichkeiten und im Zweifel auch *fire drills*, in Konzernen mit Quartalszahlen eine Normalität. Im Vergleich dazu ist es doch nachvollziehbar, dass mit Awareness-Aktionen, Blogbeiträgen und stereotypen, multiethnischen Barbies und Kens auf den Fotos der Karriereseiten kaum etwas erreicht wird – im Zweifel gar nichts.

DEI-Ziele umzusetzen braucht knallharten Management Rigor, damit es eben kein Nischen-HR-Ziel, sondern ein Businessziel wie jedes andere wird. In meiner Beobachtung passiert nämlich noch etwas, wenn Unternehmen viel reden und wenig nachhaltig Sichtbares tun: Sie ermüden die Belegschaft – was bei denjenigen, die nach eigener Einschätzung »nichts mit dem Thema zu tun haben (wollen)«, zu Genervtheit oder gar (noch mehr) Ablehnung führen kann. Da es um systemische Verhaltensveränderung überall im Unternehmen geht, muss man auf drei Ebenen agieren:

≫ commit top down: Ernst gemeinte Businessziele im Top-Management

»Wir gehen davon aus, dass die Verantwortlichen eines Unternehmens davon überzeugt sind, dass sich die Investition in DEI langfristig auszahlt.« So unangenehm dieser Satz auch klingt, je öfter man ihn liest: Für uns Menschen, erst recht in unserer heutigen Wirtschaft, müssen sich Dinge immer auszahlen. *The right thing to do* reicht als Argument nicht aus, schon gar nicht bei Investitionen. Homo oeconomicus *in full effect*. Aber gehen wir einmal davon aus, dass das Warum geklärt ist. Nach Adam Riese (aka Simon Sinek)[39] muss jetzt das Was und das Wie folgen. Und das funktioniert in hierarchischen Systemen immer dann am besten, wenn es ein klares Zielbild für die Veränderung gibt. Diese strategische Arbeit für Veränderung braucht zwingend erst einmal Commitments von ganz oben. Denn die Legitimation für Veränderung und das Durchsetzen von Veränderung kommen nie von Graswurzelbewegungen oder von ein paar abseits der Norm Arbeitenden wie mir. Es braucht klare und ernst gemeinte Visionen und daraus resultierende Zielformulierungen sowie konkretes Vorleben, wie man die eigenen Prozesse und Abläufe tatsächlich verändern will. Das fängt in den Führungszirkeln an – und warum das so ist, ist schnell erklärt:

Wenn in einem Führungszirkel zehn Menschen sitzen, zum Beispiel neun Männer, eine Frau, alle um die 40 Jahre alt, alle weiß, dann ist es doch wenig erstaunlich, wenn Produktideen an den Interessen und Bedürfnissen diverser Zielgruppen vorbeigehen. Deshalb ist es so wichtig, in diesen Zirkeln immer wieder sehr kritisch zu werden: Wir treffen als homogene Gruppe Entscheidungen für »andere« Menschen. Für »andere« Märkte. Für Milieus und Kulturen, die wir von außen einladen wollen, die wir aber nicht von innen kennen. Können wir das eigentlich? Wahrscheinlich nicht. Darum braucht es das Businessziel Diversity.

Gerade in Deutschland wird verständlicherweise sehr sensibel mit personenbezogenen Daten umgegangen, auch in Bezug auf verschiedene Diversity-Dimensionen (im Gegensatz zu anderen Ländern – in den USA ist zum Beispiel die Frage nach der Hautfarbe durchaus üblich). Annäherungen sind jedoch möglich. Hier einige Vorschläge:

- Gender: Wie ist das Verhältnis von Männern, Frauen, Nonbinären im Unternehmen?
- Kulturen: Aus wie vielen Nationen oder Kulturkreisen stammen die Beschäftigten?
- Sprachen: Wie viele Sprachen werden im Unternehmen gesprochen? Wie groß ist der Anteil an mehrsprachigen Menschen?
- Behinderung: Wie hoch ist der Anteil an Mitarbeitenden mit Behinderung? Und/Oder werden lieber gesetzlich vorgesehene Strafen pro unbesetztem Pflichtplatz bezahlt?
- Alter: Welche Generationen sind zahlenmäßig wie vertreten und wie arbeiten sie zusammen?
- Voll-/Teilzeit: Wie hoch ist die Teilzeitrate innerhalb der Geschlechter und auf den verschiedenen Hierarchiestufen?
- Fluktuation: Wie viele und vor allem welche Mitarbeitenden verlassen das Unternehmen? Werden Gründe für Weggänge getrackt und vor allem genutzt, um etwas daraus zu lernen?
- Krankenstand: Aus welchen Gründen fallen welche Gruppen von Mitarbeitenden wie lange aus?
- Workforce-Design: Wie hoch sind die Aufwendungen für Restrukturierung, Bildung, Weiterbildung – insbesondere unter dem Diversity-Aspekt?
- Personalentwicklung: Welche Mitarbeitenden werden wie gefördert und befördert? Wie viel wird in Ausbildung, Weiterbildung und Coaching investiert?

Ernst gemeinte Selbstverpflichtungen von Unternehmen kann zum Beispiel eine Quote sein, um die Vertretung von typischerweise unterrepräsentierten Gruppen (also zum Beispiel Frauen, Menschen mit Behinderung oder Menschen mit Migrationshintergrund) in der Belegschaft bis zu einem bestimmten Zeitpunkt um einen bestimmten Prozentsatz zu erhöhen. Und ja, der Wandel zu mehr Diversity sägt an diversen Stühlen, stellt eingefahrene Strukturen und Prozesse in Frage – nicht die Menschen selbst. Das ist gut so. Ein klares Bekenntnis zu mehr Vielfalt, schicke Präsentationen, in denen das kommuniziert wird, und der Ausruf an die Belegschaft: »So, jetzt sind wir alle dafür verantwortlich, dass diese Ziele erreicht werden!« – das ist nur der Start.

» reward the middle: Klare Zielvereinbarungen und leistungsabhängige Vergütung

Wenn Unternehmen in der Effizienz- und Kapitallogik mitspielen wollen, müssen Ziele an die Vergütung gekoppelt werden. Dies kann beziehungsweise muss zum einen über die Boni gesteuert werden, die auf Basis des gesamten Unternehmenserfolgs gezahlt werden. Zum anderen, und das ist für mich der Moment der Wahrheit, in dem unbequeme, aber notwendige Managemententscheidungen getroffen werden müssen: Ziele und Leistungsvergütung müssen heruntergebrochen werden: auf klare Kennzahlen, auf klar benannte Experten und Teams, auf Timelines, Reviews und Verantwortlichkeiten bei allen Führungskräften.

Ohne jegliche Commitments (nicht nur bei DEI-Themen), um Veränderungen in Unternehmen zu erreichen, passiert gerne das: Auf schlechte Werte in einer Mitarbeitendenbefragung folgt eine *Listening Session*. Darin verpflichtet man sich, etwas zu verändern, aber ohne konkrete Pläne und Ziele. Das Ganze wird nach unten delegiert und alle werden beauftragt, sich zu engagieren. Die notwendige Arbeit und Sensibilisierung wird vor allem von Menschen geleistet, die selbst zu den betroffenen oder unterrepräsentierten Gruppen gehören. In der Folge ändert sich wenig oder nichts. Und *back to square one*. Wenn Unternehmen ihre DEI-Werte verbessern wollen, machen sie oft Awareness Days oder Blogbeiträge. Wenn sie Sales verbessern wollen, setzen sie Ziele. Letzteres funktioniert – Ersteres nicht.

Also? Ziele ganz oben im Unternehmen zu setzen, ist das eine. Aber sie herunterzubrechen, vor allem dorthin, wo sie am effektivsten umgesetzt werden können, das machen meiner Meinung nach die wenigsten. Wirklich tiefgreifende Verhaltensänderungen können Unternehmen nur erreichen, wenn sie diejenigen in die Verantwortung nehmen, die *tagtäglich* Menschen führen, einstellen, (weiter-)entwickeln, im Zweifelsfall von der Kündigung abhalten: Führungskräfte mit Personalverantwortung. Diese Hierarchieebene, die gern auch *the frozen middle* genannt wird, beeinflusst Mitarbeitende tagtäglich maßgeblich – viel unmittelbarer als jedes gut gemeinte Unternehmensziel. Um genau hier die gewünschten Veränderungen zu bewirken, müssen sich Unternehmen und ihre HR-Expertenteams von der strategischen auf die taktische Ebene begeben, und zwar entlang des gesamten Mitarbeitenden-Lebenszyklus. Konkrete, taktische Zielsetzungen und Maßnahmen könnten beispielsweise anhand folgender Fragestellungen vorgenommen werden:

Rekrutierung und Einstellung:

- Pipeline: Wer baut die Talent-Pipeline auf? Wie wird zusammen mit der Personal- und Recruitingabteilung sichergestellt, dass die Pipeline diverse Talente bereithält? Wenn ein Teil davon automatisiert und KI-basiert ist: Wie wird ein vorurteilsfreier Algorithmus sichergestellt?
- Interviews: Gibt es Trainings, wie Interviews vorurteilsfrei geführt werden können? Wird die Vielfalt an Interviewern sichergestellt?
- Auswahlprozess: Gibt es eine »*Best vs. First*«-Strategie (also ein Rekrutierungsprozess, der darauf abzielt, die beste Person/das beste Tandem einzustellen, und nicht die, die am schnellsten gefunden werden oder verfügbar sind)? Wer trifft unter welchen Kriterien die finale Entscheidung für oder gegen Kandidat:innen?
- Für Führungskräfte, die nicht rekrutieren: Können sie beim Aufbau einer vielfältigen Talent-Pipeline unterstützen, Trainings für vorurteilsfreie Interviews durchführen oder Interview-Shadowing machen und ihre Learnings teilen?

Weiterentwicklung, Beförderung und Retention:

- Wie wird eine gerechte Verteilung *von stretch opportunities* oder *visibility*-Projekten – also Projekten, die zur Weiterentwicklung und Sichtbarkeit von Mitarbeitenden beitragen – sichergestellt und nicht immer an die Gruppe vergeben, die der Mehrheit angehört, am lautesten oder am Vollzeit-verfügbarsten ist?
- Nach welchen Kriterien werden Beförderungen beziehungsweise Gehaltserhöhungen vorgenommen? Wie wird eine einseitig positive oder negative – bewusste oder unbewusste – Entscheidung vermieden? Gibt es bei der Beurteilung von Talenten eine Führungskraft aus einem fachfremden Bereich, die als eine Art *unconscious-bias*-Coach fungieren kann? Unbewusste Vorurteile, die unbemerkt auftreten und unsere Entscheidungsfindung beeinflussen, könnten durch solch eine Coach-Figur aus einem anderen Fachgebiet bewusster gemacht und reduziert werden.
- Verpflichtet sich eine Führungskraft, eine:n Mitarbeiterin oder Mitarbeiter einer unterrepräsentierten Gruppe zu mentorieren – und sich mentorieren zu lassen?

Inklusive Führung:

- Gibt es klare Richtlinien für flexible Arbeitszeiten im Team? Wie wird sichergestellt, dass diese eingehalten und für alle – Vollzeit, Teilzeit, Homeoffice oder Telearbeit – gewährleistet werden, statt denen, die mehr Facetime im Büro haben, mehr Einsatz zu unterstellen?
- Gibt es verbindliche Trainings und Weiterbildungen zu Themen wie Diskriminierung, Rassismus, Sexismus – und dazu, welchen Einfluss sie auf den Arbeitsalltag von Kolleg:innen aus unterrepräsentierten Gruppen darstellen?
- Werden nicht nur Trainings durchgeführt, sondern die Erkenntnisse in Teammeetings und mit anderen Führungskräften diskutiert und konkrete Maßnahmen für den Arbeitsalltag abgeleitet?

Unternehmen müssen meiner Ansicht nach auf diesem Themenfeld lernen, sehr konkret und taktisch zu werden – wenn sie es mit DEI ernst meinen. Die obigen Fragen dienen als Ansatz und Inspiration für Zielvereinbarungen für Führungskräfte. Und von konkreten Zielvereinbarungen ist es nicht mehr weit zu einer konkreten Leistungsvergütung. Damit meine ich, dass Führungskräfte für das Erreichen bestimmter Zahlen verantwortlich sein sollten – und dass ihre unternehmensinternen Privilegien (zum Beispiel die Höhe ihrer Boni, ihre Beförderung) direkt vom Erreichen dieser Leistungsziele abhängen. So wird aus einem »weichen« Kulturthema ein »hartes« Businessthema.

Der Nordstern ist dann nicht mehr eine ethische Vorstellung von Gerechtigkeit, sondern ein harter Anreiz. Solange wir mit unseren Unternehmen in einer globalen Marktwirtschaft eingebunden sind, heißen unsere stärksten strukturellen Hebel *incentives* aka: Geld. Und dass erfolgreiches Talentmanagement ein wichtiges Leistungsindiz und durchaus messbar ist, hat sich in der Wirtschaft bereits herumgesprochen. So gibt es seit Mai 2021 einen neuen ISO-Standard: die ISO 30415 Human Resource Management – Diversity and Inclusion. Deutschland war unter anderem mit zwei Vertretern des Vereins »Charta der Vielfalt« beteiligt. Ergebnis ist nun ein Messinstrument für eine inklusive Organisationskultur, die alle Hierarchieebenen einbezieht und Zuständigkeiten klar verteilt. Gemessen werden praktische Aktivitäten entlang des *employee life cycle*, von Personalplanung über Entlohnung, Leistungsbeurteilung bis hin zu Mobilität und Beschäftigungsende – um nur einige Punkte herauszugreifen. Darüber hinaus werden zum Beispiel auch Beschaffungs- und Lieferkettenbeziehungen abgebildet und Beziehungen zu externen Stakeholdern.[40]

Ein weiterer spannender Ansatz kommt durch das »*Embankment Project for Inclusive Capitalism*« (EPIC) zum Ausdruck, eine Initiative, die durch die Zusammenarbeit der »*Coalition for Inclusive Capitalism*« und der Unternehmensberatung Ernst & Young ins Leben gerufen wurde. In diesem Fall haben sich über 30 weltweit führende Unternehmen mit einem gemeinsam verwalteten Gesamtvermögen von beinahe 30 Billionen US-Dollar zusammengetan, um innovative, langfristig orientierte Maßstäbe zu entwickeln.[41] Die Initiative zielt darauf ab, eine breitere Perspektive auf den Geschäftserfolg zu etablieren, die über kurzfristige finanzielle Ergebnisse hinausgeht. Durch die Entwicklung und Implementierung neuer Kennzahlen, die die Schaffung langfristiger Werte messen, gehen die beteiligten Unternehmen einen entscheidenden Schritt in Richtung eines wirtschaftlichen Modells, das nicht nur auf finanzielle Rendite abzielt, sondern auch auf soziale Verantwortung und Umweltnachhaltigkeit achtet. Der praktische Nutzen liegt darin, dass diese neuen Kennzahlen den Unternehmen ermöglichen, ihre Geschäftsaktivitäten und ihre Leistungsfähigkeit in Bezug auf eine breitere Palette von Faktoren zu bewerten. Dies beinhaltet sozialen Zusammenhalt, Umweltauswirkungen und langfristige Wertschöpfung für die Gesellschaft. Durch die Berücksichtigung dieser erweiterten Maßstäbe können Unternehmen strategische Entscheidungen treffen, die nicht nur kurzfristige Gewinne maximieren, sondern auch einen positiven Beitrag zur Gesellschaft und zur Umwelt leisten. Wie sich das auf die Geschäftsergebnisse der Unternehmen auswirkt, wird sich erst langfristig zeigen.

Schon heute klar belegt ist der positive unternehmerische Effekt der gezielten Messung und Offenlegung von Human-Capital-Deployment-Daten (HCD). Gemeint sind transparente Informationen über die strategische Verteilung und Nutzung der Mitarbeiterressourcen in einer Organisation. Eine Studie aus Großbritannien illustriert, wie sich diese Praxis auf die finanzielle Performance von Unternehmen auswirken kann: Unternehmen, die sich dazu entschlossen haben, ihre HCD-Daten zu messen und offenzulegen, konnten eine Rendite auf ihr investiertes Talent (ROIT) von 3,01 erzielen. Dies bedeutet, dass für jeden Dollar, der in die Förderung der Mitarbeitenden investiert wurde, ein Ertrag von 3,01 Dollar erzielt wurde. Dieser ROIT zeigt, wie sich die Erfassung und Kommunikation von HCD-Daten positiv auf den finanziellen Erfolg eines Unternehmens auswirken kann. Demgegenüber stehen Unternehmen, die auf die Offenlegung dieser Daten verzichteten. Diese erzielten lediglich eine Rendite von 1,17 auf ihre Talentinvestitionen. Besonders interessant ist, dass die Unternehmen, die ihre HCD-Informationen offenlegten, ihre operative Gewinnmarge um 33 Prozent steigern konnten. Das zeigt, dass auch andere

Kennzahlen als die bisher üblichen die finanzielle Rentabilität verbessern und einen erheblichen Einfluss auf die betriebliche Effizienz und Wettbewerbsfähigkeit eines Unternehmens haben können.[42]

≫ promote allyship bottom up

Aufstehen für die eigenen Rechte. Sich zeigen. Sich organisieren. Laut werden. Schon privilegierten Beschäftigten fällt das schwer, und sei es nur, um den eigenen Wunsch nach reduzierten Arbeitszeiten zu äußern. Wenn die zahllosen Erklärungen, Bitten und Rechtfertigungen mich schon viel Energie gekostet haben – wie viel schwerer muss es dann Menschen aus marginalisierten Gruppen fallen? Sei es, weil sie im Laufe ihres Lebens viele Demütigungen einstecken mussten und sich unsichtbar sicherer fühlen. Sei es, dass sie durch Mehrfachbelastung mit mehreren Jobs, Kinderbetreuung und/oder die Pflege von Angehörigen zu müde sind. Wie viel Energie es raubt, sich ständig zu rechtfertigen, kenne ich als Frau, und dann auch noch in Teilzeit arbeitend, nur zu gut. Vielleicht wollen sie ihr Anderssein auch nicht zum öffentlichen Thema machen. All das ist verständlich – und führt doch dazu, dass sich ungerechte Strukturen oft weiter verfestigen. Für Mitarbeitende heißt das: Lebenschancen können nicht genutzt werden. Aus wirtschaftlicher Sicht heißt das: Ein Pool an Talenten ist nicht oder zu wenig zugänglich.

Das ist der Hintergrund der Idee von *allyship*. Gemeint ist, dass wie auch immer privilegierte Personen aus freien Stücken ein Bündnis mit Personen, die nicht zur Majorität gehören, eingehen. Nicht nur Führungskräfte – sondern alle, die es können! Dieses Bündnis bezieht sich auf die Förderung ihrer beruflichen Entwicklung. Persönliche, private Fragen spielen da natürlich hinein, stehen beim Konzept *allyship* im Unternehmenskontext aber nicht unbedingt im Vordergrund. Hier ein paar Beispiele:

- **Inakzeptables Verhalten ansprechen:** Nein, es ist nicht in Ordnung, sich über die Herkunft, die Religion oder die sexuelle Orientierung eines Menschen lustig zu machen, auch wenn es »nicht so gemeint« war. Menschen aus unterrepräsentierten Gruppen lachen über derartige Witze häufig mit, fühlen sich möglicherweise aber trotzdem nicht wohl dabei. Hier gilt es, Partei für jemanden zu ergreifen, der dies nicht für sich selbst tut.
- **Auf inklusive Sprache achten:** Nein, es ist nicht in Ordnung, den Namen der koreanischen Mitarbeitenden falsch auszusprechen oder ihr sogar einen anderen zu verpassen, um sich die Mühe zu sparen. Und es ist nicht immer klar, dass ein Mensch so angesprochen werden möchte, wie es sein biologisches Geschlecht nahelegt. Im Zweifelsfall: nachfragen. Üben, üben, üben. Konsequent umsetzen.
- **Zuhören und nachfragen:** Studien zeigen, dass Menschen aus unterrepräsentierten Gruppen in Meetings weniger Redezeit beanspruchen und bekommen. Übrigens: Unterrepräsentiert sind gerade in sogenannten High Performance Teams auch gerne introvertierte Charaktere. Deshalb gehört es zu den Aufgaben einer Führungskraft, proaktiv nachzufragen, alle Beteiligten miteinzubeziehen und wirklich zuzuhören. Nur so gelingt die gewünschte Perspektivenvielfalt am Tisch.
- **Courage bei Statusspielen:** Wir kennen es alle: In einer Besprechung greift eine Person mit hohem Status die Idee einer statusniedrigeren Person auf, präsentiert diese als ihre eigene und lässt sich dafür feiern. Es braucht Mut, in einem solchen Augenblick zu sagen: »Entschuldigung, ich fand das eine tolle Idee von *ihr* (oder ihm). Ich möchte, dass sie gehört wird.« Es geht darum, die Stimme der Überhörten zu *verstärken* – ohne sich selbst in den Mittelpunkt zu stellen.
- **Selbstreflexion:** Über die eigenen Stereotype und Vorurteile nachdenken. Die eigenen Privilegien verstehen. Lernen, zum eigenen Anderssein zu stehen. Anstrengend. Aber ein entscheidender Gamechanger, weil Selbstreflexion und die innere Reifung, wie schon mehrfach in diesem Buch erwähnt, wichtige Hebel sind, um die eigene Haltung zu ändern.

- **Wirklich, wirklich wollen:** Geht es tatsächlich darum, Vielfalt voranzutreiben? Oder wird Diversity hauptsächlich deshalb zum Thema gemacht, weil sich einzelne Personen damit selbst aufwerten wollen? Wenn es so ist – Vorsicht. Dann wandert der Fokus ganz schnell weg von den marginalisierten Menschen und hin zu den neuen Diversity-Helden: neun Männer, eine Frau, alle weiß und um die 40. Siehe oben.

Zum Ende dieses Kapitels möchte ich zwei Menschen zitieren, die mich in diesem Zusammenhang sehr beeindruckt haben: zum einen die preisgekrönte britische Bestseller-Autorin Bernardine Evaristo, in deren Roman *Girl, Woman, Other* drei ihrer Hauptcharaktere einen wichtigen Punkt diskutieren: Was Privileg bedeutet, ist immer relativ, ist immer abhängig vom jeweiligen Kontext:

»*Courtney [...] warned against the idea of playing ›privileged Olympics‹ and wrote in Bad Feminist that privilege is relative and contextual [...] Is Obama less privileged than a white hillbilly growing up in a trailer park with a junkie single mother and a jailbird father? Is a severely disabled person more privileged that a Syrian asylum-seeker who's been tortured?*«[43]

Courtney argumentiert, dass wir über Ungleichheit ganz neu nachdenken und diskutieren müssen.

Ein ähnliches Plädoyer vor dem Hintergrund einer anderen Erfahrung hörte ich in einem Morgen.Salon von Philip Oprong Spenner, der als Straßenkind in Nairobi ums Überleben kämpfte und heute Lehrer in Hamburg ist – eine unglaubliche Geschichte, sein Buch *Move on up – ich kam aus dem Elend und lernte zu leben* (Ullstein Verlag) geht unter die Haut und ist sehr empfehlenswert. Er teilte uns an diesem Morgen etwas mit, das ich so nicht erwartet hatte: Er sagte, eines seiner größten Learnings sei, das subjektive Empfinden von Glück und Elend habe immer und für jeden eine eigene Berechtigung. Das pure Glück eines Menschen, der am einen Ende der Welt in ein Stück Brot beißt, und das eines anderen Menschen, der am anderen Ende der Welt mit einem technischen Gadget spielt, seien per se nicht verschieden und brauchten keine moralische Bewertung – auch wenn die soziale Ungleichheit der Situationen objektiv geradezu irrsinnig ist. Aber Empfinden ist subjektiv, und so sollten wir Menschen dort begegnen, wo sie sind, und ihre Situation so nehmen, wie sie ist.

Ich stimme sowohl Courtney als auch Philip zu. Wir brauchen sowohl in den Unternehmen als auch in der Gesellschaft einen neuen Diskurs über Ungleichheiten, Ausgrenzung, Diskriminierung und deren Folgen, der offener und unvoreingenommener geführt wird. Wenn es um nachhaltige Veränderungen geht, sitzen Menschen mit Privilegien nun einmal im Fahrersitz. Aber viele nutzen diese Positionen nicht, um Veränderungen anzustoßen. Warum das so ist, erklärte Robert Franken in einem anderen Morgen.Salon einmal so: Sich die eigenen Privilegien bewusst zu machen und diese zu nutzen, um mehr Gerechtigkeit für andere zu erreichen, kann sich für privilegierte Menschen manchmal so anfühlen, als liefe es auf eine Benachteiligung für sie selbst heraus.[44] Klar: Wer einen Kuchen teilt, hat hinterher selbst weniger davon. Aber wer sagt denn, dass diese Metapher überhaupt die richtige ist? Heißt es nicht auch: Geteiltes Glück ist doppeltes Glück? Also: Allyship ausprobieren – es verändert nicht nur die Chancen derjenigen, für die man sich einsetzt, sondern auch das eigene Leben.

Connecting the Dots

Auch wenn es vielerorts noch schwerfällt, Vielfalt, Chancengerechtigkeit und Zugehörigkeit kulturell und strukturell zu leben: Vor dem Gesetz hat sich seit den 1950er Jahren vieles zum Positiven verändert – denn in der Theorie genießen Menschen gleiche Rechte unabhängig von Geschlecht, Hautfarbe, Alter, Religion oder sexueller Orientierung. Diese Rechte wurden und werden im politischen Raum hart erkämpft und stehen in vielen Ländern dieser Welt (immer noch, oder wieder) auf dem Prüfstand. Um Vielfalt aber in allen Gesellschaftsbereichen zu sehen, zu leben und zu fördern, müssen wir die Gleichwertigkeit und Gleichwürdigkeit aller Menschen anerkennen – wie es auch in unserem Grundgesetz verankert ist. Leider fehlt dieses Bewusstsein in manchen Köpfen. Und leider wird auch viel zu wenig darüber nachgedacht, wie Vielfalt mit dem zusammenhängt, was Vielfalt überhaupt erst möglich macht: einem gesunden Planeten.

Der politische Faden: Gesellschaft ist/braucht/ bleibt Vielfalt

Das politische Prinzip der einflussreichsten sozialen Schichten folgt dem Prinzip der Exklusion, nicht der Inklusion. Wir sehen die Exklusion der unteren und zum Teil auch mittleren sozialen Klassen aus bestimmten Bereichen der Infrastruktur – qualitativ angemessene Bildung, medizinische Versorgung, gesundes Wohnen. Und wir erleben auch die Ausgrenzung von Menschen, die sich um Kinder, Kranke, Alte kümmern. All das führt zu Ungerechtigkeit und einem Mangel an Vielfalt – und auch an vielfältigen Lösungen! Die langfristigen negativen Auswirkungen auf Wirtschaft und Gesellschaft werden weitgehend ignoriert. Und sie hängen wesentlich mit der Art und Weise zusammen wie und an was wir arbeiten. Denn »nur wer eine hinreichend komplexe und anregungsreiche Arbeitstätigkeit ausübt, wird auch über die Selbstachtung, die intellektuelle Initiativkraft und die sozialen Kompetenzen verfügen können, die erforderlich sind, um sich als vollwertiges Mitglied einer arbeitsteilig organisierten Gesellschaft von freien und gleichen BürgerInnen verstehen zu können.«[45] Politisch und gesamtgesellschaftlich erkenne ich drei Felder, die ganz besonders zu mehr Vielfalt und vor allem Chancengerechtigkeit in unserer Gesellschaft beitragen würden:

Erstes Feld: Die Mittelklasse

Von Scott Galloway[46], Professor für Marketing an der Stern School of Business der New York University und in Managementkreisen beliebter Speaker, habe ich in einem Podcast gelernt, dass die (US-amerikanische) Mittelklasse kein natürliches soziales Phänomen ist. Ich referiere an dieser Stelle frei seinen Gedankengang, weil er so auch auf viele andere Länder zutrifft:

Im Laufe der Geschichte gab es in der Regel einen sehr kleinen Teil von Menschen – vielleicht ein Prozent einer Bevölkerung –, die durch Erbschaft oder Glück zu wichtigen Ressourcen kamen, während die Mehrheit der Menschen (das Volk, lat. *populus*, aka der Pöbel) mehr oder weniger hungerte. Erst mit dem weltweiten Wirtschaftswachstum seit dem Zweiten Weltkrieg entstand für einen größeren Teil der Menschen die Chance, sich einen bescheidenen Wohlstand zu erarbeiten: Haus, Auto, Fernseher, Fleisch, Schulbildung für die Kinder. Aber: Die Mittelschicht ist kein natürliches Phänomen – sondern ein politisch gewolltes! Der Markt regelt das eben *nicht* von alleine, sondern er begünstigt lediglich eine permanente Umverteilung von Ressourcen. Je besser die Steuersätze für Reiche und je ungünstiger für Normal- und Wenigerverdiener, desto mehr steigt die reiche Schicht auf, und die anderen Schichten steigen ab. Laut Galloway ist das eben nicht die Folge ihres ökonomischen (Miss-)Erfolgs, sondern die Folge politischer Entscheidungen: Deutschland und die allermeisten westlichen Länder in der Welt finanzieren sich über Steuern – vor allem über Steuern auf Konsum und Arbeit. Wer arbeitet, zahlt Einkommensteuer, Mehrwertsteuer, Sozialabgaben (in Deutschland auch nicht zu knapp). Große Teile des Kapitals haben sich dagegen seit den 1980er Jahren der Besteuerung entzogen. »Während das Herz der working class schwächelt, pumpt das der Kapitalseite immer schneller, immer kräftiger«, schreibt die Journalistin, Autorin und Filmemacherin Julia Friedrichs in *Working Class*. Auch weil die Regierungen der meisten wohlhabenden Länder entscheiden, dass die Arbeit die Hauptlast tragen solle, wenn es um die Finanzierung der gemeinsamen Aufgaben und der Sozialsysteme geht.[47] Dabei steht es um die Finanzierung der öffentlichen Strukturen nicht gut. Öffentliche Bildung, Infrastruktur, dritte Orte, örtliche Sportvereine, Jugendzentren, Erzieher-, Pädagogen-, Lehr-, Pflege- und Heilberufe ächzen an allen Ecken und Enden vor zu wenig und immer reduzierteren Investitionen von der Politik. Auch Scott Galloway plädiert dafür, dass die Politik aber dringend genau hier investieren sollte, um Gemeinschaft, Demokratie und vor allem: deren Mittelklasse darin zu stärken! Als ich ihn das sagen hörte, war ich überrascht: Solch eine sozial scharfe Analyse hatte ich von einem superreichen Unternehmer und Ivy-League-Professor nicht erwartet – in den USA würden ihn viele als *socialist* bezeichnen. Jedenfalls: Das politische Prinzip der einflussreichsten sozialen Schichten heißt Exklusion, nicht Inklusion – und eine starke Mittelschicht ist ein wesentlicher Hebel, dem entgegenzuwirken.

Zweites Feld: Re-Definition von (systemrelevanten) Leistungsträgern

Hierzulande ist Inklusion fest verbunden mit Erwerbsarbeit. Das führte und führt zu absurden Blüten: In der Coronapandemie zum Beispiel flossen politische und monetäre Unterstützung direkt den sogenannten Leistungsträgern in der Wirtschaft zu – während Mütter und Väter mit kleinen Kindern, Töchter und Söhne mit pflegebedürftigen Eltern allein hängen blieben zwischen Homeoffice und Care Work und dafür oft auch noch Gehaltseinbußen hinnehmen mussten.

Die Erwerbsarbeit-Zentrierung führt außerdem zu einer riesigen Zahl von Frauen in Altersarmut[48] – denn noch immer ist unsere finanzielle Sicherheit daran geknüpft, ein möglichst ununterbrochenes Angestelltenverhältnis gehabt zu haben. Noch einmal: Warum wird die Rente eines typischen deutschen Paares – Vollzeitjob-Mann und Vollzeit-Care-plus-Teilzeitjob-Frau – nicht immer hälftig geteilt? Steuerlich gemeinsam veranlagt wird man doch auch? Verrückterweise führt also unsere vermeintliche Leistungsträger-Politik zu einer systematischen Benachteiligung von den Menschen, die sich um die »nachwachsenden« Fachkräfte von morgen kümmern. Kein Wunder also, dass es davon zu wenige gibt. Dabei gibt es längst Überlegungen zu dem Wert der unsichtbaren Care-Leistungen. Nach Berechnungen der Hilfsorganisation Oxfam arbeiten Frauen und Mädchen weltweit mehr als zwölf Milliarden Stunden ohne Bezahlung. Das entspricht – gemessen am Mindestlohn – einem Wert von elf Milliarden Dollar pro Jahr.[49]

Kurz: Wir erleben die Exklusion der mittleren und unteren sozialen Klassen aus bestimmten Bereichen der Infrastruktur. Wir erleben außerdem die Exklusion von Care-Leistungsträgerinnen von Ressourcen. Beides führt zu mangelnder Gerechtigkeit, zu fehlender Vielfalt. Die bereits beschriebenen, langfristigen negativen Folgen für Wirtschaft und Gesellschaft werden so weitgehend ignoriert.

Drittes Feld: Positive Visionen

Wo wollen wir hin, wenn wir Vielfalt sagen? Was ist die Vision, das Leitbild von Unternehmen und Regierungen, wenn es um ein Land voller Vielfalt, Chancengerechtigkeit und Inklusion geht? Wir brauchen ein Bild, in dem sich möglichst *alle,* zumindest möglichst *viele* Menschen wiederfinden, ob Mehrheit oder Minderheit. Natürlich ändern sich Menschen nur dann, wenn sie einen Nutzen erkennen. Deshalb muss das Zielbild viel mehr mit Leben gefüllt werden, es muss viel kontinuierlicher und umfassender erzählt werden. Und dafür brauchen wir vielfältigere Menschen in Macht- und Entscheidungspositionen. Erst dann wird der Slogan und Hashtag *representation matters* mit Inhalt gefüllt. Davon sind wir heute sowohl in Wirtschaft als auch Politik weit entfernt. Immer noch kommen Menschen mit den immer gleichen Lebensläufen in den immer gleichen Gremien zu den immer gleichen Ergebnissen. Wie sollen da vielfältige und inklusive Teams entstehen, die Lösungen für eine vielfältige und inklusive Welt entwickeln?

Der grüne Faden: Eine vielfältige Welt ist eine gesunde Welt

Diversity in Gemeinschaften aller Art erfordert die uneingeschränkte Anerkennung und Akzeptanz der Vielfalt von Menschen, einschließlich ihrer individuellen Stärken, Schwächen und Beiträge. Durch diese Haltung entsteht ein Umfeld, das dazu ermutigt, Beziehungen zwischen verschiedenen Aspekten herzustellen – auch hin zu den großen, übergeordneten Zusammenhängen. Ein ganzheitliches Verständnis von Zusammenhängen ist entscheidend, um komplexen globalen Herausforderungen wie dem Klimawandel, sozialen Ungerechtigkeiten oder wirtschaftlichen Schieflagen zu begegnen. Der Bogen vom Kleinen zum Großen wird oft nicht geschlagen, und doch ist er wirksam: Wenn Unternehmen Diversität fördern und ein holistisches Denken kultivieren, können sie einen positiven Beitrag zu einer nachhaltigen und integrativen Entwicklung auf globaler Ebene leisten: für den Menschen, für seine Wirtschaft, für den Planeten. Das ganzheitliche Denken macht den Unterschied – und es fällt gerade uns »Westlern« schwer. Es scheint uns geradezu absurd, wenn Wirtschaftswissenschaftler wie Alberto Acosta, der frühere Minister für Energie und Bergbau in Ecuador, fordern: »Wir müssen die Trennung von Natur und Menschen aufheben und die Natur als Rechtssubjekt anerkennen.« Er war einer derjenigen, die dafür sorgten, dass Ecuador 2008 die Rechte der Natur in der Verfassung festschrieb – als erstes Land überhaupt. Auch in anderen Ländern gelten Tiere, Pflanzen oder Biotope mittlerweile als Rechtssubjekte oder werden als solche diskutiert.[50]

Wenn wir von hier aus noch einen Schritt weitergehen, können wir eine Grundidee des politischen Philosophen John Rawls damit verknüpfen: Eine Gesellschaft ist dann gerecht, wenn sie auch dem Schwächsten ein würdiges Leben ermöglicht. Dazu entwickelte er folgendes Gedankenexperiment:[51] Angenommen, wir müssten gemeinsam darüber entscheiden, in welcher Art von Gesellschaft wir leben wollen. Wobei niemand weiß, welche Rolle er darin spielen wird: Präsidentin oder Lehrer oder arbeitsloser Mensch? Seine Frage war dann: Würden sich jede oder jeder Einzelne von uns dann für eine Gesellschaft aussprechen, in der nur Ärzt:innen gut verdienen, oder für eine, in der auch Arbeitslose in irgendeiner Weise aufgefangen werden? Und wenn wir das jetzt weiterdenken: Würden wir uns auch dafür einsetzen, dass Vögel, Bäume, Flüsse und Meere »aufgefangen« werden?

Würden wir uns für eine Gesellschaft und eine Wirtschaft entscheiden, die ihre natürlichen Lebensgrundlagen zerstört, wenn wir selbst unmittelbar von dieser Zerstörung betroffen sein könnten?

WIRKUNGSFELD: KENNZAHLEN

Wie wir eigene Werte neu setzen und kultivieren können, wie Unternehmen Wachstum anders denken und messen sollten und warum die Wirtschaft jetzt neue Wege gehen muss.

Warum Wirtschaft nur auf Wachstum setzt

Wer bis an diese Stelle im Buch gekommen ist – erst mal: Glückwunsch! Man könnte nun aber auch fragen: Wo ist der Haken – warum klappt es noch nicht so, wie ich es vorgeschlagen habe? Warum ändern Unternehmen ihre Zeitstrukturen nicht? Warum definieren sie Arbeit und Leistung nicht einfach neu? Warum bringen sie soziale Ungleichheiten und den zunehmenden Klimawandel nicht direkt mit ihrem Handeln in Verbindung? Auf meiner eigenen Reise zu einem besseren Verständnis der Arbeits- und Wirtschaftswelt ist mir klar geworden, warum sich trotz der vielen Beweise, wie sehr Unternehmen der »großen Wirtschaft« von Veränderungen profitieren könnten, wenig bis gar nichts tut: Die nachgewiesenen Vorteile und Gewinne sind allesamt *langfristige* Benefits. Diese werden derzeit fast immer von *kurzfristigen* Gewinnen übertrumpft. Denn kurzfristige Ziele gelten im Hyperkapitalismus in Bezug auf Produktivität, Wettbewerbsfähigkeit, Shareholder Value als vermeintliche Retter von allem und jedem. Deshalb muss die Wirtschaft, wenn sie wirklich etwas verändern will, ihre Kennzahlen updaten. Das heißt, die Anreize, die Metriken, die Verhaltensmechanismen zu verändern, nach denen sich Unternehmen richten, mit denen sie steuern und in deren Rahmen Individuen und Unternehmen auf Märkten miteinander interagieren. Aktuell messen sie vor allem eine Bewegung: Wachstum. Wachstum ist für uns gleichbedeutend mit wirtschaftlicher Wettbewerbsfähigkeit, individuellem Wohlstand und einem schönen Urlaub im August. Wachstum zählt mehr als alles andere.

Tatsächlich ist es gesellschaftlich notwendig, für funktionierende Schulen und Bahnhöfe zu sorgen und für eine sich ständig wandelnde Bevölkerung immer wieder die richtigen Häuser, Autos und Milchtüten zur Verfügung zu stellen. Ohne wirtschaftliche Produktivität funktioniert unsere Gesellschaft nicht, ohne Konsum funktioniert unsere Wirtschaft nicht – und beides passiert auf dem Rücken unserer Arbeit. Dass beides schon heute eigentlich nicht mehr funktioniert, wissen wir. Wir wissen, dass unsere auf Produktivität, Konsum, vor allem aber auf dem Wachstum dieser Faktoren beruhende Welt so viele Zerstörungen nach sich zieht – regional wie global –, dass eine Kursänderung immer dringender wird. Fragt sich nur: Wo ist der Hebel, der diese wild gewordene Wachstumsmaschine umsteuert?

Ich meine: im Cockpit. Wir können die Maschine umsteuern, indem wir die Messtafeln auf dem Armaturenbrett austauschen – und über ein Tempolimit nachdenken. Konkret: Statt das Bruttoinlandsprodukt (BIP) sowie die unternehmerischen Kennzahlen, die das BIP ausmachen, immer weiter nach oben zu treiben und als einzigen Erfolgs- und Vergleichsmesswert zu glorifizieren, könnten wir diesen Messwert endlich mit dem kombinieren, was Gesellschaften über die rein wirtschaftlichen Faktoren hinaus gesund, zufrieden, gerecht – und ja, auch wohlständig macht: mit sozialen und ökologischen Messpunkten. So hätte man einerseits den Bereich im Blick, in dem sich das BIP einpendeln müsste, ohne den Motor zu ruinieren. Andererseits verhinderte das Tempolimit ausufernden Raubbau an sozialen Ressourcen wie unserer Gesundheit, der Stabilität unserer Gesellschaft und ökologischen Ressourcen wie Tiere, Pflanzen, Land, Wasser, Luft, ...

Reicht es aber aus, neue Messwerte zu definieren, um unsere Gesellschaft, unsere Wirtschaft und letztendlich uns selbst tiefgreifend zu verändern? Ein Blick auf die Geschichte unserer Messwerte zeigt: Ja! Unsere Arbeitswelt tickt im Takt der Messinstrumente der Wirtschaft. Nicht der Moral, nicht der Menschlichkeit. Das ist neuzeitliches *icing on the cake* und erreicht Ziele nur über Bande gespielt. Controlling, Management, Politik – gesteuert wird heute überall über Performance-Regeln für wirtschaftlichen Erfolg. Regeln, die oft so alt sind, dass wir vergessen haben, wo sie herkommen. Wir haben vergessen, dass es sich bei diesen Regeln nicht um Naturgesetze handelt, sondern um unsere eigenen Erfindungen. Höchste Zeit, die Maschine neu zu erfinden. Update, bitte!

Die alte Leier: Wirtschaft will Wachstum

Blick zurück in das 17. Jahrhundert, in eine Zeit des Wandels und Fortschritts. In England spielte sich eine Revolution ab, nicht mit Waffen, sondern auf den Feldern. Die Menschen entdeckten neue Methoden, um ihre Äcker effizienter zu bewirtschaften. Die Erträge stiegen, endlich konnte genug Nahrung produziert werden, um den Hunger zu stillen. Eine Agrarrevolution. Und auch eine soziale Revolution, weil Hunger und Armut bis dahin Alltag waren – für die meisten jedenfalls. Dann kam das 18. Jahrhundert und mit ihm eine weitere Revolution. England verwandelte sich von einem Agrarstaat in eine Industrienation. Was trieb diesen Wandel neben der brutalen Ausbeutung von Sklaven an? Technologie. Maschinen und auch die neuen Düngemittel aus der Chemieindustrie. Diese Fortschritte machten die massenhafte Produktion von billigen Waren möglich – und befeuerten die Fantasie des unendlichen Wachstums bei immer weniger Arbeit. Eine Schlaraffenland-Fantasie. Eigentlich war immer klar, dass unendliches Wachstum bei gleichbleibenden Ressourcen nicht möglich ist. Bei schrumpfenden Ressourcen erst recht nicht.[1] Trotzdem hielt man an dieser irrationalen und vor allem völlig eindimensionalen Idee fest.

»... wir steigern das Bruttosozialprodukt«

»Jede Epoche braucht ihre eigenen Kennzahlen«, schreibt Rutger Bregman.[2] Im 18. Jahrhunderts war der Orientierungspunkt der Umfang der Ernte, im 19. Jahrhundert vermaß man das Eisenbahnnetz und die Menge der ausgegrabenen Kohle. In den 1950er Jahren, nach der tiefen Verunsicherung durch zwei Weltkriege, wuchs die Faszination für eine neue Kennzahl: das Bruttoinlandsprodukt – das Maß für die wirtschaftliche Leistung einer Volkswirtschaft in einem bestimmten Zeitraum: In der öffentlichen Debatte wurden die Stimmen einer neuen Generation von Wirtschaftstechnokraten laut, denen geradezu magische Fähigkeiten zugetraut wurden: »Sie konnten die Realität steuern und die Zukunft voraussagen.«[3] Weil diese Realitätssteuerung über Kennzahlen auf den ersten Blick erst einmal funktionierte, setzte sich die Idee fest, die Volkswirtschaft sei ein Apparat, bei dem Unternehmer und Politiker vorne auf die richtigen Knöpfe drücken müssten, damit hinten Wachstum herauskommt.

Bis heute gilt das BIP als wichtigste Größe der volkswirtschaftlichen Gesamtrechnungen, bis heute gehört diese Zahl zu den Indikatoren des Internationalen Währungsfonds (IWF). Man kann sich das vorstellen wie vierteljährliche Schulnoten für die Wirtschaft eines Landes. Und dieser Vergleich erklärt auch schon das größte Problem: So wie eine Schulnote nicht wirklich etwas über das Potenzial und die Probleme eines jungen Menschen aussagt, liefert auch das BIP nur so etwas wie eine statistische Fiktion – aber nicht *die* Wahrheit über eine Volkswirtschaft, vor allem nicht die ganze über das, was ein »Volk« ausmacht. Rutger Bregman bringt das sehr schön auf den Punkt, wenn er schreibt: »Wir sind immer noch auf Effizienz und Zugewinne fixiert, so als wäre die Gesellschaft nichts anderes als eine gewaltige Fertigungsstraße.« Aber schon Robert Kennedy wusste: »Das Bruttosozialprodukt misst alles mit Ausnahme der Dinge, die das Leben lebenswert machen.«[4]

Wir wissen das sehr genau, und dass das BIP sogar offensichtlich zerstörerische Vorgänge als »Wachstum« verbucht, ist auch bekannt. Dennoch: Der »Wachstumszwang« wurde zur fixen Idee. Die vermeintliche Logik dahinter geht so:

Die Story vom Wachstumszwang

Unternehmen konkurrieren. Im Kampf um Marktanteile und Konsumenten werden die Produktionsmengen möglichst hochgefahren und die Kosten für Arbeit und Material möglichst gedrückt. Doch die Konkurrenz zieht nach, und das auch noch mit Innovationen und/oder Preisdumping. Um mitzuhalten, wird weiter um Wachstum gekämpft. Wer keine Gewinne aus Wachstum erzielt, kann sich nicht weiterentwickeln, und wer stillsteht, wird verdrängt. Pleite. Damit gehen Jobs verloren. Passiert das in vielen Unternehmen gleichzeitig, brechen die Steuereinnahmen ein, steigen die staatlichen Sozialausgaben und die Verschuldung. Wenn der wirtschaftliche Aufschwung ausbleibt, hieße das Ende der Story: Staatsbankrott und Verlust dessen, was Wohlstand genannt wird.

Eine Horrorgeschichte. Aber stimmt sie auch? Kommt, wenn es kein Wachstum gibt, der befürchtete Abwärtsstrudel so sicher wie eine Naturkatastrophe? Oder, grundsätzlicher gefragt: Ist die Art von Wachstum, auf die wir setzen – mit den gerne übersehenen Risiken und Nebenwirkungen Umweltzerstörung, menschenunwürdiges Outsourcing, geopolitische Abhängigkeiten –, überhaupt die richtige Art von Wachstum?

Politökonomin, Expertin für Nachhaltigkeitspolitik und Transformationsforschung und Autorin Prof. Dr. Maja Göpel bezweifelt das. Sie hat die Ideengeschichte der westlichen Wirtschaft erforscht und auf drei Männer des 18. und 19. Jahrhunderts zurückgeführt: den bereits genannten schottischen Ökonomen Adam Smith mit seiner Idee, der Eigennutz jedes Einzelnen führe automatisch zu einem Wohlstand für alle; den britischen Nationalökonomen David Ricardo, dem zufolge internationale Arbeitsteilung zu Tiefstpreisen sinnvoller ist als lokale Produktion; den britischen Naturforscher Charles Darwin mit seiner Entdeckung, dass immer dasjenige Lebewesen überlebt, das sich am besten anpasst. *Survival of the fittest*. Unter dem Einfluss dieser Männer änderte sich im Laufe des 19. Jahrhunderts das Spiel. Es ging nicht mehr um die ausreichende Produktion von Betten, Wintermänteln und Brot. Es ging um Wachstum. Seitdem ist Wirtschaft wie ein Nahkampf im Hamsterkäfig: Jeder gegen jeden, wobei sich jeder als Einzelkämpfer die Backen so vollstopft wie irgend möglich und dabei glaubt, dass sei eine gute Idee für *alle*. Wie kamen die Vordenker auf diese Ideen? Ihre Beobachtungen waren damals gar nicht so abwegig, wie sie heute scheinen: Globale Konzerne gab es noch nicht, Finanztransaktionen im Millisekundentakt auch nicht, und es gab auch keine internationale Hightech-Industrie, die ihr Wachstum darauf aufbaut, dass unterernährte Kinder durch Kobaltminen kriechen. Die Theorie hielt sich trotzdem. Und Theorie macht bis heute vermeintlich alternativlose Praxis.[5]

In der Praxis sehen wir heute Konzerne, die mit ihrem straffen Kurs hin zu wachsenden Aktienkursen aka Shareholder Value Wirkungen in Kauf nehmen, die man nicht anders bezeichnen kann als zerstörerisch. Und wir sehen die Messgröße BIP immer noch als Gradmesser unseres Wohlstands und Kompass unserer Wirtschaft, obwohl sie weder als Gradmesser noch als Kompass funktioniert.

Was das BIP misst – und was nicht. Und welche strukturelle Folgen das hat.

Das BIP misst nicht die Wahrheit der wirtschaftlichen Lage einer Nation, es misst eine Idee.[6] Eine Idee, die aus der Zeit gefallen ist, weil sie Kredit bei der Zukunft nimmt. »Im Krieg ist es sinnvoll, die Umwelt zu verschmutzen und sich zu verschulden«, schreibt Rutger Bregman. »Es kann sogar richtig sein, die Familie zu vernachlässigen, die Kinder zur Arbeit in eine Fabrik zu schicken, die Freizeit zu opfern und alles zu vergessen, was das Leben eigentlich lebenswert macht.«[7] Heute ist es ganz offensichtlich nicht sinnvoll, Kredit bei der Zukunft zu nehmen. Es ist nicht sinnvoll, dass die Krebserkrankung oder der Autounfall eines Menschen mit all seinen Folgekosten für Heilung und Reparatur rechnerisch mehr auf das BIP einzahlt als das unfallfreie Leben von Ottilie und Otto Normalo.

»Die Wachstums- und Entwicklungstheorien, die unsere Vorstellungen über den Fortschritt und Rückschritt von Nationen geprägt haben, erkennen die Abhängigkeit der Menschheit von der Natur nicht an«, schreibt einer der wichtigsten Kritiker unserer globalen Wirtschaftssysteme, Sir Partha Sarathi Dasgupta, emeritierter Professor für Ökonomie. Natur ist für ihn viel mehr als ein Wirtschaftsgut mit Gebrauchswert. Natur habe Eigenwert (Stichwort: Natur als Rechtssubjekt). Deshalb sei es nur logisch, dass ein auf grenzenloses Wachstum gebautes Wirtschaftssystem in den ökologischen und klimatischen Kollaps führt. Und es sei dringend notwendig, dass in unsere Bilanzen auch das eingerechnet wird, was die Natur an Leistung erbringt.[8]

Die Folgen der Wachstums-Story für uns Individuen

Das BIP misst den Marktwert von Produkten und Services, aber nicht den Wert unbezahlter Arbeit in den Familien, Gemeinden, Vereinen. Es reduziert unser Leben auf bloße Transaktionen, als ob sich der Wert unserer Existenz durch die von uns erwirtschafteten Euroscheine messen ließe. Die Orientierung am BIP befeuert mehr Produktion, mehr Ausbeutung von Menschen und Ressourcen, berücksichtigt deren Zerstörung aber nicht. Es serviert individuellen Gewinn auf dem Silbertablett und kehrt kollektiven Kosten unter den Teppich: Es bezieht nicht die Kosten mit ein, die entstehen, wenn Menschen ihre Wohnorte verlassen müssen, um einen Job anzutreten, um ihre Familien ernähren zu können. Es bezieht nicht die *damages* mit ein, die entstehen, wenn wir unsere Kinder in personell unterbesetzte Kitas geben, weil wir sie irgendwo hingeben müssen, um arbeiten zu können – nein: zu müssen. Es bezieht nicht unsere gesundheitlichen Schäden mit ein, die durch Pendel-Mobilität entstehen – Rückenschmerzen, Schlafmangel, Stress, schlechte Luft. Es bezieht in keinster Weise die Schäden an der Natur mit ein, die entstehen, um möglichst viel, möglichst kostengünstig, möglichst schnell Nahrung oder Konsumgütern zu produzieren und zu distribuieren. Es ist bekannt, dass all das im Zeichen des Wohlstands und des Konsums einiger geschieht, während es die langfristige Lebensqualität, gar Lebensfähigkeit von Menschen und Tieren drastisch verschlechtert. Das BIP ist eine Messgröße, die in unserer Welt nicht das erfasst, was doch eigentlich die Wirtschaft am Laufen hält: Menschen, denen es so gut geht, dass sie arbeiten *können*. Es ist strukturell paradox. Ist es auch auf individueller Ebene paradox?

Richard Easterlin, ein amerikanischer Wirtschaftswissenschaftler, setzte sich in den 1970er Jahren hin und legte die Wirtschaftsdaten von 19 Ländern in 25 Jahren neben Daten zur Lebenszufriedenheit. Dabei entdeckte er einen Punkt, an dem das Einkommen der Menschen zwar weiter steigt, aber nicht mehr ihr Glück. Es gibt also eine individuelle Wachstumsgrenze, an der noch mehr Hamsterrad sinnlos wird.

Das Maximum ist auch hier nicht immer das Optimum. Dieser Punkt heißt Easterlin-Paradox, dabei ist der Zusammenhang nicht paradox, sondern eigentlich logisch. Wenn man genug zum Essen, Trinken und ein Dach über dem Kopf hat, werden andere Dinge wichtig: Gesundheit, Anerkennung, Beziehungen.[9] Und jetzt kommt das BIP mit zwei ungeheuerlichen Manövern. Erstens: Es definiert unsere Sorgebeziehungen als individuellen Kostenfaktor. Zweitens: Es nutzt unsere Sorgearbeit als kollektive, kostenlose Ressource.

Was uns blockiert: Zu müde, um nachzurechnen

Die globale Wirtschaft wächst auf dem Rücken einer riesigen, unsichtbaren Maschine namens Sorge. Sie verwandelt Arbeitszeit in produktive Wertschöpfung. Wunderbar reibungslos, weil die reproduktiven Tätigkeiten, die die produktiven erst möglich machen, pausenlos, lautlos, ungezählt mitlaufen. Kinder werden bekocht, Wohnungen aufgeräumt, Großeltern zum Arzt gebracht – *pas grand-chose*. Wirklich?

Der Fehler ist systemisch

All das kostet viel Zeit. Wer stellt sie zur Verfügung? Diejenigen, die in Familien, Freundeskreisen und Gemeinden die Sorgearbeit leisten. Und zwar zusätzlich zu ihren Teilzeit- oder Vollzeitjobs. Und kostenlos. Summieren wir das professionelle Honorar für all das, was eine Mutter in rund 100 Wochenstunden mit ihren Kindern tut und für ihre Kinder arbeitet, kommen wir auf einen Verdienst von mehr als 7 500 Euro monatlich.[10] Wer soll das bezahlen? Übrigens eine Frage, die die neuseeländische Wirtschaftstheoretikerin und Wissenschaftlerin Marilyn Waring in ihrem Buch *Counting for Nothing* schon vor einem Vierteljahrhundert gestellt hat. Es wird bereits bezahlt. Von den Sorgenden. Sie schenken dem Staat und Wirtschaft monatlich tausende von Euros, freiwillig, ohne Vertrag. Mit dieser »Blindleistung« liefern sie Nahrung, saubere Hemden und bezogene Betten – die Grundlage, auf denen sich Nichtsorgende erholen können, um sich alsbald wieder an ihre Arbeitsplätze zu begeben, in die Hände zu spucken und das BIP zu steigern.[11] Und was macht der Staat mit dem Leistungsgeschenk der Sorgenden? Er belohnt damit die *Nicht*sorgenden. Mit

Steuerentlastungen. Das sogenannte Ehegattensplitting ermöglicht es Paaren zu profitieren, wenn einer von ihnen nicht in das klassische Vollzeit-Berufsleben einsteigt. Im Gegenzug bekommen die Sorgenden ... nichts. Statt Rente Altersarmut[12]. Statt Anerkennung das Gefühl, ein Leben lang nichts »Richtiges« geleistet zu haben.

Die Erschöpfung der Frauen und Sorgenden ist kein Frauenthema. Sie ist »der Kern eines destruktiven ökonomischen Systems [...], das Sorge und Beziehung zur ausbeutbaren Ressource degradiert hat. Und das dabei auf paradoxe Art und Weise seine eigenen Grundlagen zerstört.«[13] Ja, das sind Formulierungen, die die Business- und Wirtschaftswelt deutlich zu polemisch findet. Ich möchte sie nun trotzdem zumuten, damit endlich klar wird, dass am Ende doch der Mensch im Fokus stehen muss. Wenn es den Menschen nicht gut geht – und es sind ja nicht nur die Sorgenden erschöpft –, dann funktioniert gar nichts. Ich wünsche mir, dass wir das hinter uns lassen. Ich wünsche mir, dass wir aufhören, so zu tun, als komme es am Ende immer nur auf die Zahlen an, und alles andere ließe sich wegrationalisieren. Nach dem Motto: »Zähne weiter zusammenbeißen und dann klappt das schon.«

Mit der Empathie einer Gelddruckmaschine

Unsere Wirtschaft dampft unter der Flagge des Wachstumszwangs schon so lange so erfolgreich vor sich hin, dass sie mittlerweile allein mit den produzierten Geldmengen noch mehr Geld produzieren kann. Heute schafft nicht mehr nur Arbeit Geld – Geld schafft Geld. Und das Steuersystem unterstützt diese verdrehte Perspektive. Unternehmensgewinne und Unternehmenserbschaften werden immer weniger besteuert. Weil es keine Finanztransaktionssteuer gibt, aber viele Steuersparmodelle im In- und Ausland, verdienen Superreiche allein an den Millisekunden-Schwankungen ihrer Wertpapiere – ohne auch nur einen Finger zu rühren für das, was man gesellschaftlich relevante Arbeit nennen könnte.

Eine Steuergesetzgebung, die wohlhabende, vor allem ältere Menschen bevorzugt und jüngere Menschen mit weniger Geld eher nicht, setzt genau die falschen Anreize. Auf der einen Seite wächst eine Generation von Menschen heran, die entmutigt auf dem Startblock stehen bleibt. Die sich gar nicht einbringt. Laut OECD befindet sich fast jeder zehnte junge Mensch in Deutschland nicht in einer Ausbildung und arbeitet auch nicht. Der Anteil der 18- bis 24-Jährigen, die das betrifft, ist von 8,2 vor Corona auf 9,7 Prozent im vergangenen Jahr gestiegen.[14] Auf der anderen Seite wächst eine Generation von Menschen heran, die ihren Fokus auf Geld richtet. In den USA haben die Steuersenkungen der Reagan-Ära der 1980er die fähigsten Talente des Landes dazu gebracht, nicht mehr in die Forschung, Wissenschaft und Lehre zu gehen, nicht in die Schulen, sich also nicht für die Zukunft der Gesellschaft zu engagieren, die bei der Bildung der beweglichsten Köpfe anfängt – bei den Kindern. Die besten Köpfe wurden Banker.[15]

Unsere Wirtschaft belohnt diejenigen, die mit der Empathie von Gelddruckmaschinen Karriere machen, mit immer mehr Geld und Einfluss – und es gibt nach wie vor eine signifikante Zahl von Menschen, die diese Belohnung auch will. Und dann wundern wir uns, dass selbst die nachwachsenden Entscheiderinnen und Entscheider, die an den richtigen Stellen sitzen, um die ganz großen Räder für eine bessere Welt zu drehen, lieber an KPIs, OKRs und Boni schrubben? Um zusammen mit Pseudo-Wertschöpfung einen Pseudo-Selbstwert so lange lauter zu drehen, bis sie die innere Leere übertönen? Und *by the way*, auch ich bin davon nicht frei, weil ich genau in dieser Systematik sozialisiert bin. Aber ich hinterfrage dieses Spektakel zunehmend. Und ich will es ganz aktiv allen voran in der großen (Privat-) Wirtschaft hinterfragt wissen. Dass es daneben noch jede Menge Organisationen gibt, die sich ohnehin nie dieser Maschine der Effizienz, Rationalisierung und Gewinnmaximierung hätten unterordnen sollen, weil sie damit die systemrelevanten Berufe als Profession und Berufung immer mehr auszehren, wie Krankenhäuser, Pflegeeinrichtungen, Bildungshäuser und Co., steht auf einem noch weiteren Blatt.

Werte sind mehr als ökonomisch messbare Wertschöpfung. Für den Menschen ist die ethische Dimension, die sich betriebs- und volkswirtschaftlich nur so schwer fassen lässt, eigentlich zentral. Ethische Werte sind die Grundlage dessen, was uns als Menschen ausmacht, was uns reflektieren lässt. Ein Bewusst-Machen, welche Gedanken und Handlungen »wert«-voll sind. Dieser innere Tanz zwischen »Wer bin ich?« und »Wer möchte ich eigentlich sein?«. Und was kann ich tun, um da hinzukommen? Ich meine: Wir sollten uns an neuen Fixpunkten orientieren. Welche könnten das sein?

WORKSHIFT in uns: Systemkreativität

In unserem gegenwärtigen Verhalten entstehen bewusst oder unbewusst Nebenwirkungen, die uns mental, emotional und in unseren Beziehungen schaden. Deshalb müssen wir über unseren eigenen Mikrokosmos nachdenken – also dahin schauen, wo wir und unsere Beziehungen stattfinden. *Dort* muss der Wandel beginnen. Wenn wir bei uns selbst anfangen, legen wir wichtige Spuren für größeren Veränderungen. Dazu müssen wir allerdings wissen: Wo wollen wir eigentlich hin? An welchen Fixpunkten wollen wir uns orientieren?

≫ rethink your goals: Wissen, was wirklich wertvoll ist

Viele von uns haben sich darauf konditioniert zu glauben, dass der eigene Wert an den eigenen finanziellen Erfolg gebunden ist. Viele messen das eigene Selbstwertgefühl am Kontostand, an Followern, am Titel und beurteilen auch andere danach. Und schon stecken wir drin in einer Abwärtsspirale aus Ehrgeiz und Gier, Unzufriedenheit und Neid, anstelle von Freude oder Zugewandtheit. Ich glaube aber, dass wir den Muskel trainieren können, uns immer wieder den eigenen Werten zuzuwenden und diesen im Mikrokosmos zu kultivieren. Prof. Dr. Maja Göpel hat vor ein paar Jahren einen Ausdruck geprägt, der eine hohe Resonanz in mir ausgelöst hat: »Systemkreativität«[16]. Ja, ich und wir alle sind Teil dieser großen Maschine. Vieles darin passt, vieles aber auch nicht. Es gab schlimmere Systeme, es gibt aber sicher auch bessere. Aber hier und jetzt in diesem System und jeder in ihrem und seinem Mikrokosmos kann etwas mehr Kreativität reinbringen:

und zwar in der Art und Weise, wie wir die Werte, die uns wirklich wichtig sind, leben. Nicht nur darüber nachdenken, aufschreiben, coachen lassen, Online-Talks ansehen – sondern wirklich tun. Dazu müssen wir nicht alle zu Hardcore-Aktivist:innen werden und alles um 180 Grad drehen. Aber wir sollten unser Leben nicht nur am »Was« oder am Output messen, sondern auch am »Wie«: Wie will ich der Welt begegnen? Wie möchte ich mich dabei fühlen? Wie möchte ich, dass andere sich dabei fühlen? Was will ich in jedem Gespräch und Austausch hinterlassen? Mit diesen Fragen an die Welt heranzutreten ist eine wichtige Wahl, die wir haben. Und die aktive Auseinandersetzung mit diesen Möglichkeiten ist wie ein Muskel, den wir gegen Konditionierungen trainieren können.

Auch für die britische Verhaltensforscherin Dr. Jane Goodall ist ein absichtsvolles Leben eine der wichtigsten Messages, die sie mit Menschen teilen möchte, wie sie kürzlich in einer amerikanischen Talkshow verriet: »*I think the most important thing is to remember, that every day we live on this planet we make an impact. And we get to choose what impact we make.*«[17] Der Vollständigkeit halber hier ihr nächster Gedanke: Aber um wählen zu können, müssen wir die Armut lindern. Denn wenn man arm ist, hat man eben nicht die Möglichkeit und Kapazitäten zu wählen. Deshalb braucht es Solidarität. Ich bin überzeugt: Wertebasiertes Verhalten ist immer auch solidarisches Verhalten. Wenn wir unsere eigenen Werte, unsere eigenen Ziele definieren wollen, brauchen wir Autonomie. Was bedeutet jene aber genau? Das Wort setzt sich zusammen aus dem griechischen *autos* (selbst) und *nomos* (Gesetz). Zusammen bedeutet Autonomie wörtlich übersetzt »Selbstgesetzgebung« oder »Selbstbestimmung«. Es geht um unsere Fähigkeit, unabhängig zu handeln, eigene Entscheidungen zu treffen und in Übereinstimmung mit den eigenen Werten, Überzeugungen und Zielen zu handeln. In meiner Coaching-Ausbildung habe ich im Zusammenhang mit selbstbestimmten Entscheidungen auch mal das Bild des Autors oder der Autorin kennengelernt, die fragt: Bin ich gerade die Autorin einer Situation? Konkret können wir uns zum Beispiel fragen: »Von wem möchte ich *wirklich* Anerkennung für mein Handeln? Wessen Perspektiven und Deutungsangebote sind für mich wichtig? An wem und an wessen Haltung arbeite ich mich ab, auf wen lasse ich mich ein und richte ich meine Aufmerksamkeit? In welche Bezüge und Beziehungen investiere ich Energie, Emotion und intellektuelle Arbeit?«[18] Mit diesen Fragen kann den dominierenden Mindsets die Luft abgelassen werden – damit Platz entsteht für eigene Entwürfe, für eigene Strukturen der Anerkennung. Für mich stellt Autonomie die Vorstellung in Frage, sich selbst in erster Linie durch äußere Faktoren wie beruflichen Erfolg, materiellen Besitz, Status oder die meisten Likes zu definieren. Autonomie heißt für mich, das eigene Leben nach Maßstäben auszurichten, die im Einklang mit dem Selbst und in Verbindung mit der eigenen Mikrowelt stehen. Autonomie sehe ich als Ansporn für persönliche Entwicklung (ent-wickeln ruhig ganz wörtlich nehmen: die Wickel abnehmen – um das Wesentliche besser zu sehen), für ein emotionaleres Wohlbefinden, für bessere Beziehungen. Vielleicht nicht 365/24/7, aber unterm dicken Strich. Nicht auf Kosten anderer. Nein, in Zugewandtheit und Solidarität mit den und dem Anderen. Gemeinsam.

≫ remeasure your goals: Eine eigene Messlatte anlegen

Was spricht eigentlich dagegen, diese persönlichen Ziele genauso mit Key Performance Indicators (KPIs) zu messen, wie wir es aus unseren Jobs kennen? Glück, Gesundheit, persönliches Wachstum, finanzielle Stabilität, Beziehungen und der Beitrag zur Gesellschaft sind wichtige Aspekte unseres Lebens. Es mag schwirig sein, jeden dieser Aspekte wirklich zu messen – aber warum nicht versuchen? An die eigene Stimmung, Zufriedenheit und mentale Gesundheit können wir durchaus jeden Tag unsere persönliche Messlatte anlegen. Viele Menschen protokollieren bereits Trainingseinheiten, Laufzeiten, achten auf eine gesunde Ernährung und überwachen Körpergewicht, Blutdruck und Blutwerte. Warum sich also nicht auch die Anzahl der besuchten Kurse, die Stunden, in denen wir herzhaft gelacht haben, oder die Tiefe der geführten Gespräche bewusst machen? Wir können die Begegnungen mit Menschen festhalten, die uns wichtig sind. Sie lassen sich in Stunden und Minuten kaum bemessen – hier kommt es eher auf die Intensität, die Tiefe, die empfundene Resonanz an. Und wir können festhalten, wie viel Zeit, Geld oder Arbeit wir in ehrenamtliche Tätigkeiten investieren. Dass wir das alles wirklich tun, stärkt uns selbst und unsere Beziehungen. Sich das alles nur vorzunehmen, bewirkt gar nichts. Nicht jeder Mensch hat die gleichen Prioritäten und Maßstäbe. Ich wünsche mir aber eine Welt, in der wir Arbeit und Leistung ganzheitlich betrachten. Dass diese Welt sieht, welchen Beitrag ein Mensch leistet, der sich selbst, einer Gemeinschaft und dem Planeten und einer Zivilgesellschaft gut tut. Dass dieser anerkannt wird, dass er entlohnt und wertgeschätzt wird.

Wenn wir Neues erreichen wollen, dürfen wir nicht an überholten (Zeit-)Strukturen, Arbeitsmodellen oder Leistungsansprüchen, vor allem nicht an alten Maßstäben und Idealen festhalten. Ich bin davon überzeugt: Wir müssen es umgekehrt tun. Wir müssen die Indizes ändern und unser Handeln danach ausrichten, damit etwas Neues entsteht. So esoterisch das klingen mag, die eigene Messlatte wahrhaftiger gestalten, damit kann jede:r von uns anfangen. Bei sich selbst, im Kleinen, in unserer Mikrowelt. Aber wie sieht es aus in den großen Strukturen, in der Makrowelt, vor allem bei dem, nach dessen Takt unser globales Wirtschaftssystem schlägt: Kapital?

Was Unternehmen bremst: Perversion der Zahlenspiele

Leistungsmessungen sind wie Messerschnitte. Jeder Performance-Index schneidet ein kleines Teilstück aus einem riesigen, komplexen Gefüge und legt es säuberlich in eine Excel-Tabelle. Damit wird diesem Schnipsel eine Relevanz zugesprochen, die er vielleicht gar nicht hat. Gleichzeitig werden andere Ausschnitte, die vielleicht Spuren von Verfall, Vergiftung oder aber Gold enthalten, ignoriert. Setzen wir nun die ausgewählten und fein vermessenen Datenschnipsel zueinander ins Verhältnis, ergeben sich wahrscheinlich Muster. Darunter einige, die wertvolle Hinweise auf die Gesundheit eines Unternehmens und dessen Märkte geben. Und andere, die nichts weiter sind als Bullshit. Der Run auf die *einen* Zahlen und deren *Incentives*, zusammen mit der Ignoranz gegenüber den *anderen* Zahlen, kann schnell zu einer Perversion des gesamten Spiels führen. In Deutschland ist die Story von der Gier des früheren Managers Thomas Middelhoff für dieses Phänomen ein Paradebeispiel geworden. Es gibt x andere Beispiele.

Die Mechanik dieser aus den Fugen geratenen Wirtschaft hat der überzeugte Kapitalist Scott Galloway in einem Interview einmal treffend zusammengefasst: »Der Kapitalismus ist ohne Zweifel das beste System seiner Art. Aber was wir heute sehen, ist kein Kapitalismus: Wir erleben einen brutalen Individualismus, wenn es bergauf geht, und ein ›Wir sitzen alle im selben Boot‹, wenn es der Wirtschaft schlecht geht. Eine Wirtschaft, in der Unternehmen mit fünf Vorstandsvorsitzenden von Fluggesellschaften 150 Millionen Dollar verdienen und den Cashflow aus anderen Quellen nutzen, um Aktien zurückzukaufen, damit sie ihre eigene Vergütung künstlich aufblähen können. Und, wenn es ernst wird, eine Pandemie ausbricht und sie kein Geld mehr haben, plötzlich gesagt wird: ›Wir sitzen alle im selben Boot.‹ Das ist

weder Kapitalismus noch Sozialismus, sondern das Schlimmste seiner Art: Vetternwirtschaft. Wir müssen das Drehbuch umschreiben!«[19]
I coudn't agree more, Prof. G.

Wie Wirtschaft sich schönrechnet

»Alles, was man messen kann, lässt sich verbessern«, hat Michael Dell gesagt. Und Albert Einstein wusste: »Nicht alles, was zählt, ist zählbar, und nicht alles, was zählbar ist, zählt.« Das größte Problem unserer Besessenheit in Bezug auf Leistungsmessungen ist, dass viele der Daten ignorant machen können und kurzsichtig. Denken wir nur an die Quartalszahlen: Super Zahlen bedeuten super Aktienkurse – und blenden zusammenbrechende Sweatshops in Bangladesch genauso aus wie die Erkenntnis, dass die Produktion von Einweckgläsern und Römertöpfen vielleicht nicht mehr zeitgemäß ist.[20] Denken wir an die jährlichen Budget-Rallyes.[21] Gemeint ist die regelmäßige, mehr oder weniger partizipative beziehungsweise kämpferische Erstellung, Ausrichtung und Abstimmung der Budgets in Unternehmen. Jedenfalls: Wirtschaftliche Ziele werden hochgeschraubt, das dazu nötige Budget gedrückt. Warum? So läuft das Spiel. Das funktioniert deshalb so reibungslos, weil Stichtage eingeblendet, soziale oder ökologische Kontexte und komplexe Zusammenhänge aber ausgeblendet werden. Warum erheben wir diese Zahlen und nicht andere? Weil das so eingespielt ist. Warum lassen wir neue Ideen nicht zu, die sich von den alten Messzahlen nicht abbilden lassen? Weil das so eingespielt ist. Es ist ein Spiel, das uns in »verbretterte Soziopathen« verwandeln kann, wie es Prof. Dr. Maja Göpel auf den Punkt bringt.[22]

Achtung: Messwerte entwickeln Eigenleben

Zahlen entwickeln gelegentlich Eigendynamiken, lösen sich von der strategischen Ausrichtung und werden zu Irrlichtern. Etwa dann, wenn quantitative Ergebnisse erfasst werden, obwohl es eigentlich um qualitative Veränderung geht. Oder es wird versucht, Prozesse nach einem vorgegebenen Plan zu steuern, weil man das Umfeld für kompliziert aber beherrschbar hält. Dabei wird übersehen, dass man sich in einem komplexen Umfeld bewegt, in dem weder das Was noch das Wie genau bekannt ist. In solchen Situationen helfen weder vordefinierte Leistungsparameter noch festgelegte Pläne, sondern nur das Ausprobieren und das Lernen aus Fehlern auf der Grundlage von Erfahrungen, die im Laufe der Zeit gemacht werden.[23] Dazu kommt, wie schon gesagt, dass Messwerte auch das konkrete Verhalten am Arbeitsplatz verändern. Denn wo Zielerreichung mit Wettbewerb untereinander und Boni auf dem Gehaltszettel verknüpft wird, verschieben Menschen ihren Fokus: weg von der beruflichen Aufgabe hin zum Spiel um bessere Zahlen. Weg vom Wirkungs- oder Kundenfokus hin zum Kampf um die beste Position auf der Karriereleiter.

Kurz: Kennzahlen können gute Ansätze liefern, insbesondere um Zielvereinbarungen klarer herunterzubrechen und agiler zu machen. All diese Kennzahlen bleiben aber nichts weiter als Mechaniken auf dem gleichen, alten Spielfeld. Für fundamentale Veränderung und Verbesserung müssten Unternehmen ganz anders über Messwerte nachdenken. Sie müssten neue Kennzahlen definieren.

WORKSHIFT in Unternehmen: Neue Kennzahlen für eine nachhaltige Wirtschaft

In ihrem Buch *Das verborgene Kapital*[24] macht Ana-Cristina Grohnert einen ungewöhnlichen Move: einen Ausflug in die französische Soziologie. Ausgerechnet zu Pierre Bourdieu, der sich intensiv mit den Habitus-Unterschieden zwischen der Oberschicht und den »kleinen Leuten« befasst hat. Und dabei auf *individuelle* Kapitalsorten gestoßen ist, die mit Geld nichts zu tun haben. Bourdieu hat neben dem ökonomischen Kapital drei weitere Varianten von Kapital definiert: das soziale, kulturelle und symbolische Kapital.[25] Was er mit dem ökonomischen Kapital meint, ist klar. Mit *sozialem* Kapital meint er das Netzwerk an Beziehungen, das eine Person hat. Dazu kommt das *kulturelle* Kapital: Bildung, Erfahrungen und auch das Wissen darum, wie man eine Gabel hält, und welchen Schuh man zum Dinner trägt. Und dann haben wir noch das *symbolische* Kapital, auf das alle anderen Kapitalarten einzahlen. Wer davon in Summe viel angesammelt hat, dessen Persönlichkeit schreibt die Gesellschaft einen Wert zu, der mit Geld nicht aufzuwerten ist: Vertrauen.

Was heißt nun dieses Konzept der individuellen Kapitalsorten, übertragen auf Unternehmen?[26] Es heißt, dass wir mit ökonomischem Kapital allein langfristig nicht erfolgreich sein können. Um Talente, Kunden und Partner:innen langfristig zu binden, braucht es zusätzlich das *soziale* Kapital eines Unternehmens: Zu welchen externen Entscheidern hat es Zugang, zu welchen nicht? Welche Nachwuchstalente kennt es? Kennt es überhaupt welche? Wie engagiert es sich mit Sponsoring, Kooperationen, regionalen und globalen Aktionen für Umwelt und Menschen? Das lässt sich messen. Es braucht *kulturelles* Kapital, etwa in Form einer inklusiven, am menschlichen Maß orientierten, innovativen, kreativen Unternehmenskultur. Auch das zeigt sich in den

Bilanzen. Auch das lässt sich messen. All solche Faktoren zahlen letztendlich auf das Vertrauen ein, das einem Unternehmen entgegengebracht wird.[27]

≫ expand your metrics: Anders messen heißt anders wirtschaften

Was können erweiterte Metriken konkret für Unternehmen und Entscheider:innen bedeuten? Im Kapitel »Diversity« habe ich bereits über neue Ansätze im Controlling und in der Steuerung und konsequente Umsetzung von Vielfalt, Chancengerechtigkeit und Inklusion gesprochen. An dieser Stelle greife ich diesen Gedanken auf und erweitere ihn in Richtung soziale und ökologische Verantwortung – überall im Unternehmen. Dass viele dieser Themen derzeit in dezidierten CSR-Abteilungen (CSR = Corporate Social Responsibility) angesiedelt werden – dass man also eine Abteilung braucht, die sozial verantwortlich ist, weil der Rest es nicht ist –, bringt das derzeitige Mindset der Wirtschaft eigentlich ganz gut auf den Punkt.

Um konkrete Ansatzpunkte im Bereich Human Resources nochmals zu unterstreichen – hier gilt es zu fragen: Nach welchen Kriterien stellen wir ein und fördern wir? Sind es rein fachliche Kriterien oder schauen wir ernst gemeint auch auf Soft Skills? Welchen Wert legen wir auf menschliche Erfahrungen wie Familienzeit? Wie bewerten wir politisches und gesellschaftliches Engagement? Es geht also um reale Erfahrungen und Beiträge außerhalb der Erwerbsarbeit, die signalisieren, welche Horizonte und Kompetenzen Bewerber:innen haben: fachlich, sozial, kulturell. Oder bei Lieferketten: Wie viele Sub-Sub-Dienstleister haben wir und kennen wir deren Arbeitsbedingungen? Nach welchen Kriterien verhandelt der eigene Einkauf? Wenn derartige Kriterien gleichwertig neben fachlichen Kriterien in die Entscheidungsprozesse einfließen, entstehen langfristig ganz andere Teams und Prozesse im Unternehmen. Daraus folgen andere Entscheidungen auf allen Ebenen. Entscheidungen, die sich im Idealfall nicht nur auf Nachhaltigkeit und Fairness entlang der Prozesskette, sondern auch auf das soziale und ökologische Engagement eines Unternehmens auswirken.

Ich komme zurück auf das von der »*Coalition for Inclusive Capitalism*« und Ernst & Young ins Leben gerufene »*Embankment Project for Inclusive Capitalism*« (EPIC). Im Kapitel »Wirkungsfeld: Vielfalt« ging es bereits um Daten zur Messung von Human-Capital-Deployment-Daten. EPIC geht aber viel weiter. EPIC macht unsichtbare Werte sichtbar. Ausgangspunkt der Überlegungen: Die Gesundheit von Unternehmen und Finanzmärkten – und das Vertrauen der Öffentlichkeit in beide – ist entscheidend für Wirtschaftswachstum. Deshalb brauchen wir eine langfristige Wertschöpfung, die allen zugutekommt. Diese Langfristigkeit schlägt sich vor allem nieder in immateriellen Vermögenswerten und in den komplexen Beziehungen eines Unternehmens zu Gesellschaft und Umwelt. Messbar ist laut EPIC zum Beispiel:

- **Talent:** Wie Unternehmen Gehälter festlegen, Sozialleistungen bereitstellen, Mitarbeitende rekrutieren, schulen, entwickeln, Vielfalt fördern, Integration vorantreiben, das Wohlbefinden der Mitarbeitenden unterstützen und eine motivierende Unternehmenskultur schaffen.
- **Innovation:** Wie Unternehmen auf bisher unerfüllte Bedürfnisse achten und diese in ihre Innovationsprozesse einbeziehen; wie sie das Vertrauen in die Organisation stärken.
- **Gesellschaft und Umwelt:** Wie ökonomische, soziale und ökologische Businessziele auf externe Stakeholder wirken.
- **Governance:** Wie effektiv der Vorstand das Unternehmen beaufsichtigt und in Zusammenarbeit mit der Führung langfristige Strategien entwickelt und bewertet.

Ergebnis des EPIC-Projekts ist ein detaillierter Business-Fahrplan hin zu einem individuellen Set an alternativen und langfristigen Messwerten.[28] Diese Messgrößen können Unternehmen dabei unterstützen, sowohl ihre Performance als auch ihren Impact auf Gesellschaft und

Welt smarter und langfristiger zu messen – und damit auch zu steuern. Und zwar nachhaltig.

Ich habe das Gefühl, dass die meisten NASDAQ- oder DAX-Konzerne all die oben genannten Punkte abnicken und sagen würden: Machen wir doch alles bereits. Ich möchte fragen: Wie ernsthaft? Und mit »ernsthaft« meine ich das, was ich schon angerissen habe: Werden neue Kennzahlen und Zielverpflichtungen wie die gerade genannten irgendwo als Ziel oder Commitments niedergeschrieben und dann wieder vergessen oder werden sie wirklich als knallhartes Businessziel auf Augenhöhe, mit allen anderen kurzfristig messbaren Indizes, mit aufgenommen? Ja, das bedarf langen Atem, ja, das bedarf im Zweifel sogar jede Menge Analysten-nonkonforme Entscheidungen, die vielleicht sogar kurzfristig zu einer geringeren Bewertung eines Unternehmens führen. Aber ich bin überzeugt: Durch solche Entscheidungen kann das Cockpit nach und nach mit neuen Messinstrumenten ausgestattet werden. Das Spielfeld ist menschengemacht, und bessere, gesündere, gerechtere, nachhaltigere Instrumente sind da. Jetzt ist es an den Entscheiderinnen und Entscheidern in den Unternehmen, ihre Messgeräte neu zu schärfen und ihre Leistungsmesserschnitte anders zu setzen. Und ganz neu über Wachstum nachzudenken. Pulitzer-Preisträger Ben Lerner trifft einen wichtigen Punkt, wenn er schreibt: »Solange wir kein Vokabular haben für einen Wert, der nicht auf Wachstum beruht, bleibt das Desaster.«[29]

≫ move beyond growth: Wie sich Wirtschaft verändern lässt

Auch wenn die Instrumente, KPIs und selbst der Wille Einzelner da sind: Einheitliche und verbindliche Standards für die Messung des Impacts *aller* Unternehmen auf Natur und Gesellschaft gibt es noch nicht. Es gibt einige internationale Rahmenwerke, die individuell interpretiert und freiwillig genutzt werden können – aber letztendlich führt das sehr oft zu Greenwashing und ein paar schmückenden *nice-to-*

have-Metriken in den Geschäftsberichten. Und finanzielle oder rechtliche Konsequenzen von staatlicher Seite gibt es zumeist auch nicht.

Allerdings werden Stimmen für neue, global verpflichtende Leitlinien für soziale und ökologische Verantwortung aus der Privatwirtschaft lauter. Auch wenn der Grund dafür rein ökonomischer Natur ist, erklärte so zum Beispiel Larry Fink, Chairman and CEO der US-amerikanischen Investmentgesellschaft BlackRock, in einem öffentlichen Brief an Unternehmen und Führungsgremien: »Ich bin überzeugt, dass wir vor einer fundamentalen Umgestaltung der Finanzwelt stehen.« Wenn schon heute die Märkte für Hochwasser- und Brandschutzversicherungen unter Druck geraten, wenn Lebensmittelpreise angesichts von Dürren und Überschwemmungen immer volatiler werden, wenn extreme Wettersituationen die Produktivität in Schwellenländern untergraben – dann sei »eine grundlegende Neubewertung von Risiken und Vermögenswerten« notwendig. Weil Kapitalmärkte künftige Risiken einpreisen, *bevor* sie tatsächlich passieren, wird es Fink zufolge jetzt sehr schnell zu einer erheblichen Umverteilung von Kapital kommen.

Wenn ich hier BlackRock zitiere, tue ich dies nicht, weil ich Fan dieser zu Recht hoch umstrittenen Firma bin, ganz und gar nicht. Ich tue es, weil der Einfluss einer Firma wie BlackRock auf die globale Wirtschaft (und deren Kapitalströme), deren Entscheider:innen sowie politische Akteure enorm ist. Natürlich ist die Perspektive einer Investmentgesellschaft immer der Business Case und nicht der *goodwill*. Aber nachdem nun mal alles in der aktuellen Wirtschaftsordnung sich rein monetär rechnen muss, bevor irgendwas anderes zählt, muss auch so argumentiert werden. Insofern ist eine Aufforderung von Fink wichtig, wenn er international abgestimmte Rahmenbedingungen von der Politik fordert, aber auch private Investoren und Unternehmen zum Handeln aufruft. Er zeigt, schneller, als es nationale und internationale Politik derzeit auf den Weg bringen können, knallharte Konsequenzen auf: Unternehmen, die Nachhaltigkeitsinformationen nicht offenlegen und ihre Geschäftspraktiken nicht umstellen, werden zur Rechenschaft gezogen beziehungsweise müssen sich darauf einstellen, nicht mehr mit der Zustimmung (aka dem Geld) von BlackRock rechnen zu können.[30] Genau hier setzt er den Hebel an und verlangt die neuen Messinstrumente im Cockpit, wie ich sie vorhin genannt habe. Radikale Veränderung passieren nicht von allein. BlackRock zeigt, dass es nicht immer politische Rahmenbedingungen braucht, sondern dass auch private Investoren und NGOs kurzfristig erheblichen Einfluss auf den Markt nehmen können – zum Beispiel mit folgenden Initiativen für neue oder verbesserte Kennzahlen. Hier einige inspirierende Beispiele, ohne den Anspruch auf Vollständigkeit:

- **Die »Task Force on Climate-related Financial Disclosures« (TCFD)**[31] ist eine weltweite privatwirtschaftliche Initiative, die sich mit der Berichterstattung über finanzielle Chancen und Risiken im Zusammenhang mit dem Klimawandel befasst. Die TCFD wurde im Januar 2016 vom Finanzstabilitätsrat (Financial Stability Board, FSB) unter der Leitung von Michael R. Bloomberg ins Leben gerufen, BlackRock ist einer der Mitbegründer dieser Initiative. Sie besteht aus 31 Fachleuten verschiedener Wirtschaftsbereiche und Finanzmärkte in den G20-Ländern. Die Task Force will eine Orientierungshilfe für die freiwillige Berichterstattung rund um Klimarisiken anbieten und damit die weltweiten Finanzmärkte stabilisieren. TCFD stellt also so etwas wie den größeren Rahmen für neue Kennzahlen.
- **Das Sustainability Accounting Standards Board (SASB)**[32] ist eine unabhängige und gemeinnützige Organisation, die im Jahr 2011 von Jean Rogers gegründet wurde, heute Senior Managing Director und ESG-Vorsitzende von Blackstone. SASB legt Standards fest, anhand derer Unternehmen freiwillig wesentliche finanzielle Nachhaltigkeitsinformationen gegenüber ihren Investoren offenlegen können. Seit 2018 gibt es spezifische SASB-Standards für 77 verschiedene Branchen. Die Deutsche Börse beispielsweise hat sich ab 2021 dazu entschieden, auf Basis des SASB-Standards zu berichten – um für Investor:innen mehr Transparenz rund um die ökonomische, ökologische und soziale Performance der Unternehmen zu schaffen. Und es gibt weitere Vorstöße:
- **Die Global Reporting Initiative (GRI)**[33] wurde 1997 von CERES (früher: Coalition of Environmentally Responsible Economies, heute: Investors and Environmentalists for Sustainable Prosperity) in Partner-

schaft mit dem Umweltprogramm der Vereinten Nationen gegründet. CERES ist ein führender Zusammenschluss von Umwelt-, Investoren- und Interessenvertretungsgruppen. Um von CERES anerkannt zu werden, muss sich eine Organisation zu einem zehn Punkte umfassenden Verhaltenskodex verpflichten. CERES ist nach eigenen Angaben führend in der standardisierten Umweltberichterstattung von Unternehmen. Die von CERES entwickelte Global Reporting Initiative (GRI) ist eine freiwillige, standardisierte Richtlinie für die Berichterstattung über Nachhaltigkeit. Sie hat in der Wirtschaft große Anerkennung gefunden.[34] Einige deutsche klein- und mittelständische Unternehmen nutzen den Deutschen Nachhaltigkeitskodex als Einstiegsstandard.

- **Science Based Targets (SBTi)**[35] ist eine Zusammenarbeit zwischen dem »*Carbon Disclosure Project*« (CDP), dem Global Compact der Vereinten Nationen, dem World Resources Institute (WRI) und dem World Wide Fund for Nature (WWF). Die Non-Profit-Organisation Carbon Disclosure Project wurde im Jahr 2000 in London gegründet mit dem Ziel, dass Unternehmen und Kommunen ihre Umweltdaten wie zum Beispiel Treibhausgasemissionen und den Wasserverbrauch veröffentlichen. Seit 2015 haben sich mehr als 1000 Unternehmen der Initiative angeschlossen, um wissenschaftlich fundierte Klimaziele für sich selbst festzulegen, zu messen und zu erreichen.

Neben diesen großartigen weltweiten Initiativen für neue Messgrößen *beyond growth* möchte ich noch einen maßgeblichen Hebel für fundamentale Veränderung in Unternehmen nennen: *true cost accounting* (zu deutsch: Vollkostenrechnung). Dazu eine Anekdote: Meine Mutter, die familiär bedingt viel Zeit in den USA verbringt, hat mir im letzten Jahr stolz und erbost zugleich berichtet, dass sie eine Beschwerde-E-Mail an den *customer service* von Target (dem zweitgrößten Einzelhändler der USA) geschickt hat. Ihr Vorwurf: Sie sei entsetzt, dass das Geschäft BHs für 3 Dollar verkaufen würde. *Made in Guatemala* würde draufstehen. Ihr Argument: Angesichts der unzähligen Menschen aus Ländern wie Guatemala, die in der Hoffnung auf ein besseres Leben versuchen, in die USA zu fliehen, habe Target doch eine

Verantwortung! Und zwar die Menschen, die Target-Produkte produzieren, besser zu bezahlen – sodass sie einen würdigen *living wage* verdienen und eben nicht flüchten müssten! Natürlich stellte meine Mutter die Kausalitäten und Fluchtursachen vereinfacht dar, aber ihre Grundannahme stimmt durchaus: Konzerne, fangt an, alle Kosten mit einzukalkulieren – und zwar nicht nur die, die *betriebs*wirtschaftlich kurzfristige Gewinnbringer sind, sondern auch diejenigen, die *volks*wirtschaftlich mittel- und langfristig zu hohen Belastungen führen – also vom Staat und Steuerzahler aufgefangen werden müssen. Dass gleichzeitig die Mitarbeitenden des Target-Konkurrenten Walmart, eines der größten Arbeitgeber der USA, trotz ihrer Anstellungen zu großen Teilen auf Sozialleistungen des Staates angewiesen sind, weil sie nicht genug verdienen (während Walmart üppige Dividendenausschüttungen an seine Shareholder vornimmt), ist seit Jahren bekannt, aber das vertiefe ich hier jetzt nicht.[36] Beide Beispiele zeigen allerdings gut, was ich mit der fehlenden Verantwortung der Unternehmen meine, die den Staat (sei es den eigenen oder einen im Ausland) und die volkswirtschaftlichen Kosten, die sie dort produzieren, einerseits erfolgreich ignorieren, andererseits aber von einer wirtschaftsorientierten Fiskalpolitik im Land profitieren.

Was viele Unternehmen nicht sehen (wollen), sind die wirklichen Kosten in Bezug auf Mensch und Natur, in Bezug auf *living wages* und Biodiversität, in Bezug auf Würde und Ressourcen. Nimmt man diese Kosten mit in den Blick, geht es nicht mehr »nur« um erneuerbare Energien für Büroräume. Nein, mit einer tatsächlichen Vollkostenrechnung entlang der *gesamten* Liefer- und Wertschöpfungskette, die den Fußabdruck auf Wasser, Luft, Natur oder Menschen mit einpreist, müsste ganz anders kalkuliert werden. Und auch konsumiert.

Es stimmt: Das ist extrem komplex. Aber, liebe Topmanager:innen da draußen: *Don't you love a challenge? Don't you love going the extra mile with your team of the smartest and brightest?* Das wäre *wirklich* mal *Transformation*, um ein überstrapaziertes Wort zu nutzen!

Es wird sich zeigen, ob Appelle wie dieser oder die oben genannten Initiativen ausreichen oder ob langfristig doch gesetzlich verbindliche Verpflichtungen notwendig werden. Wie auch immer die politische

Entwicklung in Deutschland und Europa verlaufen wird: Niemand muss darauf warten! Gerade Unternehmen mit beträchtlichen Vermögenswerten und Börsenpräsenz können sich zusammenschließen und gemeinsam verbindliche Kennzahlen formulieren, an denen sie sich orientieren. Jetzt!

Bestenfalls sollte der Fokus dabei auf Nachhaltigkeit entlang der gesamten Wertschöpfungskette liegen. Und zwar auch dann, wenn Produkte infolge der notwendigen Umstrukturierungen teurer werden oder wenn auf alternative Ressourcen umgestellt werden muss, die den neuen Standards der ökologischen und sozialen Verantwortung der Unternehmen gerecht werden.

Connecting the Dots:
Der grüne Faden ist politisch

»*When we destroy forests, overfish or burn coal, we are increasing gross domestic product. It's time to change an accounting system that counts the destruction of the planet as if it was the production of richness.*«[37] Dieser Aufruf stammt von António Guterres, Generalsekretär der Vereinten Nationen – und man kann ihn gar nicht groß genug abdrucken. Wir wissen, dass unser auf grenzenloses Wachstum gepoltes Wirtschaftssystem mit endlichen Ressourcen nicht vereinbar ist. Wenn der heutige Hyperkapitalismus im Jahr 2050 immer noch das vorherrschende Wirtschaftssystem sein sollte, dann werden laut diversen Forschungen die Ökosysteme der Erde voraussichtlich am Rande des Zusammenbruchs stehen. Es ist daher nur logisch, dass wir ganzheitlichere und umfassendere Ansätze zur Messung von Wachstum finden *müssen*. Ich glaube, gelegentlich vergessen wir die Wirkmacht der Politik – auf nationaler, europäischer und globaler Ebene.

Trotz der immensen Macht von weltweit agierenden Konzernen sind es immer noch die Gesetzgeber, die die Rahmenbedingungen für die Wirtschaft und die Menschen setzen. Mir scheint, als würde Betriebswirtschaft oft mit Volkswirtschaft verwechselt – oder wie lässt es sich sonst erklären, dass betriebswirtschaftliche Erfolgskriterien (zum Beispiel jährliches Umsatzwachstum) in volkswirtschaftliche Kontexte (zum Beispiel jährliches BIP-Wachstum) übertragen werden und das als vermeintlich unveränderbar deklariert wird? So banal es klingt: Es sind zwei *völlig* unterschiedliche Aussagen! Das eine dient dem Betrieb, das andere der Gesellschaft oder der Nation. Die Schnittmenge, die sie sich teilen – auf *die* kommt es an! Sie betrifft die Menschen, die darin leben und arbeiten, und den Planeten, auf dem sie handeln.

Betriebswirtschaftlicher Erfolg kommt nicht nur der Wirtschaft, sondern auch den Menschen zugute, indem er Arbeitsplätze, soziale Sicherheit und Zugehörigkeit ermöglicht. Im gegenwärtigen Anreizsystem der Wirtschaft mit seinen völlig einseitig am Gewinn des Unternehmens und viel weniger am Menschen orientierten Kennzahlen geht dieser Zusammenhang für sehr viele Menschen immer mehr verloren. Zwar bekommen die Konsumenten, weil wir so wirtschaften, dieses billiger, jenes schneller – aber die externalisierten Kosten sind massiv, und ihre Auswirkungen treiben den Zerfall der Demokratien und die Klimakatastrophe immer weiter voran. Eine immer größer werdende Wohlstandsschere setzt den Zusammenhalt von Gemeinschaften unter Druck und öffnet Populisten Tür und Tor, externalisierte Kosten werden ignoriert, obwohl sie massiv sind. Man denke nur an die weltweite Fleischindustrie, einen der größten Verursacher von Abholzung und Wasserverschmutzung durch Antibiotika, Hormone und Chemikalien.

Eine Wirtschaft, die gegen den Menschen arbeitet, zerstört langfristig das Wohlergehen ihrer eigenen Eigner, Shareholder, Mitarbeitenden und Kunden. Sie mag zwar immer mehr Geld generieren, von dem nur wenige profitieren, doch wie lebenswert ist das Leben für diese wenigen, wenn der Planet nicht mehr bewohnbar ist?

Alle gesellschaftlich relevanten Bereiche – Wirtschaft, Verwaltung, Politik und Berufsfelder – *müssen* sich auch um erneuerbare Energien und Ressourceneffizienz kümmern, um eine intakte Natur (Letzteres wird oft vergessen, da können wir noch so viel Green Tech erfinden), um soziale Gerechtigkeit, Bildung und andere relevante Aspekte des Dienstes am anderen, um ihren Selbsterhalt zu sichern. Aus diesem Grund ist nachhaltiges Wirtschaften nicht nur eine Frage der Moral, sondern auch eine Frage der Logik. Nachhaltige Entwicklungskennzahlen wie die Sustainable Development Goals (SDGs) der Vereinten Nationen sind eine treibende Kraft für ein diszipliniertes Management. Es reicht aber nicht aus, lediglich *awareness* für diese Ziele zu schaffen. Selbstverpflichtungen allein bringen bedauerlicherweise keinen oder nur unfassbar langsamen Fortschritt. In der Wirtschaft dienen sie manchmal sogar dazu, gesetzgeberische Initiativen und staatliche Kontrollen zu vereiteln – und so weiterzumachen wie zuvor. Deshalb ist es nicht nur aus ethischen Gründen richtig, sondern auch vernünftig, dass die Unternehmensleistungsmessung in Bezug auf die Sustainable Development Goals (SDGs) der Vereinten Nationen auf globaler Ebene, auf der Ebene der Staatenverbünde, national und regional diskutiert, geregelt und letztendlich auch kontrolliert wird. Nicht, um die Wirtschaft zu bremsen, sondern um die hier aus strukturlogischen Gründen immer wieder nach vorne drängende Effizienzlogik in ihre Schranken zu verweisen.

Ja, Wirtschaft *muss* dem Leitmotiv der Effizienz folgen. Das heißt aber nicht, dass sie sich um Menschen keine oder nur nachgelagerte Gedanken machen muss. Und Politik dreht sich immer um Machtfragen. Immer noch fehlt es beispielsweise an einem Gesetz, das alle Kosten entlang der *gesamten* Lieferkette für Unternehmen berücksichtigt und einbezieht (Stichwort: *true cost accounting*). Soziale und ökologische Folgekosten werden von Einzelnen oder der Gesellschaft (ergo den Steuergeldern) getragen anstatt von denen, die sie verursachen. Volkswirtschaftlich ergibt dies keinerlei Sinn, da es viel zu teuer ist. Auch für die Einzelperson ergibt dies keinen Sinn, denn der Preis, den sie mit ihrer Gesundheit, ihren Beziehungen und ihrer Lebensqualität für *die Qualität ihrer Arbeitswelt* zahlt, übersteigt oft das Gehalt für ihre Arbeit.

In politischer Hinsicht wurden bereits neue Kennzahlen entwickelt, die unsere Aufmerksamkeit verdienen:

- **Der Genuine Progress Indicator (GPI)** wurde von der NGO »*Redefining Progress*« entwickelt. Es handelt sich um einen Wertschöpfungsindikator, der auch Umwelt- und Sozialindikatoren einbezieht. (Vorläufer war der Index of Sustainable Economic Welfare [ISEW]).[38]
- **Der Human Development Index (HDI)** der UN-Entwicklungsorganisation (UNDP) berechnet drei Indikatoren zur Bestimmung des Entwicklungsstandes eines Staates: die Lebenserwartung, die Dauer der Ausbildung und das Einkommen, gemessen am BIP pro Kopf der Bevölkerung.[39]
- **Der European Social Progress Index (SPI)** der EU misst den sozialen Fortschritt für jede EU-Region als Ergänzung zu den traditionellen Messgrößen (zum Beispiel BIP). Der EU-SPI wurde im Rahmen der

Beyond GDP-(GDP ist englisch für BIP)Diskussion definiert und basiert ausschließlich auf sozialen und ökologischen Indikatoren, um die gesellschaftliche Entwicklung besser widerzuspiegeln.[40]

- **Der Happy Planet Index (HPI)** ist ein Indikator, der auf den Think Tank »*New Economics Foundation*« zurückgeht. Die wesentlichen Größen sind die Lebenserwartung, die Lebenszufriedenheit sowie der ökologische Fußabdruck.[41]
- **Der Inclusive Wealth Index (IWI)** wurde vom Umweltprogramm der Vereinten Nationen (UNEP) in Zusammenarbeit mit der Universität Kyushu entwickelt. Die Berechnung des Indexes basiert auf der Schätzung der Bestände an Human-, Natur- und Produktionskapital einer Volkswirtschaft und publiziert die Fortschritte von 140 Ländern im Bereich der Nachhaltigkeit weltweit.[42] Die Umsetzung des IWI wurde von vielen einzelnen Ländern mit Unterstützung von UNEP durch ein wissenschaftliches Komitee unter der Leitung von Sir Partha Dasgupta von der Universität Cambridge in Angriff genommen.

Genau dieser Schwenk weg vom kurzatmigen Effizienzdenken hin zur Nachhaltigkeit für Menschen und Planeten wird Unternehmen nicht ausbremsen, sondern langfristigen wirtschaftlichen Erfolg überhaupt erst möglich machen.

A FUTURE WORTH WORKING FOR

Drei optimistische Visionen für ein grundlegend besseres Morgen

»Jede große Idee, die in die Politikmaschine eingespeist wird, kommt am Ende klein heraus«, schrieb kürzlich der Politikwissenschaftler und Publizist Adrian Lobe. Doch utopisches Denken zwinge uns, die großen Fragen zu stellen. Warum arbeiten wir überhaupt? Warum sollen wir damit mehr und mehr erwirtschaften? »Wer utopisch denkt, sieht nicht nur die Unzulänglichkeiten eines Systems, sondern auch den Handlungsspielraum, den eine Gesellschaft hat. Die Zukunft ist nicht in Stein gemeißelt. Aber man braucht Mut, sie zu gestalten.«[43]

Darum geht es in diesem Buch: Arbeit anders gestalten, um die Welt besser zu machen. Es ist mir bewusst, dass die Grundidee utopisch klingen mag. Wenn wir aber genau hinschauen, sehen wir: Da gibt es wirklich einen Transmissionsriemen zwischen Mikrokosmos und Makrokosmos. Dem

- we run,
- we resignate,
- we can't care,
- we disconnect,
- we exclude,
- we ignore

habe ich vier Wirkungsfelder entgegengestellt: Zeit, Kollaboration, Vielfalt, Kennzahlen – mit vielen konkreten Lösungsansätzen. Dabei habe ich insgesamt 22 Impulse, Ideen, Inspirationen vorgestellt: zwölf für uns alle, die Menschen in der Arbeitswelt. Und zehn weitere für die Unternehmen in der Wirtschaft. Sie ergeben im Zusammenspiel meine drei Utopien:

1. Zeitsouveräne Menschen

Stellen wir uns gemeinsam Menschen vor – du, ich, wir alle –, die weitgehend flexibel und frei über ihre Lebenszeit bestimmen können. Die genug Zeit haben, sich um die Menschen zu kümmern, die ihnen wichtig sind, um ihre Projekte, ihre Hobbys, ihre Anliegen und auch um ihre eigene Gesundheit. Stellen wir uns Menschen vor, die gerne mit anderen zusammenarbeiten, auch und gerade dann, wenn diese anderen ganz anders sind als sie selbst. Stellen wir uns vor, dass diese Menschen nicht nur in die eigene Tasche wirtschaften, sondern auch für ihre Communitys und ihren Planeten. Weil sie sich des Werts und der Wirkung ihrer Spuren bewusst sind – und sie sich Gedanken machen, welche Spuren sie jetzt und in Zukunft hinterlassen wollen.

2. Eine produktive *und* nachhaltige Wirtschaft

Stellen wir uns gemeinsam Unternehmen vor, die sich standardmäßig und lautstark für neue, flexible Arbeitsbedingungen einsetzen – nicht zuletzt, weil sie verstanden haben, dass sie Talente nur so an Bord holen und halten können. Mit »flexibel« meine ich nicht ein bisschen Homeoffice am Küchentisch, während nebenan das Baby schreit. Ich meine auch nicht nur die Duldung einiger noch nischigen Arbeitsmodelle wie Jobsharing oder Sidepreneurship. Ich meine, dass flexible Arbeitsmodelle in allen Formen und Ausprägungen zum verbindlichen Teil einer jeden Unternehmensstrategie werden. Wer »Fachkräftemangel!« schreit, muss seine Arbeitswelten öffnen – sonst hat er keinen oder steht mental immer noch an Fords Fließband. Stellen wir uns eine Arbeitswelt vor, in der wahre Kollaboration und Jobsharing durch Menschen unterschiedlichen Geschlechts, Alters und unterschiedlicher ethnischer Zugehörigkeit als Normalfall gilt. So könnten endlich Menschen in einflussreichen Positionen arbeiten, die auf den aktuellen Karrierewegen allzu oft und allzu früh aufgeben oder ausgebremst werden – BiPoC, Frauen, Alleinerziehende, um nur einige zu nennen. Würde eine solche Arbeitswelt nicht zu einem Motor für einen fundamentalen, sozialen Wandel – hin zu einer gerechteren Welt für alle? Und würde ein solches Umfeld nicht auch die Unternehmen sozial und emotional intelligenter machen? Wenn sich intern mehr und verschiedene Stimmen zu Wort melden können, kommt es dann nicht automatisch zu besseren Entscheidungen? Wäre es dann nicht auch endlich Zeit für eine neue Form der Führung, bei der Vertrauen und Verantwortung eine wesentliche Rolle spielen – das Ego aber nicht?

Die radikale Flexibilisierung von Arbeitswelten – vor allem von Arbeitszeiten, aber auch von Positionen, Inhalten und Orten – ist meiner Meinung nach einer der größten und am meisten unterschätzten Hebel für Unternehmen auf dem Weg zu mehr Produktivität und für uns selbst hin zu einer vielfältigen, sozial gerechten und zukunftssicheren Gesellschaft. Die jüngste Zeit hat uns gezeigt, dass die Wirtschaft sehr schnell reagieren kann, wenn sie muss. Jetzt geht es um Aktion statt Reaktion. Langfristig umsteuern muss die Wirtschaft sowieso, wenn die Sicherheit ihrer Produktionsstätten nicht mehr gewährleistet oder adäquat versichert werden kann. Noch kann sie selbst entscheiden, wie der Umbau hin zu mehr Resilienz, mehr Fairness, mehr Nachhaltigkeit gelingt. Noch kann sie selbst gestalten. Warum wieder warten, bis nichts mehr geht?

3. Politik für einen lebenswerten Planeten

Warum denkt die Wirtschaft Arbeit jetzt nicht neu? Warum bringt sie soziale Verwerfungen und die nahende Klimakatastrophe jetzt nicht mit ihrem Handeln in Verbindung? Weil sie unter einer chronischen Krankheit leidet: Kurzatmigkeit. Absatz und Umsatz, Gewinne und Wettbewerbsfähigkeit: Die Maßstäbe der Wirtschaft sind immer kurzfristiger Wachstum. Um den Klimawandel zu stoppen, um Wohlstandsscheren deutlich zu verkleinern oder die drastischen sozialen und ökologischen Schieflagen entlang der Lieferketten zu verringern, braucht die Wirtschaft einen deutlich längeren Atem. Doch der kommt in den Spielregeln der globalen Wirtschaft nicht vor. Und deshalb weichen die ganz großen Gewinne – gutes Leben, Frieden, ein gesunder Planet –

immer wieder kurzfristigen Zielen, vor allem dem vermeintlichen Superhelden der Weltwirtschaft: Wachstum.

Deshalb müssen wir Arbeit und Arbeitswelten auch politisch neu denken. Wir brauchen andere, vor allem bessere und flexiblere Care-Systeme für unsere Kinder, für ältere Menschen, für alle Pflegebedürftigen. Wir brauchen eine neue Vorstellung von zeitsouveränen Arbeitsbiografien. Wir brauchen neue Ideen, wie sich Einkommen von Paaren steuerlich gerecht zusammendenken und Renten gerecht aufteilen lassen. Wir brauchen eine neue Idee davon, wie sich die Arbeit anders, besser aufteilen lässt, die Menschen zu Hause in Küche, Wäschekeller und Kinderzimmer erledigen, neben ihrer Erwerbsarbeit. Wir müssen darüber nachdenken, was uns kulturelle, kreative, inklusive Arbeit in den Gemeinden und ihren Organisationen wert ist – und wie wir diese Arbeit wertschätzen können.

Warum stellen wir uns nicht ein System vor, in dem das Geben von Zeit für die Gemeinschaft oder solidarisches Engagement genauso honoriert wird wie bezahlte Arbeit? Warum experimentieren wir nicht damit, unsere Rente genauso von dem Wert, den wir für die Gemeinschaft geschaffen haben, abhängig zu machen, wie von unserem Wertschöpfungsbeitrag für die Wirtschaft? Fragt jemand: Wer soll das bezahlen? Gute Frage! Und wer bezahlt heute für die Schäden an unserer Gesundheit, an unserer Gesellschaft und Umwelt? Wer profitiert eigentlich, wenn wir von Wertschöpfung sprechen – und wer zahlt drauf?

Stellen wir uns eine Wirtschaftspolitik vor, in denen Produkte von nachhaltig und fair produzierten Waren und Dienstleistungen günstiger sind, weil die Kosten für destruktives Verhalten konsequent und vollumfänglich von denen bezahlt werden, die sie verursacht haben, und nicht nachgelagert vom Kollektiv. Stellen wir uns eine Wirtschaftswelt vor, die Wohlstand und Wachstum nicht mehr an dem rein quantitativen Faktor BIP misst, auch wenn das gewonnene Geld aus destruktiven Zusammenhängen stammt. Stellen wir uns vor, dass Faktoren wie die Verbesserung der psychischen Gesundheit, der Abbau von Gewalt, die Verringerung der Kinderarmut oder die Erweiterung der wirtschaftlichen Möglichkeiten für bisher marginalisierte

Menschen zu wichtigen Kennzahlen werden. Denn die Art und Weise, wie unsere Märkte funktionieren, ist nicht vom Himmel gefallen – sie wurde im 19. und 20. Jahrhundert von Menschen gemacht. Also in einer Zeit, in der Extraktion – also der Abbau erschöpflicher natürlicher Ressourcen – nicht als wahrscheinlicher Sargnagel von Wirtschaft und Gesellschaft verstanden wurde, sondern als ihre Voraussetzung. In einer Zeit, in der Wertschöpfung nur auf den Faktor Geld bezogen wurde, auf Produktion, nicht aber auf Leben. Diese Maßstäbe schienen für die damalige Welt die besten zu sein – für eine Wirtschaftswelt, die auf ihren relevanten Positionen keinen Platz hatte für Menschen, die nicht weiß waren, die nicht männlich waren und nicht westlich. Heute sehen wir, welchen Preis diese Wirtschaftswelt schon immer denjenigen Menschen aufgebürdet hat, die höchstens Randfiguren sein durften.

Wir müssen aufhören, diese Lösungen aus der Vergangenheit in die Zukunft zu projizieren. Es geht so nicht weiter. Es gibt da draußen Lösungen. Und die verwirklichen sich nicht von selbst. Jede:r von uns ist gefragt. Jede:r von uns kann auf allen vier Wirkungsfeldern jede Menge Workshifts wagen. Machen wir das *enough!* zum Standard. Nicht nur für dich und mich, sondern für eine gerechtere, nachhaltigere und zukunftssichere Zukunft für alle.

Um vom Hadern ins Handeln zu kommen, und das so leicht wie möglich, schließe ich dieses Buch mit einer Bedienungsanleitung ab: dem WORKSHIFT MANUAL. Darin sind alle 22 Workshifts auf den vier Wirkungsfeldern in Kurzform zusammengefasst. Sie sind, wie zu Beginn des Buchs schon eingeleitet, nicht immer fertige Antworten und viele Fragen bleiben offen – müssen offenbleiben. In unserer schnelllebigen, krisenhaften Zeit sind die richtigen Fragen vielleicht sogar wichtiger als die richtigen Antworten. In diesem Sinne:

»*Leben* Sie jetzt die Fragen«, schreibt auch Rainer Maria Rilke in einem Brief. »Vielleicht leben Sie dann allmählich, ohne es zu merken, eines fernen Tages in die Antwort hinein.«[44]

WORKSHIFT MANUAL:
Bedienungsanleitung für eine neue (Arbeits-)Welt

Wirkungsfeld ZEIT

Lasst uns Arbeitszeit neu denken, weil uns das zu einem nachhaltigen Umgang mit eigenen und anderen Ressourcen führt, zu mehr Zeitsouveränität für den Menschen und mehr Produktivität für die Wirtschaft.

Der Workshift in uns: Zeitsouveränität kultivieren

≫ acknowledge
Leben ist Zeit – und nicht nur Arbeitszeit. Wir alle brauchen Zeit für unsere Familien und Interessen. Unser Körper braucht Zeit zum Atmen und unsere Seele Zeit zum Baumeln. Höchste Zeit, aufzustehen und Zeit, Raum und Ressourcen für uns selbst einzufordern.

≫ use your privilege
Der eigenen Zeit Wert geben heißt, meinem Gegenüber ungestresst und ungehetzt zu begegnen. Es heißt, mich in der Community zu engagieren, ohne ständigen Blick auf meine digitale Parallelwelt. Es heißt, sich Zeit zu nehmen für Dinge, die für Selbstoptimierungs-Apps nicht messbar sind.

≫ reduce
Quantitativ weniger arbeiten und qualitativ besser – das geht. Dazu müssen wir uns neue Modelle trauen: Jobsharing ist eine davon. Sidepreneurship ermöglicht ein Leben mit vielen verschiedenen Hüten, in Partnerschaften ermöglicht doppelte Teilzeit, die gesamte Arbeitslast besser zu teilen.

Der Workshift in Unternehmen: Umsteuern in die Produktivität

≫ flexiblize
Arbeit lässt sich viel flexibler organisieren, als viele denken: Neben Stundenzahlen lassen sich Tageszeiten verhandeln oder die Quantität der Arbeit ganz frei bestimmen – und über ein Jahr oder ein ganzes Leben verteilt. Eine zeitsouveräne Biografie ist keine Utopie, sondern Verhandlungssache, die aktiv gefördert werden sollte.

≫ dare to try
Wir brauchen nicht mehr Dogmen, sondern mehr Fantasie und mehr Vertrauen: Vier Tage, sechs Stunden – zu allen möglichen Arbeitsmodellen liegen mittlerweile Studienergebnisse vor. Sie bestätigen ein Mehr an Produktivität. Statt als utopisch abzutun: Los geht's mit den Testphasen!

Wirkungsfeld KOLLABORATION

Wir brauchen eine neue Art der Kollaboration, weil Zusammenarbeit die Perspektive vom ICH auf das WIR richtet. Für den Einzelnen heißt Zusammenarbeit Reife und Entwicklung. Für die Wirtschaft ergibt sich ein doppelter Shift: Sowohl emotionale als auch künstliche Intelligenz werden als Erfolgsgaranten gleichermaßen ernst genommen.

Der Workshift in uns: Vom Ich zum Wir

》 start within
In einer auf Machtkämpfe und Bonus-Rallyes gepolten Wirtschaft bleibt uns, wenn wir besser zusammenarbeiten wollen, nichts anderes übrig, als be*herzt* voranzugehen. Eco vor Ego und jenseits von Hierarchien Allianzen schmieden, authentisch agieren, Räume erweitern, echte Vernetzung. In gemeinsamen, koordinierten Schritten liegt enorme Veränderungsmacht – für uns und andere.

》 think and feel
Mit sich selbst und anderen immer wieder den Dialog suchen, die Reflexion pflegen, aber auch still werden. Dinge durchdenken. Resonanzen erspüren. Lernen wollen, ohne sich gleich angegriffen zu fühlen. Wenn wir tatkräftig nach vorne gehen wollen, sollten wir nicht nur unsere Achtsamkeit trainieren, sondern auch unseren Verstand schärfen.

》 cut the BS
Minimale politische Spielchen, gepaart mit maximal transparenter Kommunikation – das ist der Kern der agilen und effektiven Arbeitsweisen, die uns jetzt weiterbringen. Wir haben keine Zeit für Bullshit-Bingo. *Full stop*.

≫ persevere
Keep on keeping on! Manchmal geht es fünf Schritte nach vorn und drei zurück. *So what?* Wir haben immer noch zwei gewonnen. Am besten gelingt das gemeinsame Nach-vorne-Gehen, wenn wir thematische Allianzen bilden, Optionen anbieten, immer wieder die Vorteile der verschiedenen Perspektiven verdeutlichen – uns der gemeinsamen Bewegung in Richtung Zukunft hingeben wie einem Tanz.

Der Workshift in Unternehmen: Emotionale Intelligenz plus KI

≫ foster emotional intelligence (EI)
Daten werden zunehmend in organisatorische Prozesse integriert – Emotionen aber nicht, dabei sind beide Faktoren in Zukunft erfolgsentscheidend. Emotionen sollten Führungsthema sein, regelmäßig adressiert werden und von der Mitarbeiterauswahl bis hin zur Auswahl von (agilen) Methoden der Zusammenarbeit als Baustein in alle Abläufe integriert werden, um über alle Bereiche (Silos!) hinweg »organisatorische emotionale Intelligenz« zu verankern.

≫ leverage artificial intelligence (AI)
Künstliche Intelligenz beschert uns viel, viel mehr Arbeitsergebnisse in viel, viel kürzerer Zeit. Aber sind sie auch sinnvoll? Wertvoll? Und überhaupt: korrekt? Ausprobieren! Um die aktuelle KI-Revolution nutzbar zu machen, bleibt uns nichts anderes übrig, als kontinuierlich kritisch zu testen, überlegt zu investieren und und vor allem emotional intelligent zu reflektieren.

≫ encourage actual leadership
Führung heißt Verantwortung übernehmen, Entscheidungen zwischen Ernsthaftigkeit und Beharrlichkeit, aber auch Zugewandtheit und Offenheit treffen. Unternehmen sollten auf Führungs-

kräfte setzen, die sich durch Empathie, Kommunikationsstärke, Offenheit und Lernfähigkeit auszeichnen und diese fördern – und befördern. Vor allem aber sorgfältig auswählen: Menschen über- und unterschätzen ihre eigenen Führungsqualitäten. Entscheider:innen in Organisationen sollten diese *biases* klar identifizieren, wenn sie Menschen Personalverantwortung übertragen.

≫ share those jobs
Jobsharing als Königsdisziplin der Kollaboration muss endlich raus aus dem Nischendasein, da dieses innovative Arbeitsmodell für Unternehmen (mehr Talent: zum Beispiel Frauen, Alleinerziehende), Arbeitnehmer:innen (mehr Leben und Flexibilität) sowie alle anderen beteiligten Stakeholder (mehr Brainpower und Verfügbarkeit) so viele Vorteile mit sich bringt. Lasst euch nicht einreden, das Ganze sei so komplex: Zwei Personen teilen sich eine Stelle; Aufgaben, Verantwortungsbereiche, Zielvereinbarungen sowie Arbeitszeiten werden in gemeinsamer Verantwortung erfüllt – mit dem Nebeneffekt, dass flexibilitätsbedingte Reibungsverluste deutlich abnehmen.

Wirkungsfeld VIELFALT

Nur mit Vielfalt kommen wir zu kreativen Problemlösungen in Wirtschaft, Gesellschaft und Umwelt. Deshalb brauchen wir alle mehr Mut, der eigenen Vielfalt Raum zu geben. In der Wirtschaft wächst Diversity nur mit klaren Zielvorgaben.

Der Workshift in uns: Viele Leben wagen

》 diversify your life
Ich, du, wir alle sind viel mehr als die Antwort auf die Partyfrage: »Und was machst du so?« Es geht uns und unseren Familien- und Freundeskreisen, nicht zuletzt auch unseren Arbeitsteams besser, wenn wir uns innere Vielfalt erlauben. Also: Die innere Pluralität kennenlernen – viel mehr Sowohl-als-auch leben!

》 leave the bubble
Es ist wunderbar bereichernd, den eigenen Stimmen zu folgen, auch wenn sie leise sind. Es ist aber genauso heilsam und gesellschaftlich so wichtig, sich zu engagieren, sich auf Begegnungen außerhalb der eigenen Komfortzone einzulassen, sich davon selbst verändern zu lassen – und damit die eigenen Privilegien zu nutzen: Also raus aus unseren Bubbles, rein ins Engagement in die Vereine, die NGOs, die Politik, um nicht nur das Selbst, sondern auch die Welt aktiv mitzugestalten.

Der Workshift in Unternehmen: Management Rigor

》 commit top down
Kein Unternehmen wird zufällig vielfältig – dazu sind die Beharrungskräfte zu stark. Deshalb braucht es klare Zielbilder von oben, es braucht Führungskräfte, die Diversity vorleben und DEI das Mandat und die Ernsthaftigkeit geben, ein Businessziel wie jedes andere auch zu sein.

》 reward the middle
Wenn wir Sales verbessern wollen, setzen wir Ziele – wenn wir mehr Diversity haben wollen, machen wir einen Awareness-Tag. Das funktioniert so nicht. Unternehmen brauchen klare Kennzahlen und Metriken, vom Recruiting über die Personalentwicklung bis hin zu Führung. Und klare Folgen für Beförderungen und Boni – insbesondere für die, die den *employee life cycle* jeden Tag beeinflussen: Führungskräfte mit Personalverantwortung.

》 promote allyship bottom up
Es geht nicht anders: Privilegierte *müssen* sich einsetzen für die Menschen im Unternehmen, deren Stimme aus machtlogischen Gründen immer wieder ungehört bleiben. Diskriminierungen *müssen* angesprochen, Restbestände eigener Vorbehalte *müssen* kontinuierlich reflektiert werden. Nur so bewegen wir uns in eine vielfältigere Welt. Und keine Sorge: Wer andere fördert, bewegt sich dadurch selbst nicht die Karriereleiter abwärts. *Allyship* ist kein Nullsummenspiel – sondern bringt alle weiter.

Wirkungsfeld KENNZAHLEN

Es ist höchste Zeit, uns und unsere Wirtschaft an neuen, anderen Indizes ausrichten, weil diese unser Nordstern sind auf unserem Weg zur Post Growth Economy – die wir brauchen, um unseren wunderbaren Planeten lebenswert zu halten.

Der Workshift in uns: Systemkreativität

≫ rethink your goals
Ob wir wollen oder nicht: Wir verändern Menschen und Welt jeden Tag durch unser Handeln. Wir hinterlassen überall Spuren. Deshalb ist es so wichtig, die Richtung dieser Spuren bewusst festzulegen und sich die eigenen Werte immer wieder zu veranschaulichen und sie im Alltag aktiv zu kultivieren. Wie will ich der Welt begegnen? Wer will ich sein? Wo will ich hin?

≫ remeasure your goals
Wenn wir Neues erreichen wollen, dürfen wir nicht an überholten (Zeit-)Strukturen, Arbeitsmodellen oder Leistungsansprüchen, vor allem nicht an alten Maßstäben und Idealen festhalten. Wir müssen es umgekehrt tun. Wir müssen die Maßstäbe ändern und unser Handeln danach ausrichten, damit etwas Neues entsteht.

Der Workshift in Unternehmen: Neue Kennzahlen

》 expand your metrics
Wenn Wirtschaft weiter nur wachsende Geldmengen misst, dreht sich die soziale, ökologische und auch ökonomische Abwärtsspirale weiter. Wir sind längst weiter: Talente, Innovationen oder der Fußabdruck eines Unternehmens innerhalb sozialer und ökologischer Zusammenhänge sind messbar. Die Instrumente sind da. Es ist an den Unternehmenslenker:innen, jetzt anders zu messen – und damit anders zu wirtschaften.

》 move beyond growth
Die Wirtschaftswelt fokussiert sich zwar auf Geld, kann aber nicht leben ohne Welt. Deshalb ist der Klimakollaps für die Wirtschaft ein drängendes ökonomisches Problem. Und darum sollten Investoren, Börsen, Konzerne jetzt umsteuern, in eine Wirtschaftswelt, die neuen, anderen Werten folgt – von denen sie letztendlich selbst profitiert.

NACHWORT UND DANK

Am Ende dieses Buches ist es mir ein Bedürfnis, etwas einzuordnen – denn *context is just as important as content*: Alle Zeilen dieses Buchs sind nicht im stillen Kämmerlein, nicht in fein säuberlich wissenschaftlicher Manier entstanden, sondern MITTEN im Leben. Mit allem, was jenes so an Hochs und Tiefs zu bieten hat. Ich schreibe das hier ganz bewusst, weil ich davon überzeugt bin, dass es andernfalls a) ein anderes Buch geworden wäre; und b) ich nicht die Baustellen verschleiern, den Prozess nicht *sugarcoaten* und sowieso für mehr Wahrhaftigkeit in der öffentlichen Arbeit werben möchte. Denn wenn ich ehrlich bin, war das Gebären dieses Buches fast ein Nebenschauplatz in meinem Mikrokosmos: die Geburt eines Kindes (nach dem Verlust eines anderen), die physische, mentale und emotionale Belastung beider Erlebnisse für mich und meine Kernfamilie, zum Teil *hell broke loose* im Corporate Job, alles begleitet von Hormonchaos, einem Bandscheibenvorfall, großen Jobentscheidungen und natürlich (darauf ist Verlass!) immer mal wieder Weltschmerz, in dem sich der griechisch-theatralische Teil von mir bestens suhlen kann. In den letzten zwei Jahren ist in meinem Leben unglaublich viel passiert, Demut und Dankbarkeit waren eines meiner größten Learnings dabei.

Obwohl Dankbarkeit ein roter Faden in meinem Leben zu sein scheint, denn vor Kurzem ist mir nach sehr vielen Jahren meine Abizeitung in die Hände gefallen. Während ich in meinen Erinnerungen blätterte, abgespeichert als eine grandiose Zeit der Leichtigkeit, stieß ich auf die Zeilen meiner geschätzten Englisch-Leistungskurs-Lehrerin, die mich besonders berührten: *I would like to thank you for being so appreciative, Elly*. Sie berührten mich, weil ich spürte: Es stimmt. Dankbarkeit ist mir nicht nur theoretisch wichtig, nicht nur gedanklich ein Wert, ich versuche, sie auch mir selbst und in der Begegnung mit anderen immer wieder zum Ausdruck zu bringen. (*Sidenote*: Ist übrigens auch ein super Achtsamkeits-Tool, weil Dankbarkeit sowohl der Ego-Coolness als auch dem Dauer-Weltschmerz-Sender freundlich, aber bestimmt ein Ende setzt).

Wie schon gesagt, ist dieses Buch in einer nicht ganz leichten Zeitspanne für mich entstanden, und ich bin vielen Menschen wirklich von Herzen dankbar, die mich warm und klug durch diese Zeit getragen haben, sodass meine Gedanken überhaupt in dieser Form aufs Papier finden konnten. Also, seht es mir nach, wenn ich für meinen Dank etwas weiter aushole und das gute alte Pathos mit dazu einlade – *here we go*:

Zuallererst möchte ich der Wirtschaftsjournalistin, Autorin und Ghostwriterin Anne Jacoby danken, denn niemand ist mir im Schreibprozess so nahegekommen wie du. In diesem Buch spreche ich immer wieder von Jobsharing – und wie so oft in meinem Leben, versuche ich nicht nur zu reden, sondern auch zu tun. Ich hätte mir niemand Besseren für dieses Jobsharing vorstellen können, liebe Anne, niemanden, der in diesem Prozess zu diesen Themen meine Fähigkeiten so gut ergänzt wie du. (Hier ein *love shoutout* zu meinen bisherigen Jobsharing-Partnerinnen *in and outside the company*: Sabine, Alexa, Vera.) Ich habe nicht nur unglaublich viel von dir in unseren endlosen Gesprächen und beim Gedankenaustausch gelernt, wir konnten dabei auch herrlich viel lachen – vor allem über die Selbstironie, in der wir uns beide, trotz anderer Lebenssituationen, so oft wiederfanden. Danke, dass meine Gedanken durch unsere zwei Gehirne und unsere vier tippenden Hände aufs Papier finden und hoffentlich am Ende alle, die es lesen, genauso begeistern werden wie uns.

Fast im gleichen Atemzug muss ich natürlich die großartige Lektorin des Campus Verlags nennen: Valesca Schober. Mir wurde von meinen Autorinnen-Freundinnen prophezeit, wie wichtig ein:e gute:r Lektor:in sein wird – nun weiß ich, was sie meinten. Du hast mich genau an den richtigen Stellen challenged, um das Ganze besser zu machen. Und dein so ansteckendes Lachen hat mich durch manches (Ver-)Zweifeln getragen.

Eine weitere Person, ohne die es dieses Buch definitiv nicht gäbe, ist Juliane Seyhan. Als Buchagentin (und vieles mehr) hast du mich nach meinem TEDx-Talk auf LinkedIn angeschrieben und hattest den Biss, Charme wie Argumente, mich nicht nur über diese Plattform zu erreichen, sondern mich nach einigen *Hell, no!* (weil: braucht die Welt nicht und *I just don't have time for this*) trotzdem zu überzeugen. Du warst für mich die Hebamme des Buchs, der ersten Inhalte und des Exposés und hast mich nicht nur mental durch einige *this will never work out*-Tiefen begleitet – danke.

Mein Dank gilt außerdem allen Gästen, die seit 2017 meiner Einladung zum Morgen.Salon und den dort so wunderbar stattfindenden Gesprächen, dem Austausch und gemeinsamen Denken gefolgt sind. Viele davon sind in diesem Buch genannt. Ich habe von jeder einzelnen Person so viel gelernt über Mensch, Gemeinschaft und Leben und alles, was an Widrigkeiten und Wunderbarem dazwischenliegt.

Ein weiterer, ganz wesentlicher Dank geht an die Menschen, die mir noch näher stehen und die mich durch diese gesamte Phase mit all den *ups and downs*, mit so viel Wärme, tatkräftiger Unterstützung, ohne Bullshit und unendlich viel Liebe getragen haben (zum Teil auch mitgelesen und gefeedbacked haben): Mel, Griselda, Vera, Angi, Isa, Kübra, Uta, Anna, Fuji, Cordelia, Julia, Düzen, Tuna und alle T.s, AK, AS, Ulli, Jo, so auch Titilayo, Monica, Sissi, Marie, Bettina, Anika, Heike, Tina, Katrin, Nina, Steffi, CHANs, Judith und natürlich *forever*: Hrissa, Lara, Isi, Jenny, Sabrina. Und alle, die hier nicht genannt sind und vielleicht weniger *day-to-day* in meinem Leben präsent sind, aber trotzdem im Herz verbunden – *you know who you are!* Das Leben ist so wundervoll durch eure Freundschaft!

Neben Freund:innen ziehe ich den Nukleus jetzt noch etwas kleiner und muss meine Familie mit Dank überhäufen: Danke Mama, dass du uns in der Zeit meines Wochenbetts und überhaupt immer so unterstützt, und wenn es nur mit lauten, naiv-lustigen Anrufen ist, bitte verliere nie deine Positivität! Danke auch an meine Schwiegermutter für so manchen köstlichen Kuchen, Gerichte und liebevolle Begleitung. *A big thank you also goes out to my sister Cecilia, you've cheerleaded for me during my actual as well as this book's birth so much. And thank you for the excellent brainstorm on the book title – our favorite made it, hurray!* Ich nenne nun niemand weiteren mehr dediziert, dafür ist die Familie einfach zu groß, aber meine Väter, weitere Geschwister, Tanten, Onkel, Cousinen und Cousins, Omi, Paten und viele mehr waren und sind immer wertvolle Begleiter:innen im Hintergrund und im Herz nie vergessen.

Lastly – *and everyone who knows me, knows that I'm sobbing right now* – danke ich meiner Kernfamilie: York, unsere Liebe ist Nährboden für so viel Gutes, Wahres und Klares in mir. Dass dieses Buch *peanuts* ist im Vergleich zu den Aufgaben, die wir sonst schon so gemeistert haben, wissen wir beide. Danke für deine unaufhörliche Hingabe, Leidenschaft und Begeisterung für mich, für uns – und ja, auch für diesen zum Teil widrigen Schreibprozess. *I love my life with you.*

Und nun wirklich zum Schluss: Meine tiefste Dankbarkeit geht an unsere Kinder: O.L., ich danke dir, dass du dich immer wieder so auf dieses Buch gefreut und mich *literally* angefeuert hast. Du bist ein großer Teil der Ursache, warum ich den Glauben an die Welt und unsere Gestaltungskraft darin nicht verliere. Dass wir uns so ähnlich sind, führt zwar oft dazu, dass wir aneinandergeraten, aber ein besseres Mini-Me kann ich mir nicht vorstellen. D.A., wir kennen uns noch nicht so lange, aber dass du den Weg zu uns gefunden hast und deine wunderbare Energie in unser Leben gebracht hast, dafür danke ich dir sehr. Genau diese deine Energie ist ganz stark in den Zeilen des Buchs vertreten, weil du im Denk- und Schreibprozess de facto am nächsten wahlweise in oder an mir warst. Dass ich beide eure Geburten überlebt habe, ich weiß nicht wie, kann ein anderes – ganz anderes! – Buch füllen, aber letztendlich bin ich auch für diese kathartischen Erfahrungen in meiner Biografie dankbar.

When day comes, we step out of the shade, aflame and unafraid. The new dawn blooms as we free it. For there is always light, if only we're brave enough to see it. If only we're brave enough to be it. (Amanda Gorman)

Quellen und Literatur

Bergmann, Frithjof; Friedland, Stella: *Neue Arbeit kompakt*. Freiamt: Arbor 2007
Berzbach, Frank: *Die Kunst ein kreatives Leben zu führen*. Mainz: Hermann Schmidt 2014
Bregman, Rutger: *Utopien für Realisten: Die Zeit ist reif für die 15-Stunden-Woche, offene Grenzen und das bedingungslose Grundeinkommen*. Hamburg: Rowohlt 2019
Bücker, Teresa: *Alle_Zeit: Eine Frage von Macht und Freiheit × Wie eine radikal neue, sozial gerechtere Zeitkultur aussehen kann*. Berlin: Ullstein 2022
Ehrenberg, Alain: *Das erschöpfte Selbst*. Frankfurt am Main: Suhrkamp 2008
Goldin, Claudia: *Die Kluft zwischen den Geschlechtern verstehen: Eine Wirtschaftsgeschichte amerikanischer Frauen*. Oxford University Press 1990
Göpel, Maja: *Unsere Welt neu denken: eine Einladung*. Berlin: Ullstein 2021
Grohnert, Ana-Cristina: *Das verborgene Kapital*. Frankfurt am Main: Campus 2021
Gorz, André: *Arbeit zwischen Misere und Utopie*. Frankfurt am Main: Suhrkamp 1999
Honneth, Axel: *Der arbeitende Souverän*. Berlin: Suhrkamp 2023
Lorde, Audre: »Vom Nutzen unseres Ärgers«. In: dies./Adrienne Rich: *Macht und Sinnlichkeit, hg. v. Dagmar Schultz*. Orlanda: Berlin 1993
Lotter, Wolfgang: *Zusammenhänge: Wie wir lernen, die Welt wieder zu verstehen*. Hamburg: Edition Körber 2020
Negt, Oskar: *Arbeit und menschliche Würde*. Göttingen: Steidl 2020
Quarch, Christoph: *Der kleine Alltagsphilosoph*. München: GU 2014
Saidze, Mina: *Fair Tech. Digitalisierung neu denken für eine eine gerechte Gesellschaft*. Berlin: Quadriga 2023
Schivelbusch, Wolfgang: *Das verzehrende Leben der Dinge: Versuch über Konsumtion*. Frankfurt am Main: Fischer 2016
Schutzbach, Franziska: *Die Erschöpfung der Frauen. Wieder die weibliche Verfügbarkeit*. München: Droemer Knaur 2021
Stäheli, Urs: *Soziologie der Entnetzung*. Berlin: Suhrkamp 2021
Süddeutsche Zeitung: *Kluge Ideen für ein gutes Leben*. München: Süddeutsche Zeitung Edition 2018
Verheyen, Nina: *Die Erfindung der Leistung*. München: Hanser Berlin 2018

Anmerkungen

1 Dominik Erhard, »Pendeln statt Wachsen!«, in: *Philosophie Magazin*, 06.07.2023, online: https://www.philomag.de/artikel/pendeln-statt-wachsen
2 Das mehr als 20 Jahre alte Werk »Arbeit und menschliche Würde« des Sozialphilosophen Oskar Negt wurde 2020 aufgrund seiner »beängstigenden Aktualität« (Vorwort VIII) wieder aufgelegt. Auch wenn das vorliegende Buch »Workshift« nicht jeder Zuspitzung Negts folgt, so greift es doch einige seiner pointierten Gedanken auf: »Konkrete Freiheit beginnt mit Akten der Befreiung. Sie ist nur als tätige Freiheit denkbar und hat unabdingbar Selbstverwirklichung zum Ziel. Befreiung bedeutet sowohl das Ablösen von äußerer Abhängigkeit, von körperlichen und geistigen Hindernissen, die den Bewegungsspielraum blockieren, als auch Überwindung des stummen Zwangs der Verhältnisse, der verinnerlichten Abhängigkeiten.« Oskar Negt, *Arbeit und menschliche Würde*, Göttingen, Steidl Verlag 2020, S. 146
3 Götz Werner, zitiert nach Dr. Christoph Quarch, »Zukunftsfähig durch Kooperation«, Vortrag vom 23.03.2021 in Hamburg, online: https://www.hamburg.de/contentblob/16049846/c4e9cc96a6ae17344f-d1dc2fe8381487/data/vortrag-anlaesslich-der-jahresauftaktveranstaltung-der-hamburger-stadtwirtschaft.pdf
4 Axel Honneth, *Der arbeitende Souverän*, Berlin, Suhrkamp 2023, S. 316
5 Axel Honneth, a. a. O., S. 388
6 Klosinski, G.: »Krise«, in: Auffarth, C., Bernard, J., Mohr, H., Imhof, A., Kurre, S. (Hg.) *Metzler Lexikon Religion*, J.B. Metzler, Stuttgart 1999, online: https://doi.org/10.1007/978-3-476-03703-9_88
7 Rutger Bregman, *Utopien für Realisten*, Rowohlt, Hamburg 2021, S. 241
8 vgl. Donella H. Meadows, Erich Zahn, Peter Milling, *Die Grenzen des Wachstums. Bericht des Club of Rome. Zur Lage Der Menschheit*, Stuttgart, Deutsche Verlags-Anstalt 1972.
9 Destatis, »Dauer der Beschäftigung beim aktuellen Arbeitgeber«, online: https://www.destatis.de/DE/Themen/Arbeit/Arbeitsmarkt/Qualitaet-Arbeit/Dimension-4/dauer-beschaeftigung-aktuell-Arbeitgeber.html
10 Melanie Ebener, Nina Garthe, Hans Martin Hasselborn: »Warum wollen ältere Beschäftigte früh in die Rente? Ergebnisse der lidA-Kohortenstudie aus 2022/2023«, Bergische Universität Wuppertal 2023, online: https://arbeit.uni-wuppertal.de/fileadmin/arbeit/Brosch%C3%BCre_und_Flyer/lidA_Brosch%C3%BCre_W4_kurz.pdf

11 Mit »Generation Z« oder Gen Z ist die Bevölkerungskohorte gemeint, die etwa zwischen 1997 bis 2012 zur Welt gekommen sind. Eine eindeutige Definition gibt es nicht. Es gibt auch kein festes Set an Werten dieser Generation, weil sie wie alle Generationen sehr viele verschiedene Sozialmilieus umfasst.
Tim Weitzel, Christian Maier, Christoph Weinert, *Generation Z – die Arbeitnehmer von morgen*, Universität Bamberg, Universität Erlangen-Nürnberg, Centre of Human Resources Information Systems, Monster Worldwide Deutschland GmbH 2020.

12 World Economic Forum, »Future of Jobs 2023: These are the most in-demand skills now – and beyond«, online: https://www.weforum.org/agenda/2023/05/future-of-jobs-2023-skills/

13 Donald Sull, Charles Sull, Ben Zweig, »Toxic Culture Is Driving the Great Resignation«, in: *MItSloan Management Review* vom 11.01.2022, online: https://sloanreview.mit.edu/article/toxic-culture-is-driving-the-great-resignation/.

14 Statista, »Entwicklung des HWWI-Rohstoffpreisindex weltweit von Mai 2019 bis Mai 2023«, online: https://de.statista.com/statistik/daten/studie/1285150/umfrage/hwwi-rohstoffpreisindex-entwicklung-weltweit/; Statista, »Für wie relevant halten sie die folgenden Maßnahmen zur Verbesserung der Widerstandsfähigkeit Ihrer Lieferkette?«, online: https://de.statista.com/statistik/daten/studie/1380787/umfrage/massnahmen-zur-resilienzerhoehung-von-lieferketten/

15 Richard Edelman, »Brand Trust. The Gravitational Force of Gen Z«, in: Edelman.com vom 20.06.2022, online: https://www.edelman.com/trust/2022-trust-barometer/special-report-new-cascade-of-influence/brand-trust-gravitational-force-gen-z

16 Nach Angaben der Weltgesundheits-Organisation WHO ist Burnout ein Syndrom, das durch chronischen Stress am Arbeitsplatz entsteht, online: https://www.who.int/news/item/28-05-2019-burn-out-an-occupational-phenomenon-international-classification-of-diseases; Laut AOK ist das Burnout bedingte Arbeitsunfähigkeitsvolumen in der vergangenen Dekade um knapp 50 Prozent angestiegen, online: https://de.statista.com/statistik/daten/studie/239869/umfrage/arbeitsunfaehigkeitstage-aufgrund-von-burn-out-erkrankungen/;

17 BKK steht für »Betriebskrankenkasse«. Pronova BKK, »Arbeiten 2022. Ergebnisse einer Befragung von Arbeitnehmerinnen und Arbeitnehmern«, Pronova BKK, Ludwigshafen, September 2022, online: https://www.pronovabkk.de/media/pdf-downloads/unternehmen/studien/arbeiten2022-ergebnisse.pdf

18 Meredith Haaf, »Wie viel Arbeit ist genug?«, in: *Süddeutsche Zeitung Magazin* vom 22. Januar 2019, online: https://www.sueddeutsche.de/leben/arbeit-familie-vereinbarkeit-1.4278256

19 Vgl. auch Teresa Bücker, *Alle_Zeit. Eine Frage von Macht und Freiheit. Wie eine radikal neue, sozial gerechtere Zeitkultur aussehen kann*, Berlin, Ullstein 2022, S. 121.

20 Vgl. Madlen Stupin: »Mental-First-Aid – Der Erste-Hilfe-Kurs für die Seele an der Technischen Hochschule Ostwestfalen-Lippe«, S. 431, in: Knieps, Franz / Pfaff, Holger (Hrsg.): *BKK Gesundheitsreport 2019. Psychische Gesundheit und Arbeit,* Berlin 2019, S. 431–435.

21 US Bureau of Labor Statistics, »Empirical evidence for the Great Resignation«, in: bls.gov vom November 2022, online: https://www.bls.gov/opub/mlr/2022/article/empirical-evidence-for-the-great-resignation.htm

22 Vgl. Emma Goldberg, »All of Those Quitters? They're at Work«, in: *New York Times* vom 13.05.2022, online: https://www.nytimes.com/2022/05/13/business/great-resignation-jobs.html

23 Personio, »Karriereknick dank Pandemie? Fast 60 % der Millennials denken über Jobwechsel nach«, in: personio.de vom 17.03.2022, online: https://www.personio.de/ueber-uns/presse/hr-studie-2022/
Vgl. die Ergebnisse aus US-amerikanischen Studien, zusammengefasst in: Gabrielle Hauth, René Pfister: »Die Sinnfrage«, in: *Spiegel* vom 30.08.2022, online: https://www.spiegel.de/ausland/arbeitnehmer-in-den-usa-die-sinnfrage-a-8072c712-af49-44e3-bb09-7bada6c474cd?context=issue&sara_ref=re-so-app-sh

24 Mit »Millenials« ist die Kohorte der Menschen gemeint, die im Zeitraum der frühen 1980er bis zu den späten 1990er Jahren geboren wurde. Anne Helen Petersen, »How Millennials Became the Burnout Generation«, in: BuzzFeed News vom 05.01.2019, online: https://www.buzzfeed.com/annehelenpetersen/millennials-burnout-generation-debt-work

25 Dr. Christoph Schleer auf Basis der SINUS-Jugendforschung im Interview mit SCHULEWIRTSCHAFT Deutschland, der Bundesagentur für Arbeit und der Bundesvereinigung der Deutschen Arbeitgeberverbände (BDA) in der Broschüre »Eltern ins Boot holen«, online: https://www.sinus-institut.de/media-center/news/berufsorientierung-jugendlicher-welche-rolle-spielen-die-eltern

26 HDI, »HDI Berufe Studie 2022«, online: https://www.hdi.de/ueber-uns/presse/hdiberufestudie-2022/. Vgl. auch: Sara Weber, »Die Gen Z will nicht mehr arbeiten? Ein Vorbild für alle!«, in: *Der Spiegel* vom 25.02.2023, online: https://www.spiegel.de/start/generation-z-und-arbeit-warum-sich-in-wahrheit-alle-weniger-ueberstunden-wuenschen-a-bf3d179e-5bbb-40ca-9e2e-f3c3c5672edf

27 IW Kurzbericht 23/2023, »Fachkräftemangel – keine einfache Lösung durch höhere Löhne«, in: IWkoeln.de vom 24.03.2023, online: https://www.iwkoeln.de/fileadmin/user_upload/Studien/Kurzberichte/PDF/2023/IW-Kurzbericht_2023-Fachkr%C3%A4ftemangel-h%C3%B6here-L%C3%B6hne.pdf

28 Im Jahr 2021 gab es bundesweit fast 50.000 Schulabbrecher. Statista, »Anzahl der Schulabgänger/-innen ohne Hauptschulabschluss in Deutschland im Abgangsjahr 2021 nach Bundesländern«, online: https://de.statista.com/statistik/daten/studie/73748/umfrage/schulabgaenger-ohne-hauptschulabschluss-in-deutschland/; Bertelsmann Stiftung, »2023

fehlen in Deutschland rund 384.000 Kita-Plätze«, Meldung vom 20.10.2022, online: https://www.bertelsmann-stiftung.de/de/themen/aktuelle-meldungen/2022/oktober/2023-fehlen-in-deutschland-rund-384000-kita-plaetze; Achim Dercks, stellvertretende DIHK-Hauptgeschäftsführer: »Wir müssen deutlich machen, dass Rechtsextremismus nicht nur das Ansehen Deutschlands in aller Welt beschädigt. Er gefährdet auch unser Wirtschaftsmodell, das sowohl von der Anerkennung der Produkte made in Germany in aller Welt lebt als auch vom Vertrauen in die politische Stabilität und die Werte der sozialen Marktwirtschaft.« Zit. nach Zeit Online/dpa/mp: »Rechtsextremismus gefährdet unser Wirtschaftsmodell«, in: Die Zeit vom 17.09.2018, online: https://www.zeit.de/wirtschaft/2018-09/fremdenfeindlichkeit-wirtschaft-wirbt-fuer-toleranz?utm_referrer=https%3A%2F%2Fwww.google.com%2F

29 So die Zahlen des Instituts für Arbeitsmarkt- und Berufsforschung. IAB Kurzbericht 5/2023, Rekord Arbeitskräftebedarf in schwierigen Zeiten, online: https://doku.iab.de/kurzber/2023/kb2023-05.pdf; siehe auch IW-Kurzbericht 23/2023, online: https://www.iwkoeln.de/fileadmin/user_upload/Studien/Kurzberichte/PDF/2023/IW-Kurzbericht_2023-Fachkr%C3%A4ftemangel-h%C3%B6here-L%C3%B6hne.pdf

30 Bitkom, »Digitalbranche trotzt der Krise und schafft neue Jobs 2023«, Pressemeldung vom 10.01.2023, online: https://www.bitkom.org/Presse/Presseinformation/Digitalbranche-trotzt-der-Krise-schafft-neue-Jobs#_

31 Luise Sammann, »Ausländische Pflegekräfte: Warum viele kommen und wieder gehen«, in: *Deutschlandfunk* vom 08.05.2023, online: https://www.deutschlandfunk.de/auslaendische-pflegefachkraefte-pflegenotstand-100.html

32 Stefan Braun: »Wir brauchen mehr Bock auf Arbeit«, Interview mit Steffen Kampeter, in: *Table Media* vom 23.02.2023, online: https://table.media/berlin/analyse/wir-brauchen-mehr-bock-auf-arbeit/

33 Siehe dazu Elly Oldenbourg, »Dem Workaholic Hamsterrad können wir nur gemeinsam entkommen", in : *Xing* vom 03.07.2020, online: https://www.xing.com/news/klartext/dem-workaholic-hamsterrad-konnen-wir-nur-gemeinsam-entkommen-3957

34 Statista, »Statistiken zur Armut in Deutschland«, online: https://de.statista.com/themen/120/armut-in-deutschland/#topicOverview

35 Deloitte, »Human Capital Trends 2023. Neue Grundsätze für eine Welt ohne Grenzen«, online: https://www2.deloitte.com/de/de/pages/human-capital/articles/human-capital-trends-deutschland.html

36 Dazu Scott Galloway, »The Future of Work Part 2: Talk about money«, in: *Spotify.com* vom 01.03.2023, online: https://open.spotify.com/episode/3qvJKQsl8EPDPzafpeqwjo?si=72f2901e854949c9&nd=1 (ab Min 6:30)

37 Internations, »Expat Insider 2023«, online: https://www.internations.org/expat-insider/

38 Ich diskutiere in diesem Buch nicht die einzelnen Ansätze zu einer Post-Wachstumsgesellschaft im Detail. Wer sich interessiert, möge gerne tiefer einsteigen in die genannten Theorien: z.B. Herman Daly (»Steady

State Economy«) oder Niko Paech (»Post Growth Economy«); grundlegend waren und sind New-Work-Begründer Frithjof Bergmann, die Soziologin Frigga Haugg (»Die Vier-in-einem-Perspektive«), interessant auch der Wirtschaftswissenschaftler Thomas Piketty (»Das Kapital im 21. Jahrhundert«), der Autor und Aktivist Christian Felber (»Gemeinwohl-Ökonomie«) oder der Journalist und Dozent Richard Heinberg (»Non-Growing or Equilibrium Economy«).

WIRKUNGSFELD: ZEIT

1 Statista, »Wochenarbeitszeit in Deutschland in den Jahren 1871 bis 1990«, Statistik vom 09.08.2022, online: https://de.statista.com/statistik/daten/studie/1126144/umfrage/woechentliche-arbeitszeit-in-deutschland/
2 Destatis, »Qualität der Arbeit: Wöchentliche Arbeitszeit«, online: https://www.destatis.de/DE/Themen/Arbeit/Arbeitsmarkt/Qualitaet-Arbeit/Dimension-3/woechentliche-arbeitszeitl.html
3 Vgl. Judith B. Schor, *The Overworked American. The Unexpected Decline of Leisure*, New York 1993; Sighart Neckel, Greta Wagner (Hg.), *Leistung und Erschöpfung. Burnout in der Wissensgesellschaft*, Berlin 2013; Axel Honneth, a. a. O., S. 354
4 Kerstin Jürgens, Reiner Hoffmann, Christina Schildmann, *Arbeit transformieren! Denkanstöße der Kommission »Arbeit der Zukunft«*, Bielefeld, Transcript Verlag 2017, S. 113, online: https://www.boeckler.de/pdf/p_forschung_hbs_189.pdf
5 Derek Thompson, »Are We Truly Overworked? An Investigation—in 6 Charts«, in: *The Atlantic Magazine*, Juni 2013, online: https://www.theatlantic.com/magazine/archive/2013/06/are-we-truly-overworked/309321/
6 Nadine Absenger, Elke Ahlers, Reinhard Bispinck et al., »Arbeitszeiten in Deutschland. *WSI Report* vom November 2014«, online: https://www.boeckler.de/pdf/p_wsi_report_19_2014.pdf
7 Siehe z. B. Pierre-Michael Meier; Jürgen Wasem: »Erfolgsmessung in der Praxis: Digitalstrategie und Reifegradmessung«, in: Viola Henke; Gregor Hülsken; Pierre-Michael Meier; Andreas Beß (Hg.), *Digitalstrategie im Krankenhaus : Einführung und Umsetzung von Datenkompetenz und Compliance*, Wiesbaden, Springer Fachmedien Wiesbaden 2022, S. 181–195; Stifterverband, »Erfolgsmessung von Transfer und Kooperation an Hochschulen«, online: https://www.stifterverband.org/medien/erfolgsmessung-von-transfer
8 Roland Preuß, »Männer mögen Mehrarbeit«, in: *Süddeutsche Zeitung* vom 30.09.2022, online: https://www.sueddeutsche.de/politik/arbeitsmarkt-ueberstunden-arbeitnehmer-1.5666356

9 Siehe z. B. DIW Wochenbericht 21/2021, »Produktivität ist bei den wissensintensiven Unternehmensdienstleistungen erheblich gesunken«, online: https://www.diw.de/de/diw_01.c.818638.de/publikationen/wochenberichte/2021_21_1/produktivitaet_ist_bei_den_wissensintensiven_unternehmensdienstleistungen_erheblich_gesunken.html

10 Peter Kunze; Christoph-Martin Mai, »Arbeitsproduktivität: Nachlassende Dynamik in Deutschland und Europa«, in: Destatis, online:https://www.destatis.de/DE/Methoden/WISTA-Wirtschaft-und-Statistik/2020/02/arbeitsproduktivitaet-022020.pdf; vgl. auch Rutger Bregman, *Utopien für Realisten*, a. a. O., S. 185

11 Peter Kunze; Christoph-Martin Mai, »Arbeitsproduktivität«, a.a.O, S. 22

12 Johannes Pennekamp, »KfW warnt vor ›Ära schrumpfenden Wohlstands‹«, in: *Frankfurter Allgemeine Zeitung* vom 22.01.2023, online: https://www.faz.net/aktuell/wirtschaft/kfw-warnt-vor-schrumpfendem-wohlstand-fachkraefte-dringend-benoetigt-18620926.html

13 Axel Honneth, a. a. O., S. 388f.

14 Katy Leeson, »Too many people wear their burnout as a badge of honour«, in: Instagram am 24.02.2021, online: https://www.instagram.com/p/CLp4flFscue/?igshid=11mk4m25c7j6f

15 Vgl. Axel Honneth, a. a. O., S. 355f

16 Beatrice van Berk, Christian Ebner, Daniela Rohrbach-Schmidt: »Wer hat nie richtig Feierabend? Eine Analyse zur Verbreitung von suchthaftem Arbeiten in Deutschland«, *Zeitschrift Arbeit* 3/2022, April 2022, online: https://www.degruyter.com/document/doi/10.1515/arbeit-2022-0015/html

17 Berzbach, Frank, *Die Kunst ein kreatives Leben zu führen*, Mainz, Verlag Hermann Schmidt 2014, S. 185

18 Derek Thompson, "Workism Is Making Americans Miserable", in: *The Atlantic* vom 24. 02.2019, online: https://www.theatlantic.com/ideas/archive/2019/02/religion-workism-making-americans-miserable/583441/. Thompson schreibt auch den Newsletter »Work in Progress« und ist ein kreativer Kopf, den man im Hinterkopf behalten sollte: https://www.theatlantic.com/author/derek-thompson/

19 Nikolaus Wolf, »Kurze Geschichte der Weltwirtschaft«, in: Bundeszentrale für politische Bildung vom 19.12.2013, online: https://www.bpb.de/shop/zeitschriften/apuz/175486/kurze-geschichte-der-weltwirtschaft/

20 Zwischen 1956 und 2019 hat sich der Anteil der evangelischen Bevölkerung von 50,1 auf 24,9 Prozent reduziert. Der Anteil der katholischen Bevölkerung fiel von 45,9 auf 27,2 Prozent. BPB, »Soziale Situation in Deutschland: Katholische und evangelische Kirche. Zahlen & Fakten«, in: Bundeszentrale für politische Bildung vom 10.08.2022, online: https://www.bpb.de/kurz-knapp/zahlen-und-fakten/soziale-situation-in-deutschland/61565/katholische-und-evangelische-kirche/; Friedrich Nietzsche, *Die fröhliche Wissenschaft*, Aphorismus 125, Berlin, Boer Verlag 2023 (Originalausgabe 1882).

21 Vgl. Stephen Bench-Capon, »Mitten in Deutschland: Die schrumpfende Schicht«, in: *Tagesspiegel* vom 16.06.2010, online: https://www.tagesspiegel.de/politik/die-schrumpfende-schicht-1823368.html
22 Hans Böckler Stiftung, »Wie sind die Vermögen in Deutschland verteilt?« *Böckler Impuls* 4/2017, online: https://www.boeckler.de/de/boeckler-impuls-wie-sind-die-vermoegen-in-deutschland-verteilt-3579.htm
23 Danke Dr. Nina Gillmann, CEO von Twise, für diese großartige Wortkreation!
24 Wolfgang Schivelbusch, *Das verzehrende Leben der Dinge. Versuch über Konsumtion.* Frankfurt am Main, Fischer 2016, S. 104 ff. Kapitel »Das Feuer der Arbeit«.
25 Ebd. S. 113
26 ... um an dieser Stelle eine noch immer virulente Metapher aus den 1970ern aufzugreifen. Klaus Theweleit, *Männerphantasien,* Frankfurt, Stroemfeld/Roter Stern 1977, 1978.
27 Thorstein Veblen, *The Theory Of The Leisure Class. An Economic Study of the Evolution of Institutions,* Originalausgabe 1899; Übersetzung: Thorstein Veblen, *Theorie der feinen Leute. Eine ökonomische Untersuchung der Institutionen,* Deutscher Taschenbuch-Verlag, München 1971
28 Axel Honneth, a. a. O., S. 17
29 vgl. auch Rutger Bregman, a. a. O., S. 147
30 Arlie Hochschild; Machung, Anne, *Der 48-Stunden-Tag. Wege aus dem Dilemma berufstätiger Eltern,* Wien, Zsolnay 1990. Originaltitel: *The Second Shift.* Vgl. dazu auch Franziska Schutzbach, *Die Erschöpfung der Frauen. Wider die weibliche Verfügbarkeit,* München, Droemer 2021, S. 245
31 Die Idee zu dieser Rechnung stammt von Meredith Haaf, a. a. O., online: https://www.sueddeutsche.de/leben/arbeit-familie-vereinbarkeit-1.4278256
32 Zit. nach ebd.
33 Vgl. Funk, Lore; Schwarze, Barbara, *(Digital) arbeiten 2020: Chancengerecht für alle? Analyse einer Erwerbstätigenbefragung unter Genderaspekten,* Kompetenzzentrum-Technik-Diversity-Chancengleichheit e. V., Bielefeld 2021, S. 20, online: https://www.kompetenzz.de/content/download/1860/file/kompetenzz-Studie_Arbeiten_2020_PartnerschaftlicheArbeitsteilung.pdf
34 Rutger Bregman: Utopien für Realisten, a. a. O., S. 142
35 Jennifer Moss schreibt: »Laut Steven Rogelberg, Professor an der University of North Carolina at Charlotte und Autor von ›The Surprising Science of Meetings‹, zeigten Studien aus der Zeit vor der Pandemie, dass allein in den Vereinigten Staaten täglich etwa 55 Millionen Meetings abgehalten wurden. Und dass US-Unternehmen jährlich 37 Milliarden US-Dollar zum Fenster hinauswarfen, weil die meisten davon unproduktiv waren.« In: Jennifer Moss, »Wie Unternehmen den Stress stoppen können«, in: *Manager Magazin* vom 02.06.2021, online: https://www.manager-magazin.de/harvard/selbstmanagement/burn-out-stoppt-den-stress-a-119a0b35-04bd-450c-9438-3c449ebbbd8a

36 Zandashé Brown, in: *Twitter* am 19.05.2021, online: https://twitter.com/zandashe/status/1394805726825099279?lang=zh
37 Teresa Bücker, a. a. O., S. 132
38 Destatis, »66 % der erwerbstätigen Mütter arbeiten Teilzeit, aber nur 7 % der Väter«, Pressemitteilung Nr. N 012 vom 7. März 2022, online: https://www.destatis.de/DE/Presse/Pressemitteilungen/2022/03/PD22_N012_12.html
39 Christiane Flüter-Hoffmann, Andrea Hammermann, Oliver Stettes, Institut der deutschen Wirtschaft Köln e.V; Initiative Neue Qualität der Arbeit (Hg.), *Erfolg mit flexiblen Arbeitszeitmodellen Leitfaden für Personalverantwortliche und Geschäftsleitungen,* Berlin 2019, online: https://www.iwkoeln.de/fileadmin/user_upload/Studien/Gutachten/PDF/2019/Zeitreich_Leitfaden_2019.pdf, S. 61
40 Maren Hoffmann, »Weniger Arbeitszeit, mehr Belastung«, in: *Der Spiegel* vom 07.03.2023, online: https://www.spiegel.de/karriere/teilzeit-studie-weniger-arbeits-zeit-mehr-belastung-a-d9ba26c4-c520-4809-9463-eaf5b8680842. Die Autorin bezieht sich auf Ergebnisse einer Studie des Regionalportals meinestadt.de, die dem SPIEGEL exklusiv vorliegt
41 Bertelsmann Stiftung, »Die große Kluft: Frauen verdienen im Leben nur halb so viel wie Männer«, in: Bertelsmann-Stiftung.de vom 17.03.2020. Online: https://www.bertelsmann-stiftung.de/de/themen/aktuelle-meldungen/2020/maerz/die-grosse-kluft-frauen-verdienen-im-leben-nur-halb-so-viel-wie-maenner
42 Destatis, »38,2 % der Rentnerinnen hatten ein Nettoeinkommen von unter 1.000 Euro, dagegen nur 14,7 % der Rentner«, online: https://www.destatis.de/DE/Presse/Pressemitteilungen/2022/09/PD22_N061_12_13.html; »In der Altersgruppe 65+ hatten Frauen eine Armutsgefährdungsquote von 20,3 % während diese bei den Männern 65+ bei 15,9 % lag.« Destatis: »Armutsgefährdung sowie materielle und soziale Entbehrung bei älteren Menschen«, online: https://www.destatis.de/DE/Themen/Querschnitt/Demografischer-Wandel/Aeltere-Menschen/armutsgefaehrdung.html
43 Inge Klöpfer, »Frauen, lasst die Teilzeit bleiben«, in: *Frankfurter Allgemeine Zeitung* vom 07.01.2019, online: https://www.faz.net/aktuell/wirtschaft/familie-oder-vollzeitberuf-warum-frauen-oft-in-teilzeit-gehen-15973938.html
44 Meredith Haaf, a. a. O., online: https://www.sueddeutsche.de/leben/arbeit-familie-vereinbarkeit-1.4278456
45 https://www.bdzv.de/awards/theodor-wolff-preis/nominierte-texte/2020/julia-schaaf/nominierter-text?sword_list%5B0%5D=studien&cHash=3a48a61939b6923d45717712c50c771f
46 Julia Schaaf, »Frauen, lasst die Vollzeit! Und Männer, ihr auch!«, in: *Frankfurter Allgemeine Zeitung* vom 22.01.2019, online: https://www.faz.net/aktuell/stil/leib-seele/emanzipation-frauen-lasst-die-vollzeit-und-maenner-ihr-auch-15997951.html?premium
47 Siehe dazu Maja Göpel, *Unsere Welt neu denken. Eine Einladung.,* S. 58

48 Stefan Boes, Journalist/writer Not everything was lost in the flow of time, Instagram am 26.01.2023, online: https://www.instagram.com/p/Cn3yHmmrmGC/
49 Die Klassiker-Studie zu diesem Thema ist der sogenannte »Marshmallow Test«: https://de.wikipedia.org/wiki/Belohnungsaufschub
50 Christoph Quarch, Erich Harsch, Götz W. Werner, *Zeit. Wert. Geben.* Ein Inspirationsbuch mit 40 guten Gedanken, Karlsruhe, DM-Drogerie Markt 2013
51 Joachim Küchenhoff, *Die Fähigkeit zur Selbstfürsorge – die seelischen Voraussetzungen. Selbstzerstörung und Selbstfürsorge,* Gießen, Psychosozial-Verlag 2015
52 Die Zusammenhänge werden schon lange intensiv diskutiert: Siehe z. B. Ulrich Bröckling, *Das unternehmerische Selbst,* Berlin, Suhrkamp 2013; Sighard Neckel; Greta Wagner, *Leistung und Erschöpfung.Burnout in der Wettbewerbsgesellschaft,* Berlin, Suhrkamp 2013
53 Oxfam, »Unbezahlte Hausarbeit, Pflege und Fürsorge«, online: https://www.oxfam.de/unsere-arbeit/themen/care-arbeit
54 Christiane Flüter-Hoffmann et al., a. a. O., online: https://www.iwkoeln.de/fileadmin/user_upload/Studien/Gutachten/PDF/2019/Zeitreich_Leitfaden_2019.pdf
55 Vgl. Sebastian Pioch, Peter Lutsch, Juliane Benad, *Sidepreneurship : nebenberufliches Unternehmertum – eine Einführung,* Wiesbaden, Springer Gabler 2020
56 Vgl. Bundesministerium für Familie, Senioren, Frauen und Jugend, *(Existenzsichernde) Erwerbstätigkeit von Müttern,* Berlin 2020, S. 25–26, online: https://www.bmfsfj.de/resource/blob/158624/75d57f3a-0039c50782e191460dc71d7b/mff-existenzsichernde-erwerbstaetigkeit-von-muettern-data.pdf; vgl. dazu Teresa Bücker, a. a. O., S. 122f
57 Grohnert, Ana-Cristina, *Das verborgene Kapital,* Frankfurt am Main, Campus Verlag 2021, S. 245
58 Romanus Otte, »Eine unbequeme Wahrheit: In Deutschland sinkt die Produktivität – das hat Folgen für unseren Wohlstand und den Traum von weniger Arbeit«, in: *Business Insider* vom 07.06.2023, online: https://www.businessinsider.de/wirtschaft/produktivitaet-in-deutschland-sinkt-bittere-wahrheit-fuer-wohlstand-und-arbeitszeiten/
59 Blake E. Ashforth, Yitzhak Fried, »The Mindlessness of Organizational Behaviors«, in: *Human Relations*, 41(4) 1988, S. 305–329. https://doi.org/10.1177/001872678804100403
60 Adam Waytz, »Busy is the new stupid«, in: *Harvard Business Manager* vom 12.06.2023, online: https://www.manager-magazin.de/harvard/zeitmanagement-praesenz-und-produktivitaet-nicht-verwechseln-a-a46ac91b-f2e8-490a-b264-0f95ccbf6d48
61 Jeroen Neckebrouck, »How does part-time work affect productivity?«, IESE Business School, University of Navarra, März 2023, online: https://media.iese.edu/research/pdfs/ST-0640-E. Siehe auch World Economic Forum, »How part time work could help productivity and boost health«,

in: weforum.org vom 27.04.2023, online https://www.weforum.org/agenda/2023/04/how-part-time-work-could-help-company-productivity-and-boost-health/
62 Bundesministerium für Familie, Senioren, Frauen und Jugend, Renditepotenziale der NEUEN Vereinbarkeit, Studie der Roland Berger GmbH, Berlin, September 2016, online: https://www.bmfsfj.de/resource/blob/108996/c0196b21e5eeff2f62c6679e86969ba2/renditepotenziale-der-neuen-vereinbarkeit-langfassung-data.pdf
63 IW Kurzbericht 23/2023, online: https://www.iwkoeln.de/fileadmin/user_upload/Studien/Kurzberichte/PDF/2023/IW-Kurzbericht_2023-Fachkr%C3%A4ftemangel-h%C3%B6here-L%C3%B6hne.pdf
64 Ina Lockhart, »Deutschland leistet sich Teilzeit auf Kosten des Wohlstands«; in: *Frankfurter Allgemeine Zeitung* vom 23.05.2023, online: https://www.faz.net/aktuell/wirtschaft/schneller-schlau/diversitaet-deutschland-leistet-sich-teilzeit-auf-kosten-des-wohlstands-18908497.html
65 Prognos, »Fachkräftesicherung durch die Vereinbarkeit von Familie und Beruf«, 2022, online: https://www.prognos.com/de/projekt/fachkraeftesicherung-durch-die-vereinbarkeit-von-familie-und-beruf
66 In Westdeutschland werden fast 63 Prozent der KiTa-Kinder in Gruppen mit nicht kindgerechten Personalschlüsseln betreut; in Ostdeutschland sind fast 90 Prozent aller KiTa-Kinder in Gruppen mit einem nicht kindgerechten Personalschlüssel. Bertelsmann-Stiftung, »KiTa-Personal braucht Qualität«, in: Bertelsmann Stiftung vom 22.10.2022, online: https://www.bertelsmann-stiftung.de/de/kita-personal-braucht-prioritaet
67 »In Übereinstimmung mit den Ergebnissen anderer Studien zeigt sich in den Daten der Vermächtnisstudie 2023, dass vor allem Frauen ausschließlich oder überwiegend die Kinderbetreuung, das Putzen, Waschen und Einkaufen schultern, während Männer sich zu höheren Anteilen um die in der Regel nicht täglich anfallenden Reparaturen kümmern. Männer glauben jedoch häufiger als Frauen, dass die Arbeit in der Paarbeziehung von beiden im gleichen Umfang erledigt wird, während Frauen häufiger der Meinung sind, in vielen Bereichen die Aufgaben überwiegend allein zu stemmen.« Die Zeit, infas, WZB und Chef:innensache, »Ergebnisse aus der Vermächtnisstudie 2023«, online: https://www.zeit-verlagsgruppe.de/wp-content/uploads/2023/05/Ergebnisse-aus-der-Vermaechtnisstudie-2023_Presse_Langversion-1.pdf
68 Bundesministerium für Familie, Senioren, Frauen und Jugend, »Dritter Gleichstellungsbericht. Digitalisierung geschlechtergerecht gestalten.« Deutscher Bundestag, Drucksache 19/30750, S. 29, online: https://www.bmfsfj.de/resource/blob/184544/c0d592d2c37e7e2b5b4612379453e9f4/dritter-gleichstellungsbericht-bundestagsdrucksache-data.pdf
69 Zum Genius Drain in der Wissenschaft aufschlussreich: Sandra Upson; Lauren F. Friedman, "Where are All the Female Geniuses?", in: *Scientific American* vom 01.01.2015, online: https://www.scientificamerican.com/article/where-are-all-the-female-geniuses1/;doi:10.1038/scientificamericangenius0115-110

70 Ina Lockhart, a. a. O., online: https://www.faz.net/aktuell/wirtschaft/schneller-schlau/diversitaet-deutschland-leistet-sich-teilzeit-auf-kosten-des-wohlstands-18908497.html
71 Susanne Kohaut, Iris Möller, »Der Weg nach ganz oben bleibt Frauen oft Versperrt«, in: *IAB Kurzbericht* 1/2022, online: https://doku.iab.de/kurzber/2022/kb2022-01.pdf
72 Destatis, »Frauen in Führungspositionen«, online: https://www.destatis.de/DE/Themen/Arbeit/Arbeitsmarkt/Qualitaet-Arbeit/Dimension-1/frauen-fuehrungspositionen.html
73 Conpadres; Forsa, »Trendstudie Zukunft Vereinbarkeit. Wie die kommende Elterngeneration Familie, Gesellschaft und Wirtschaft verändern wirdG, Hamburg 2021, online: https://www.hays.de/documents/10192/118775/Trendstudie-Zukunft-Vereinbarkeit.pdf
74 Christiane Flüter-Hoffmann et al., a. a. O., online: https://www.iwkoeln.de/fileadmin/user_upload/Studien/Gutachten/PDF/2019/Zeitreich_Leitfaden_2019.pdf, S. 33
75 Vgl. Baua Bundesanstalt für Arbeitsschutz und Arbeitsmedizin, *Flexible Arbeitszeitmodelle. Überblick und Umsetzung,* Dortmund 2019, online: file:///C:/Users/User/Downloads/A49.pdf, S. 36f
76 Haufe Online Redaktion, »Arbeitszeitkonto: Diese rechtlichen Vorgaben gelten für Arbeitgeber«, in: Haufe.de vom 18.10.2022, online: https://www.haufe.de/personal/arbeitsrecht/arbeitszeitkonto-rechtliche-vorgaben-fuer-arbeitgeber_76_445170.html
77 Vgl. baua, a. a. O., S. 21ff, online: file:///C:/Users/User/Downloads/A49.pdf
78 Deutsches Jugendinstitut, »Die zentralen Ideen und Ziele des Optionszeitenmodells«, online: https://www.dji.de/themen/familie/optionszeiten.html
79 Karin Jurczyk; Ulrich Mückenberger, »Sorgegerechte Erwerbsbiografien – Geschlechterverhältnisse und soziale Lagen im Optionszeitenmodell«, in: Simone Scherger; RuthAbramowski; IreneDingeldey; AnnaHokema; Andrea Schäfer (Hrsg.), *Geschlechterungleichheiten Geschlechterungleichheiten in Arbeit, Wohlfahrtsstaat und Familie.* Festschrift für Karin Gottschall, Frankfurt/New York 2021, S. 191–217. Vgl. dazu auch Teresa Bücker, a. a. O., S. 175 ff.
80 Eva Corino, *Das Nacheinander-Prinzip: Vom gelasseneren Umgang mit Familie und Beruf,* Berlin, Suhrkamp 2018; siehe auch Meredith Haaf, a. a. O., online: https://www.sueddeutsche.de/leben/arbeit-familie-vereinbarkeit-1.4278256
81 Zitiert nach Michaela Haas, »Acht Gründe für die Vier-Tage-Woche«, in: *Süddeutsche Zeitung Magazin* vom 21.06.2018, online: https://sz-magazin.sueddeutsche.de/die-loesung-fuer-alles/acht-gruende-fuer-die-vier-tage-woche-85798
82 Kerstin Jürgens et al., a. a. O., S. 141, online: https://www.boeckler.de/pdf/p_forschung_hbs_189.pdf
83 Klaus Taschwer, »Weniger Stress und Krankenstände: Bisher größte Studie über Vier-Tage-Woche«, in: *Der Standard* vom 21.02.2023, online:

https://www.derstandard.de/story/2000143754551/weniger-stress-und-krankenstaende-bisher-groesste-studie-ueber-vier-tage; Original Studie Online: https://autonomy.work/wp-content/uploads/2023/02/The-results-are-in-The-UKs-four-day-week-pilot.pdf

84 Mehr Details hier: https://autonomy.work/wp-content/uploads/2023/02/The-results-are-in-The-UKs-four-day-week-pilot.pdf
85 NDR, »Vier-Tage-Woche: Hubertus Heil besucht Malerbetrieb in Osterby«, in: *Schleswig-Holstein Magazin* vom 17.05.2023, online: https://www.ardmediathek.de/video/schleswig-holstein-magazin/vier-tage-woche-hubertus-heil-besucht-malerbetrieb-in-osterby/ndr/Y3JpZDovL25kci5kZS9lNzk5NTI0Mi0yY2Q4LTQyMGQtODIyS0zMjlmMjUyODA0MzM
86 Axel Honneth, a. a. O., S. 9
87 Bertelsmann Stiftung, »Demokratie weltweit unter Druck: Zahl der autoritären Regierungen steigt weiter«, in: Bertelsmann-Stiftung.de vom 23.02.2022, online: https://www.bertelsmann-stiftung.de/de/themen/aktuelle-meldungen/2022/februar/demokratie-weltweit-unter-druck
88 Oskar Negt, a. a. O., S. 139
89 Diese These diskutieren außerordentlich differenziert Axel Honneth (»Der arbeitende Souverän«) und Teresa Bücker (»Alle_Zeit«).
90 Dpa, »Auto, Bus oder Bahn: Wonach treffen Menschen ihre Wahl?«, in: *Die Zeit* vom 16.05.2022, online: https://www.zeit.de/news/2022-05/16/umfrage-zur-mobilitaet-wonach-treffen-menschen-ihre-wahl

WIRKUNGSFELD: KOLLABORATION

1 Vgl. meine Aussagen in Maria Hunstig, »Vom Ich zum Wir«, in: *Vogue* April 2021, S. 62–64.
2 Historiker:innen mögen mir diesen Sprung mit Nachsicht verzeihen, bitte
3 Muriel González Athenas, »Wirtschaftsstrategien Kölner Handwerkerinnen und Kauffrauen in der Frühen Neuzeit«, in: Ingrit Artus; Nadja Bennewitz, Annette Henninger, Judith Holland, Stefan Kerber-Clasen (Hg.), *Arbeitskonflikte sind Geschlechterkämpfe*, Münster, Westfälisches Dampfboot 2020, S. 120–134, hier S. 126
4 Nina Verheyen, *Die Erfindung der Leistung*, München, Hanser Berlin 2018, S. 197
5 Aleida Assmann im Gespräch mit Liane von Billerbeck, »Es ist Zeit für mehr Gemeinsinn«, in: *Deutschlandfunk Kultur* vom 09.02.2021. Transkript online: https://www.deutschlandfunkkultur.de/coronakrise-und-klimawandel-es-ist-zeit-fuer-mehr-gemeinsinn-100.html
6 Süddeutsche Zeitung, *Kluge Ideen für ein gutes Leben München*, Süddeutsche Zeitung Edition 2018, S. 264

7   Rutger Bregman, *Im Grunde gut: Eine neue Geschichte der Menschheit* (German Edition), Rowohlt E-Book, Kindle-Version 2020, S. 254.
8   Das Zitat stammt von (nein, nicht von Mahatma Gandhi) Arleene Lorrance, die in den 1970ern mit dieser Haltung Gewaltexzesse an einer New Yorker Schule beendete. Siehe ihr Buch »*The Love Project*«, 1978
9   Ken Wilber argumentiert so in seiner »Integral Spirituality«. Sein esoterischer Ansatz hat in der Wissenschaft kaum Anklang gefunden, wohl aber Eingang in manche Managementtheorie und auch in Schulungsunterlagen von Weiterbildungs-Instituten. Letztendlich bleibt Wilbers Vorstellung unterkomplex, weil sie individuelle Macht/Ohnmacht, Ressourcen, Vernetzungen und Interessen ausblendet
10   Die für mich komplexeste und trotzdem verständliche Erklärung für Veränderungen in Organisationen habe ich bei Klaus Eidenschink gefunden, online: https://metatheorie-der-veraenderung.info/2020/02/21/teil-1-fuer-organisation/
11   World Economic Forum, "Emotional intelligence: What it is and why you need it", in: Weforum.org vom 13.02.2017, online: https://www.weforum.org/agenda/2017/02/why-you-need-emotional-intelligence/
12   Roger Fisher, William Ury, Bruce Patton: *Das Harvard-Konzept: Die unschlagbare Methode für beste Verhandlungsergebnisse* – Erweitert und neu übersetzt. München, Deutsche Verlags-Anstalt 2018. (Originaltitel: Getting to Yes – Negotiating Agreement without giving in)
13   Wolf Lotter, *Zusammenhänge: Wie wir lernen, die Welt wieder zu Verstehen*, Hamburg, Edition Körber 2020, S. 21f
14   The Adecco Group; UZH Center for Leadership in the Future of Work: *The Chief People Officer of the Future. How is the top people management role changing as the world of work evolves?* 2022, online: file:///C:/Users/User/Downloads/TAG-UZH%20CLFW-01–2022-Chief-People-Office-of-the-Future_FINAL.pdf; siehe Jochen I Menges: "Organizational Emotional Intelligence: Theoretical Foundations and Practical Implications", in: Experiencing and Managing Emotions in the Workplace. Research on Emotion in Organizations, Volume 8 2012, S. 355–373, doi:10.1108/S1746–9791(2012)0000008018
15   Rolf Cantzen, »Die Sozialphilosophie Martin Bubers – ›Alles wirkliche Leben ist Begegnung‹«, in: *SWR* vom 21.01.2021, online: https://www.swr.de/swr2/wissen/die-sozialphilosophie-martin-bubers-alles-wirkliche-leben-ist-begegnung-swr2-wissen-2021-01-22-100.html
16   Google, "A new era for AI and Google Workspace", in: workspace.google.com vom 19.08.2023, online: https://workspace.google.com/blog/product-announcements/generative-ai?hl=en
17   Microsoft, "Will AI fix Work?", in: Microsoft.com vom 09.05.2023, online: https://www.microsoft.com/en-us/worklab/work-trend-index/will-ai-fix-work
18   Mina Saidze, *Fair Tech. Digitalisierung neu denken für eine eine gerechte Gesellschaft*, Berlin, Quadriga Verlag 2023, S. 117

19 Microsoft, a. a. O., online: https://www.microsoft.com/en-us/worklab/work-trend-index/will-ai-fix-work
20 Vgl. Elly Oldenbourg, »Die neue Generation der Corporate Benefits«, in: *Erfolg und Business,* online: https://www.erfolgundbusiness.de/the-future-of-work/die-neue-generation-der-corporate-benefits/
21 So schlägt es ein Modell der Unternehmensberatung Deloitte vor: »Die Klaviatur der Führung. Wie Führungskräfte während und nach der Krise wirksam agieren«, online: https://www2.deloitte.com/de/de/pages/human-capital-consulting/articles/fuehrung-in-der-krise.html
22 Aus dem Podcast »Rebellisch und gesund by detoxRebels«, online: https://open.Spotify.com/episode/3LriIkzATlCnCKGWRuuQ1S
23 Elly Oldenbourg im Gespräch mit dem BDA, »Am Ende geht die Rechnung immer auf«, in: *Futurework* vom 17.09.2.2021, online: https://www.futurework.online/beitraege/am-ende-geht-die-rechnung-immer-auf.html
24 Zit. nach Maria Hunstig, a. a. O
25 Martin Buber, *Ich und Du,* Gütersloh, Gütersloher Verlagshaus 2023, S. 15
26 Siehe dazu Maybrit Illner, »Freiheit nur für meine Meinung – müssen wir wieder streiten lernen?« *ZDF* vom 20. Juli 2023, online: https://www.zdf.de/politik/maybrit-illner/freiheit-nur-fuer-meine-meinung-muessen-wir-wieder-streiten-lernen-maybrit-illner-vom-20-juli-2023-100.html
27 Oskar Negt, a. a. O., S. 139
28 Nils Markwardt, »Die Macht des vorpolitischen Raums«, in: *Philosophie Magazin* vom 06.06.2020, online: https://www.philomag.de/artikel/die-macht-des-vorpolitischen-raums

WIRKUNGSFELD: VIELFALT

1 Michaela Coel mit den Serien »Chewing Gum« und »I May Destroy You« sowie mit ihrem Buch »Misfits«; die australische Comedienne Hannah Gadsby mit ihrer weltweit erfolgreichen Anti-Comedy-Show »Nanette« u.v.m.
2 O.A., »›Kinder statt Inder‹. Rüttgers verteidigt verbalen Ausrutscher«, in: *Der Spiegel* vom 09.03.2000, online: https://www.spiegel.de/politik/deutschland/kinder-statt-inder-ruettgers-verteidigt-verbalen-ausrutscher-a-68369.html
3 William H. Frey, "Less than half of U.S. children under 15 are white, census shows", in: *Brookings* vom 24.06.2019, online: https://www.brookings.edu/research/less-than-half-of-us-children-under-15-are-white-census-shows/.
4 Kübra Gümüşay, *Sprache und Sein,* München, Hanser Berlin 2020
5 Franziska Schutzbach rekurriert auf die Psychoanalytikerin Luce Irigaray, a. a. O., S. 83

6   Franziska Schutzbach, a. a. O., S. 23
7   Franziska Schutzbach, a. a. O., S. 103
8   Franziska Schutzbach, a. a. O., S. 175
9   Franziska Schutzbach, a. a. O., S. 177
10 Rudi Novotny, a. a. O.
11 Vgl. Teresa Bücher, a. a. O., S. 151, sie bezieht sich auf Meuser, Michael, »Keine Zeit für Familie?« in: Martina Heitkötter; Karin Jurczyk; Andreas Lange; Uta Meier-Gräwe (Hrsg.): *Zeit für Beziehungen? Zeit und Zeitpolitik für Familien,* Opladen & Farmington Hills/Michigan, Budrich 2009, S. 215–232, hier S. 228
12 Anabelle Körbel und David Selbach, »Mehr als Angebot und Nachfrage«, in: *Brand eins* 6/2022, online: https://www.brandeins.de/magazine/brand-eins-wirtschaftsmagazin/2022/preise/mehr-als-angebot-und-nachfrage
13 Destatis, »Gender Pay Gap 2022: Frauen verdienten pro Stunde 18 % weniger als Männer«, Pressemitteilung vom 30. Januar 2023, online unter https://www.destatis.de/DE/Presse/Pressemitteilungen/2023/01/PD23_036_621.html
14 European Commission, "The gender pay gap situation in the EU", online: https://commission.europa.eu/strategy-and-policy/policies/justice-and-fundamental-rights/gender-equality/equal-pay/gender-pay-gap-situation-eu_en#:~:text=Documents-,Facts%20and%20figures,less%20per%20hour%20than%20men.
15 Sarah Schmidt, »Viele Frauen, wenig Geld«, in: *Süddeutsche Zeitung* vom 27.04.2016, online: https://www.sueddeutsche.de/karriere/geschlechter-lohnluecke-viele-frauen-wenig-geld-1.2969131
16 Flg/dpa/Afx, »Unternehmen in der EU müssen künftig Gehaltsunterschiede offenlegen«, in: *Der Spiegel* vom 24.04.2023, online: https://www.spiegel.de/karriere/equal-pay-in-der-eu-unternehmen-in-der-europaeischen-union-muessen-kuenftig-gehaltsunterschiede-offenlegen-a-0689d019-9b7d-4c1e-a522-159ef39ed04a?sara_ref=re-so-app-sh
17 Shawn Achor, Andrew Reece, Gabriella Rosen Kellerman, Alexi Robichaux, »9 Out of 10 People Are Willing to Earn Less Money to Do More-Meaningful Work«, in: *Harvard Business Review* vom 06.11.2018, online: https://hbr.org/2018/11/9-out-of-10-people-are-willing-to-earn-less-money-to-do-more-meaningful-work
18 Jochen Mai, »Quiet Quitting: Was es bedeutet – warum es falsch ist!«, in: *Karrierebibel* vom 23.03.2023, online: https://karrierebibel.de/quiet-quitting/
19 Xing, »Krise – na und? Deutsche machen sich keine Sorgen um ihre Jobs«, in: *Xing* vom 29.11.2022, online: https://www.xing.com/news/articles/krise-na-und-deutsche-machen-sich-keine-sorgen-um-ihre-jobs-5325687

20 Gallup, »Gallup State of the Global Workplace 2023«, online: https://www.prnewswire.com/news-releases/gallup-state-of-the-global-workplace-2023-301847601.html
21 Wolfgang Jenewein; Maximilian Strecker; Anna-Christina Leisin, »Raum für Sinn«, in: *Manager Magazin* vom 19.12.2020, online: https://www.manager-magazin.de/harvard/fuehrung/purpose-warum-fuehrungskraefte-sich-um-sinnstiftung-kuemmern-sollten-a-00000000-0002-0001-0000-000174319600
22 Audiobeitrag, online: https://www.deutschlandfunkkultur.de/besser-leben-statt-mehr-haben-forscher-sieht-zeitenwende-in-den-einstellungen-dlf-kultur-5020cb46-100.html
23 Siehe dazu die regelmäßigen Studien des Sinus-Instituts: https://www.sinus-institut.de/sinus-milieus
24 Albright Stiftung, »Ein ewiger Thomas Kreislauf?«, online: https://www.allbright-stiftung.de/aktuelles/2019/6/17/der-neue-allbright-bericht-ein-ewiger-thomas-kreislauf-
25 Roy F. Baumeister; Mark R. Leary, »The need to belong: Desire for interpersonal attachments as a fundamental human motivation«, in: *Psychological Bulletin,* 117(3) 1995, S. 497–529. https://doi.org/10.1037/0033-2909.117.3.497
26 Mark R. Leary, Shira Gabriel, "The relentless pursuit of acceptance and Belonging", in: *Advances in Motivation Science,* Elsevier, Volume 9, 2022, S. 135–178 https://doi.org/10.1016/bs.adms.2021.12.001, online: https://www.researchgate.net/publication/358259245_The_relentless_pursuit_of_acceptance_and_belonging
27 Im Netz, insbesondere auf Twitter ist man sich uneinig, auf wen dieses Zitat zurückgeht.
28 Albright Bericht September 2019, online: https://static1.squarespace.com/static/5c7e8528f4755a0bedc3f8f1/t/5d87daa592c75f103f5978ff/1569184438389/AllBrightBericht_Herbst2019_Entwicklungsland.pdf
29 Überblick über die genannten Studien in Stuart R. Levine, »Diversity Confirmed To Boost Innovation And Financial Results«, in: *Forbes* vom 15.01.20202, online: https://www.forbes.com/sites/forbesinsights/2020/01/15/diversity-confirmed-to-boost-innovation-and-financial-results/?sh=6d09134fc4a6
30 Vgl. Stuart R. Levine, a. a. O.
31 McKinsey Quarterly, »Diversity still matters«, in: McKinsey.com vom 19.05.2021, online: https://www.mckinsey.com/featured-insights/diversity-and-inclusion/diversity-still-matters; siehe aber auch Gründel, Marleen, »Persönliche Verdienste wichtiger als Diversität«, in: *Manager Magazin* vom 08.06.2021, online: https://www.manager-magazin.de/unternehmen/tech/snowflake-ceo-frank-slootman-verdienste-sind-wichtiger-als-diversity-a-1a62dbc7-3b80-4d24-8ddd-22852551f059
32 Vgl. Stuart R. Levine, a. a. O.

33   Janina Kugel, »Warum eine kluge Migration segensreich ist«, in: *Manager Magazin* vom 28.01.2023, online: https://www.manager-magazin.de/politik/weltwirtschaft/personalmangel-was-uns-das-kostet-und-warum-es-ohne-gezielte-migration-und-gesellschaftliches-umdenken-nicht-geht-a-4f5c9b2e-ee00-43b4-b58a-c59752aaac2b
34   Johann D. Harnoss, Janina Kugel, Karina Kleissl, Marley Finley, François Candelon, *Migration Matters: A Human Cause with a $20 Trillion Business Case*, BCG Report vom 08.12.2022, online: https://www.bcg.com/publications/2022/global-talent-migration-the-business-opportunity; Siehe auch BCG, "A New Migration Strategy for Growth and Innovation", 31.03.2023, online: https://www.bcg.com/publications/2023/new-migration-strategy-for-growth-and-innovation.
35   Anabelle Körbel und David Selbach, a. a. O., online: https://www.brandeins.de/magazine/brand-eins-wirtschaftsmagazin/2022/preise/mehr-als-angebot-und-nachfrage
36   Coel, Michaela, Misfits: *Ein Manifest × Ein aufrüttelndes Manifest dafür, die Deutungshoheit über das eigene Leben wiederzuerlangen, Normen zu hinterfragen und die eigene Geschichte zu erzählen,* Ullstein eBooks, Kindle-Version. 2022, S. 45
37   Robin Micha, »Queerbaiting: Ist wohldurchdachte, ernst gemeinte Repräsentation denn wirklich so schwer?«, in: *Blonde* vom 09.10.2020, online: https://blonde.de/meinung/queerbaiting-analyse
38   Überblick hier: *Harvard Business Manager*, »Das richtige tun, aus den richtigen Gründen«, 13.10.2022, online: https://www.manager-magazin.de/harvard/management/diversity-in-unternehmen-hoeren-sie-auf-sich-zu-rechtfertigen-a-fed11e69-dad6-4d7f-9eeb-a78d63c48ced; Originalstudie: Oriane Georgeac, Aneeta Rattan, »The Business Case for Diversity Backfires: Detrimental Effects of Organizations' Instrumental Diversity Rhetoric for Underrepresented Group Members' Sense of Belonging«, in: *Journal of Personality and Social Psychology,* im Druck, online hier: https://www.apa.org/pubs/journals/releases/psp-pspi0000394.pdf
39   Der amerikanische Bestsellerautor, Berater und Speaker hat 2009 einen der erfolgreichsten TED-Talks aller Zeiten zu dem Thema gehalten und ein gleichnamiges Buch dazu geschrieben: »Start with why«, online: https://www.youtube.com/watch?v=u4ZoJKF_VuA
40   Eva Voss, »Genormte Vielfalt? ISO 30415 Diversity and Inclusion«, in: *Human Resources Manager* vom 04.05.2022, online: https://www.humanresourcesmanager.de/content/genormte-vielfalt-iso-30415-diversity-and-inclusion/
41   Das Ergebnis ist ein Open-Source-Rahmen und eine erste Reihe von Kennzahlen mit Grundsätzen, Leitlinien und Instrumenten: https://coalitionforinclusivecapitalism.com/epic/.
42   Siehe online: https://coalitionforinclusivecapitalism.com/wp-content/uploads/2021/01/coalition-epic-report.pdf, S. 42
43   Bernardine Evaristo, *Girl, Woman, Other.* New York City: Grove Atlantic 2019, S. 66.

44 Die Aussage wird ursprünglich dem Gesundheitspsychologen, Psychotherapeuten und Leiter des Männergesundheitzentrums MEN in Wien, Romeo Bissuti zugeschrieben.
45 Axel Honneth, a. a. O., S. 368
46 Scott Galloway, a. a. O., online: https://open.spotify.com/episode/3qvJKQsl8EPDPzafpeqwjo?si=72f2901e854949c9&nd=1; Interview mit Bill Maher, online: https://www.youtube.com/watch?v=0H8AshE-YrKw&t=12s. Eigene Übersetzung, gekürzt
47 Friedrichs, Julia, *Working Class: Warum wir Arbeit brauchen, von der wir leben können*, Berlin Verlag 2021, S. 67f.
48 Siehe Fußnote 42 im Kapitel »Wirkungsfeld: Zeit«
49 Barbara Vorsamer, »Auch Care-Arbeit ist Arbeit«, in: *Süddeutsche Zeitung* vom 29.02.2020, online: https://www.sueddeutsche.de/leben/care-arbeit-bezahlung-1.4823395
50 Peggy Fiebig, »Natur als Rechtssubjekt«, in: Deutschlandfunk vom 12.11.2021, online: https://www.deutschlandfunk.de/klimaschutz-per-gericht-natur-als-rechtssubjekt-100.html
51 Tamara Jugov im Gespräch mit Pascal Fischer, »Wie Rawls über Umverteilung, Sozialstaat und Weltordnungen dachte«, in: *Deutschlandfunk* vom 19.09.2021, online: https://www.deutschlandfunk.de/50-jahre-theorie-der-gerechtigkeit-wie-rawls-ueber-100.html

WIRKUNGSFELD: KENNZAHLEN

1 Claudia Wiggenbröker, »Muss die Wirtschaft wirklich immer wachsen?«, in: *Quarks* vom 14.09.2020, online: https://www.quarks.de/gesellschaft/muss-die-wirtschaft-wirklich-immer-wachsen/
2 Bregman, Rutger: Utopien für Realisten, a. a. O., S. 118
3 Bregman, Rutger, a. a. O., S. 116
4 Bregman, Rutger, a. a. O., S. 118
5 Göpel, Maja. Unsere Welt neu denken, a. a. O., S. 67
6 Bregman, Rutger, a. a. O., S. 116–117
7 Bregman, Rutger, a. a. O., S. 117–118
8 Zit. nach Philip Bethge, »Was kostet die Welt?« In: *Der Spiegel* vom 02.02.2021, online: https://www.spiegel.de/wissenschaft/natur/dasgupta-report-zur-biodiversitaet-was-kostet-die-welt-a-8447cc51-be9d-4774-9201-1da427c60816; Original Studie »Dasgupta Review«, online: https://royalsociety.org/science-events-and-lectures/2021/02/dasgupta-review/
9 Göpel, Maja, a. a. O., S. 61–63
10 Julia Pollinger, »Wahnsinn! So viel müssten Mütter eigentlich verdienen!«, in: *Instyle* vom 14.05.2019, online: https://www.instyle.de/lifestyle/muetter-eigentlich-verdienen. (Danke an T. Bücker für diesen Hinweis).

Siehe auch: Louise Toupin, *Lohn für Hausarbeit: Chronik eines internationalen Frauenkampfs* (1972–1977), Münster, Unrast Oktober 2022

11 Zeitreise nach 1983: »Geier Sturzflug«: Bruttosozialprodukt. https://www.youtube.com/watch?v=RUdyqJuJOAs
12 Siehe Fußnote 42 im Kapitel »Wirkungsfeld: Zeit«
13 Franziska Schutzbach, a. a. O., S. 270
14 OECD (2022), »Bildung auf einen Blick 2022«, wbv Media, Bielefeld/OECD Publishing, Paris, https://doi.org/10.1787/dd19b10a-de.
15 Bregman, Rutger. Utopien für Realisten, a. a. O., S. 167
16 Elly Oldenbourg, »Wie ich durch meine Nebentätigkeit an Lebensqualität Gewann«, in: *Strive Magazine* vom 19.05.2021, online: https://www.strive-magazine.de/post/wie-ich-durch-meine-nebentaetigkeit-an-lebensqualitaet-gewinnen-konnte
17 Online: https://www.instagram.com/p/CthusDhLjTE/
18 Vgl. Franziska Schutzbach, a. a. O., S. 108. Schutzback rekurriert auf das Konzept »Affidamento« italienischer Feministinnen. Sie verweist auch auf feministische PoC-Theoretikerinnen wie Audre Lorde, die immer wieder darauf hinweisen, dass Frauen aus verschiedenen sozialen Kontexten einen kritischen Austausch untereinander führen müssen. »Die Wut zwischen Frauen ermöglicht neue Formen der Kollektivität und der Gemeinsamkeit, die keine neuen und schon gar keine harmonische Zwangsidentität anstrebt, sondern in denen sich Subjekte an Subjekte richten, sich aufeinander beziehen und aneinander abarbeiten.« S. 110
19 Frei übersetzt nach Doug Gouthrie, »China is Better at Capitalism Than the United States. Period.«, 20.03.2021, online: https://ongloballeadership.com/f/china-is-better-at-capitalism-than-the-united-states-period
20 Am 24.06.2023 meldete die SZ die Insolvenz beider Unternehmen.
21 Eine Formulierung von Ana-Cristina Grohnert, a. a. O., Kapitel »Kennzahlen im Unternehmen«
22 Maja Göpel, *Unsere Welt neu denken*, a. a. O., S. 67
23 David Tan; Hung Tieu, »Wenn OKR die Lösung ist, was ist dann das Problem?«, in: Haufe.de vom 10.03.2022, online: https://www.haufe.de/controlling/controllerpraxis/objectives-key-results-okr-fehler-bei-der-einfuehrung_112_562674.html
24 Ana-Cristina Grohnert, a. a. O.
25 Pierre Bourdieu, »Ökonomisches Kapital – Kulturelles Kapital – Soziales Kapital«, in: Pierre Bourdieu: *Die verborgenen Mechanismen der Macht*, VSA, Hamburg 1992, S. 49–80.
26 Eine Denkbewegung, die Bourdieu wahrscheinlich eher nicht zugesagt hätte ...
27 Thorsten Jacobs, »Höchstes Kundenvertrauen«, in: *Deutschland Test* vom 28.11.2022, online: https://deutschlandtest.de/rankings/hoechstes-kundenvertrauen
28 EPIC, »Embankment Project for Inclusive Capitalism«, 2021, online: https://coalitionforinclusivecapitalism.com/wp-content/uploads/2021/01/coalition-epic-report.pdf; Dazu Press Release von

Ernst&Young, online: https://www.ey.com/en_gl/news/2018/11/embankment-project-for-inclusive-capitalism-releases-report-to-drive-sustainable-and-inclusive-growth

29 zit. nach Nina Kunz, *Ich denk, ich denk zu viel,* Zürich: Kein & Aber, 2023, S. 143

30 Wörtlich: »Angesichts der wachsenden nachhaltigkeitsbezogenen Anlagerisiken sind wir zunehmend geneigt, Vorständen und Aufsichtsräten unsere Zustimmung zu verweigern, wenn ihre Unternehmen bei der Offenlegung von Nachhaltigkeitsinformationen und den ihnen zugrunde liegenden Geschäftspraktiken und -plänen keine ausreichen-den Fortschritte machen.«

31 https://www.fsb-tcfd.org/

32 https://sasb.org/; https://www.deutsche-boerse.com/dbg-de/verantwortung/nachhaltigkeit/esg-reporting-ratings/SASB

33 https://www.globalreporting.org/

34 https://link.springer.com/referenceworkentry/10.1007/978-3-642-28036-8_467

35 https://sciencebasedtargets.org/

36 Clare O'Connor, "Walmart Workers Cost Taxpayers $6.2 Billion In Public Assistance", in: *Forbes* vom 15.04.2014, online: https://www.forbes.com/sites/clareoconnor/2014/04/15/report-walmart-workers-cost-taxpayers-6-2-billion-in-public-assistance/amp/

37 Zit. nach Greenpeace, in: *Instagram* vom 25.06.2022, online: https://www.instagram.com/p/CfOPHlbM3rF/?hl=en

38 BPB, "Genuine Progress Indicator (GPI)", in: BPB.de vom 29.08.2008. Online: https://www.bpb.de/die-bpb/partner/teamglobal/67474/z-b-der-genuine-progress-indicator-gpi/; siehe auch die Definition hier https://www.investopedia.com/terms/g/gpi.asp

39 BPB Glossar, online: https://www.bpb.de/themen/kriege-konflikte/dossier-kriege-konflikte/504270/human-development-index-hdi/; Ranking der Staaten hier: https://hdr.undp.org/data-center/country-insights#/ranks

40 European Commission, "European Social Progress Index", online: https://ec.europa.eu/regional_policy/information-sources/maps/social-progress_en

41 Marc Gronwald; Jana Lippelt, »Kurz zum Klima: Zum Wohl – der ›Happy Planet Index‹«, in: *Ifo Schnelldienst* 14/2011, online: https://www.ifo.de/DocDL/ifosd_2011_14_6.pdf

42 https://www.unep.org/resources/inclusive-wealth-report-2018

43 Adrian Lobe, »Dringend gesucht: Utopien für die analoge Welt«, in: *Deutschlandfunk Kultur* vom 22.03.2022, online: https://www.deutschlandfunk-kultur.de/zufkunft-krise-aussichten-hoffnung-reformen-100.html

44 Rainer Maria Rilke an Franz Xaver Kappus, z. Zt. Worpswede bei Bremen, am 16. Juli 1903, online: https://www.rilke.de/briefe/160703.htm